U0193416

新基建核心技术与融合应用丛书

# 海洋信息网供电系统

主　编　魏　巍

副主编　王希晨　舒　畅

参　编　张春雷　赵　瑜　王　增　乔小瑞　徐　量

机 械 工 业 出 版 社

海洋信息网包括海洋通信网、海洋导航定位与授时网、海洋警戒网和海洋观测网等。为这类海洋信息网供电的设施，统称为海洋信息网供电系统。

本书介绍了海洋信息网供电系统的组成、供电要求和发展趋势，以及岸基低压配电设备、油机发电机组、整流与开关电源、蓄电池、UPS、接地与防雷、电气安全、岸基低压通信电源系统简易设计、海底光电缆、岸基远程供电技术和水下供电系统的相关知识。书中内容充实，案例丰富，数据可靠，每章末附有思考题，以便学习者及时巩固提高。

本书可作为海洋信息工程专业和通信电源专业技术人员的培训教材，也可供数据中心、通信、电子、雷达和信息工程及其他相关领域的工程技术人员参考。

## 图书在版编目（CIP）数据

海洋信息网供电系统/魏巍主编. —北京：机械工业出版社，2023.8
（新基建核心技术与融合应用丛书）
ISBN 978-7-111-73515-1

Ⅰ.①海⋯　Ⅱ.①魏⋯　Ⅲ.①海洋工程－通信网－供电系统－研究
Ⅳ.①P75

中国国家版本馆 CIP 数据核字（2023）第 131143 号

机械工业出版社（北京市百万庄大街 22 号　邮政编码 100037）
策划编辑：付承桂　　　　　责任编辑：付承桂　杨晓花
责任校对：郑　婕　翟天睿　封面设计：鞠　杨
责任印制：张　博
北京建宏印刷有限公司印刷
2023 年 8 月第 1 版第 1 次印刷
184mm×260mm・16.5 印张・407 千字
标准书号：ISBN 978-7-111-73515-1
定价：85.00 元

电话服务　　　　　　　　　网络服务
客服电话：010-88361066　　机　工　官　网：www.cmpbook.com
　　　　　010-88379833　　机　工　官　博：weibo.com/cmp1952
　　　　　010-68326294　　金　书　网：www.golden-book.com
**封底无防伪标均为盗版**　机工教育服务网：www.cmpedu.com

# 前　言

　　海洋信息网是发展海洋经济、维护国家海洋权益的基础，海底光缆网是其中重要的组成部分，在海洋资源开发、海洋防灾减灾、海洋生态环境保护、海洋科学研究、国家安全等诸多领域有着广泛的应用。国务院印发的《"十三五"国家信息化规划》在重点工程"陆海空天一体化信息网络工程"中明确要求推进海基网络设施建设，提出推动海洋综合观测网络由水面向水下和海底延伸。在政策、技术、市场等多重因素的推动下，当前我国海底科学观测、导航定位、通信等各类海洋信息网已经开展建设。

　　海洋信息网是陆地信息网在海洋领域的延伸，海洋信息网供电系统也是陆地信息网供电技术在海洋领域的应用。因此，海洋信息网供电系统是依托现有通信网络的各类通信电源系统，辅以部分海洋供电设备构成的供电网络。

　　在我国信息通信事业飞速发展的同时，包括通信电源技术在内的海洋信息网供电技术也得到了快速发展，供电装备水平不断提高。如海洋风能、太阳能等绿色能源系统的建设使通信电源系统从传统的集中供电方式逐步转向分散供电方式，目前进一步转向混合供电方式，从总体上提高了供电可靠性，并减少了电能损耗；新能源动力电池的大规模生产带动了锂电池价格的下降，锂电池也逐步在通信网络供电系统中得到推广；由于我国数据中心的大规模建设，不间断电源技术比以往更加重要；采用动力与环境计算机集中监控，使通信电源设备逐步实现了少人或无人值守，大幅度提高了工作效率；有中继海底光缆通信网和我国海底科学观测网的建设需求，催生了岸基远程供电技术、海底恒流恒压变换技术的进一步发展。海洋信息网供电设备的科技含量越来越高，一些技术指标也越来越严格，这就对通信、海洋、数据中心领域操作维护人员的专业技能提出了更高的要求。

　　本书由魏巍担任主编，由王希晨和舒畅担任副主编，另外，张春雷、赵瑜、王增、乔小瑞、徐量也参与了部分编写工作。同时，特别感谢中国科学院声学研究所郭永刚研究员、华海通信技术有限公司提供的相关材料。

　　由于编者水平有限，实际装备的使用经验积累不多，书中难免存在疏漏和错误，恳请广大读者批评指正。

编　者

海军工程大学

**2023 年 6 月**

# 目　录

# 第1章

## 海洋信息网供电系统概述

01

## 1.1 海洋信息网

海洋信息网（ocean information network）是指具有海洋信息感知、传输、处理及应用功能的信息网络，从功能划分主要包括海洋通信网、海洋导航定位与授时网、海洋警戒网和海洋观测网等网络。上述四种网络的定义和功能如下：

1）海洋通信网（ocean communication network）指在海域范围内，通过各种通信技术手段，完成海面、水下、海岸、空中、天基间通信的信息网络，主要用于海域通信、岸海通信，主要技术手段有光纤通信、水声通信、大气激光通信、水下无线光通信、卫星通信、无线电通信、水下电磁通信等。

2）海洋导航定位与授时网（ocean positioning navigation and timing network）指通过各种导航定位授时技术手段，完成海面运载体、水下运载体、海底预置平台导航定位授时的信息网络，主要用于水面舰船、水下航行器等的导航定位与授时，主要技术手段有惯性导航定位、卫星导航定位与授时、无线电导航定位与授时、航位推算导航定位、声学导航定位与授时、航海雷达导航定位、电子海图导航定位、地球物理导航定位、声学导航与授时，以及这些技术中两种或两种以上的组合导航定位、多个运载体的编队协同导航。

3）海洋警戒网（ocean alert network）指在海域范围内，通过各种信号检测技术手段，感知海面、水下、海岸、空中各类目标信息，并进行告警的信息网络，主要用于预定海域的目标定位识别预警，以及对收集到的信息进行处理、分析、发送至上级系统，按应用场景包括水面上警戒和水下警戒两类，主要技术手段有军用雷达海洋警戒系统、红外海洋警戒系统、海岸视频和光缆监测警戒系统、固定式海洋警戒系统、临时布放式海洋警戒系统、机动式海洋警戒系统、航空声呐海洋警戒系统等。

4）海洋观测网（ocean observation network）指在海域范围内，通过各种观测技术手段，对海面、水下、海岸、空中的各种地球环境信息进行信息收集的信息网络，主要用于预定海域海洋环境长期动态实时的观测，按应用场景包括海面环境观测和水下环境观测，根据观测任务需求、观测时间、距离范围、灵活程度等，可分为固定式海洋观测系统、应急机动布放海洋观测系统、海洋遥感观测系统。

海洋信息网根据其实现的功能，可以独立构建基础网络，也可以相互融合、互为依托、共享基础设施形成海洋综合信息网，如图1-1所示。

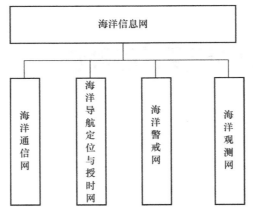

图1-1 海洋信息网的组成

## 1.2 远程供电系统结构

如图1-2所示，海洋信息网供电系统分为两类：

1）锚系供电系统。锚系结构的海洋信息网供电系统是无须通过海底光电缆（简称海缆）传送电能的网络，它主要采用蓄电池供电，或利用海洋气候特点，如风、洋流、潮汐、温差等以自发电的方式或从运载平台取电等方式供电，供电功率应满足海洋信息网设备工作任务的用电需求，锚系结构的海洋信息网供电系统是独立的分散供电系统。自发电供电方式的优点是布设方便，有一定的持久性，隐蔽性较好，缺点是供电稳定性不高，供电功率有限，主要用于远海机动设施供电。完全由蓄电池进行供电，其优点是供电性能稳定，隐蔽性较好，便于机动，缺点是持久力有限，主要用于有限时间和距离的临时布放设施的供电。

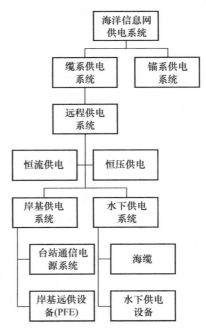

图1-2 海洋信息网供电系统的分类

2）缆系供电系统。缆系结构的海洋信息网供电系统是需通过海缆传送电能的网络，采用海底电缆或光缆中的导体由岸基向水下设施供电，其优点是可持续进行较大功率的供电，供电性能稳定，供电系统可靠性较高，缺点是系统建设成本高，维护维修难度大，且通常不能远离陆地，主要用于对固定水下设施供电。

本书主要介绍缆系供电系统，即需通过海缆传送电能的缆系海洋信息网供电系统，以下简称远程供电系统。

如图1-3所示，在缆系海洋信息网中，远程供电系统为海底设备的正常工作提供电能保障，保障各级节点稳定、可靠的用电要求。如图 1-4 所示，远程供电系统按物理位置可分为岸基电源系统和水下供电系统两部分。岸基电源系统主要由岸基通信电源系统和岸基远程供电设备（power feeding equipment，PFE）。岸基通信电源系统是典型的台站通信电源系统，由交流高低压供电系统、油机发电机系统、交流不间断电源（UPS）、开关电源系统和直流配电屏等组成。开关电源系统通过直流配电屏为 PFE 提供 –48V 的直流电源，因此可以认为 PFE 是开关电源系统的负载之一，而水下供电系统则是 PFE 的负载。

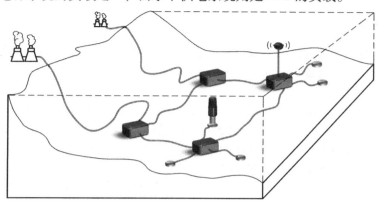

图 1-3　缆系海洋信息网示意图

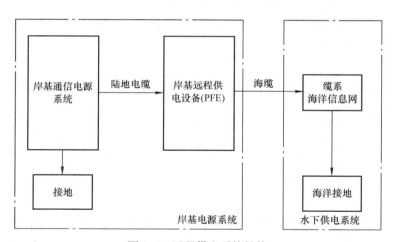

图 1-4　远程供电系统结构

由于水下环境的特殊性，PFE 通过海缆缆芯中的铜管（线）与海水（大地）形成供电回路，进行单芯供电，为水下设备、分支与接驳设备提供工作所需的电源，完成对水下所有设备的远程供电。因此，水下供电系统主要由含有输电导体的海缆和水下供配电设备组成。由于岸基 PFE 和水下供电系统密切相关，按功能划分时也将岸基 PFE 和水下供电系统统称为海缆远程供电系统，如图 1-5 所示。

海缆远程供电系统最显著的特点是供电导线通

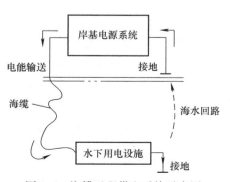

图 1-5　海缆远程供电系统示意图

常只有一根，岸基电源系统的其中一极（通常是负极或阴极）接海缆中的导线，另一极（阳极）接海洋地（接地极在岸边海水中），海缆导线的远端接海洋地。这样做的好处：一是降低海缆的制造难度；二是节约了有色金属，降低了整个系统的建设成本。

## 1.3 海洋信息网通信设备对供电系统的要求

### 1.3.1 总体要求

海洋信息网通信设备对供电系统总体要求为稳定、可靠、小型、高效，其基本任务之一是保证供电系统向通信设备不间断地供电，且供电质量符合海洋信息网用电标准。

1. 稳定性高

各种通信设备都要求电源电压稳定，不允许超过允许的变化范围。电源电压过高会损坏通信设备中的电子元器件，电源电压过低则通信设备不能正常工作。对于交流供电电源来说，稳定还包括电源频率的稳定和良好的正弦波形，防止波形畸变和频率的变化影响通信设备的正常工作。尤其是计算机控制的通信设备，数字电路工作速度高、频带宽，对电压波动、杂音电压、瞬变电压等非常敏感。所以，供电系统必须具有很高的稳定性。

2. 高可靠性

通信电源系统的可靠性用"不可用度"指标来衡量。电源系统的不可用度是指电源系统故障时间与电源系统故障时间和正常供电时间之和的比，即不可用度＝电源系统故障时间／（电源系统故障时间＋正常供电时间）。一般的通信设备发生故障时的影响面较小，是局部性的，但如果电源系统发生直流供电中断故障，则影响几乎是灾难性的，往往会造成整个电信局、通信枢纽的全部通信中断。对于数字通信设备，电源电压即使有瞬间的中断也不允许。因此，常采用以下方法提高可靠性：

1）岸基电源供电的通信设备都应当采用交流不间断电源（UPS）。

2）在岸基直流供电系统中，应当采用整流器与电池并联浮充供电方式。

3）岸基向水下供电的远程供电设备，应采用多模块冗余备份。

4）水下设备的可靠性要高于岸基设备，远程供电中干线供电的可靠性应高于支线接入部分。

3. 小型化

目前各种通信设备的日益集成化、小型化，要求电源设备也相应地小型化。作为后备电源的蓄电池，应向免维护、全密封、小型化方向发展，以便将电源、蓄电池随小型通信设备布置在同一个机房，而不需要专门的电池室。

4. 高效率

能源是宝贵的。电信设备在耗费巨资完成设备投资后，电费是日常费用支出中一笔比重很大的开支。尤其随着通信容量的增大，一个母局的各种设备上百、上千安的直流用电量已司空见惯，这时效率问题就特别突出。为了节约能源、降低生产成本，要求电源设备（主要指整流电源）应有较高的转换效率，即要求电源设备的自耗要小。

### 1.3.2 对岸基交流电源的要求

要求岸基交流电源有相应的优良的备用设备，如自起动油机发电机组（甚至能自动切换市电、油机电），对由交流供电的通信设备应采用交流不间断电源（UPS），电源中的脉动噪声要低于允许值，不允许有电压瞬变，应经常检修维护，做到防患于未然，确保可靠供电。

小型通信局（站）交流电源基本采用单相或三相交流电源。单相交流电源电压为 220V，指相线与零线之间的电压有效值，受电端子上的电压波动范围为 187 ~ 242V，即 − 15% ~ + 10%。三相线电压为 380V，指相线与相线之间的电压有效值，受电端子上的电压波动范围为 323 ~ 418V，即 − 15% ~ + 10%。三相供电电压不平衡度不大于 4%，电压波形正弦畸变率不大于 5%。

采用三相五线制交流电源时，要注意最大值、频率、相序三要素，三相正相序排列时为 L1、L2、L3，对应色标为黄、绿、红；中性线为 N，对应色标为蓝；保护地线为 PE，对应色标为黄绿色，如图 1-6 所示。

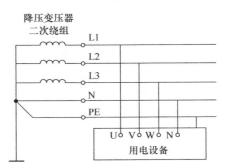

图 1-6　三相五线制（TN − S 系统）
接线原理图

三相交流电源连接方式的基本原则：

1）交流供电应采用三相五线制。

2）中性线禁止安装开关或熔断器。

3）在零线上除电力变压器近端接地外，用电设备和机房近端不允许接地。

4）交流用电设备采用三相四线制引入时，中性线不准安装熔断器，在中性线上除电力变压器近端接地外，用电设备和机房近端应重复接地。

### 1.3.3　对岸基直流电源的要求

直流供电有相应的优良的备用设备，如蓄电池组等，电源中的脉动噪声要低于允许值，不允许有电压瞬变，应经常检修维护，做到防患于未然，确保可靠供电。

目前交换局常见设备直流供电电压为 − 48V 和 + 24V，现代通信设备所用电源大多采用直流 − 48V。− 48V 和 + 24V 的概念来源于相对电位参考点为大地，− 48V 开关电源，工作地是正极接地；+ 24V 开关电源，工作地是负极接地。如图 1-7 所示为 − 48V 或 + 24V 系统浮充供电原理。

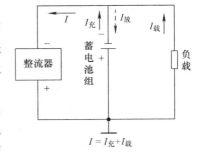

图 1-7　浮充供电原理

浮充供电原理：交流供电正常时，整流器供给全部负载电流，并对蓄电池组进行补充充电，使蓄电池组保持电量充足，此时蓄电池组仅起平滑滤波作用；当交流供电中断、整流器停止工作时，蓄电池组放电供给负载电流，使直流电源不中断；当交流供电恢复、整流器投入工作时，又由整流器供给全部负载电流，同时它以稳压限流的工作方式对蓄电池组进行恒压限流充电。

### 1.3.4　对水下供电设备的要求

水下供电设备因海底这种特殊应用场景，应具有以下特性：

1）高可靠性。作为海底供电网络的供电核心设备，水下电源的可靠性和使用寿命直接影响水下设备的可用性，要求水下中压转换电源具有较高可靠性并具有一定的冗余度。

2）紧凑小型化。水下电源需封装在耐压舱体内，需要保证舱体的水密和耐压，要求水下中压转换电源的部件尽可能小型化，结构尽可能紧凑。

3）高绝缘性。水下电源输入电压等级较高（DC 2～18kV），海水良好的导电性，要求电源电路与金属舱体之间需保证有足够的绝缘性能。

4）良好的散热特性。水下电源应具有较高的功率密度，因散热空间较小，为保证其具有较好的散热条件，水下电源应具有良好的散热设计。

## 1.3.5　发展趋势

（1）岸基低压、大电流，多组供电电压

岸基低压、大电流，多组供电电压需求，将使功率密度大幅度提升，供电方案和电源应用方案设计将呈现多样化。数字化以后，各类通信设备内的各种电路需要的直流电源电压多种多样，如 ±5V、±6V、±12V、±24V、−48V 等。

（2）模块化：自由组合扩容互为备用

模块化有两方面的含义，一是指功率器件的模块化，二是指电源单元的模块化。实际上，由于频率不断提高，致使导线寄生电感、寄生电容的影响越来越严重，对器件造成更大的应力（表现为过电压、过电流毛刺）。为了提高系统的可靠性，应将相关的部分模块化。把开关器件的驱动、保护电路也装到功率模块中去，构成了智能化功率模块（IPM），这既缩小了整机的体积，又方便整机设计和制造。

多个独立的模块单元并联工作，采用均流技术，所有模块共同分担负载电流，一旦其中某个模块失效，其他模块再平均分担负载电流。这样不但提高了功率容量，在器件容量有限的情况下满足了大电流输出的要求，而且通过增加相对整个系统来说功率很小的冗余电源模块，极大地提高了系统可靠性。即使出现单模块故障，也不会影响系统的正常工作，而且为修复提供了充分的时间。

现代电信要求高频开关电源采用分立式的模块结构，以便不断扩容、分段投资，并降低备份成本。不同于传统的 1＋1 的全备用（备份 100% 的负载电流），而是要根据容量选择模块数 $N$，配置 $N＋1$ 个模块（即只备份 $1/N$ 的负载电流）即可。

（3）能实现集中监控

现代电信运维体制要求动力机房的维护工作通过远程监测与控制来完成。这就要求电源自身具有监控功能，并配有标准通信接口，以便与后台计算机或与远程维护中心通过传输网络进行通信、交换数据、实现集中监控，从而提高维护的及时性，减小维护工作量和人力投入，提高维护工作的效率。

（4）自动化、智能化

要求电源能进行电池自动管理、故障自诊断、故障自动报警等，自备发电机应能自动开启和自动关闭。

（5）水下供电高压化

随着水下用电设备越来越多，用电需求越来越大，需要通过海缆传输更高的功率。与陆地电网类似，为了降低线损，水下供电系统也在向更高的输电电压发展，由原来的 6kV 到 10kV，目前已经发展到 18kV。

（6）PFE 分布式供电

目前岸基 PFE 已由单端向水下供电发展到双端 PFE 供电，提高了供电可靠性。为进一步提高供电可靠性，并适应未来栅格型海洋信息网的发展需求，下一步还会向分布式供电发展。

### 1.3.6　供电系统的供电分级

供电系统按使用可靠性一般可以分为三级：a 类是不间断电源，主要保证交流和直流供电不间断；b 类是可短时间中断电源，包括交流市电、油机发电等；c 类是允许中断，主要指建筑一般负荷，如图 1-8 所示。PFE 是直流配电屏分负载，其与水下供电系统属于 a 类，即不间断供电。

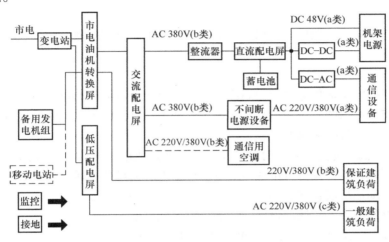

图 1-8　供电系统的供电分级

## 1.4　岸基通信电源系统的基本组成和供电方式

岸基通信电源系统由交流配电、直流配电、整流模块和监控模块组成，如图 1-9 所示。集散式监控系统可将交流配电柜、直流配电柜和整流柜放在不同楼层，实现分散供电，进行实时监控。

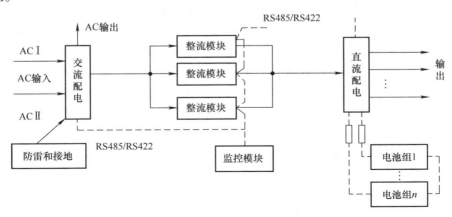

图 1-9　岸基通信电源系统的组成

交流配电柜主要完成市电输入或油机输入切换和交流输出分配功能，要求采取必要的防护措施。交流配电柜一般具有三级防雷措施、单面操作维护、实时状态显示和告警等功能。直流配电柜主要完成直流输出路数分配、电池接入和负载边接等功能，一般要求可自由出线，可正面操作维护，可实现柜内并机和柜外并机，具有状态显示和告警功能，能检测每一路熔断器的通断状态。整流柜的主要功能是将输入交流电转换输出为满足通信要求的直流电源，一般由多台整流模块并联组成，共同分担负载，并能良好地均分负载，单模块故障不影响系统工作。电源模块采用低压差自入均流技术，使模块间的电流不均衡度小于3%，并具有输出短路故障自动恢复功能。监控模块主要实现交流配电柜、直流配电柜、模块监控和电池自动管理功能。

岸基通信电源系统一般由交流供电系统、直流供电系统和接地系统组成。

1. 交流供电系统

（1）系统组成

通信电源系统的交流供电系统由高压配电所、降压变压器、油机发电机、UPS和低压配电屏组成。交流供电系统可以有三种交流电源：变电站供给的市电、油机发电机供给的自备交流电、UPS供给的后备交流电。

1）油机发电机。为防止停电时间较长导致电池过放电，电信局一般都配有油机发电机组。当市电中断时，通信设备可由油机发电机组供电。油机分普通油机和自起动油机。当市电中断时，自起动油机能自动起动，开始发电。由于市电比油机发电机供电更经济、可靠，所以，在有市电的条件下，通信设备一般都应由市电供电。

2）UPS。为了确保通信电源不中断、无瞬变，可采用UPS。UPS一般由蓄电池、整流器、逆变器和静态开关等部分组成。当市电正常时，市电和逆变器并联给通信设备提供交流电源，而逆变器由市电经整流后供电。同时，整流器也给蓄电池充电，蓄电池处于并联浮充状态。当市电中断时，蓄电池通过逆变器给通信设备提供交流电源。逆变器和市电的转换由交流静态开关完成。

3）交流配电屏。交流配电屏输入市电，为各路交流负载分配电能。当市电中断或交流电压异常时（过电压、欠电压和断相等），低压配电屏能自动发出相应的告警信号。

（2）连接方式——交流电源备份方式

大型通信站交流电源一般都由高压电网供给，自备独立变电设备。而基站设备常常直接租用民用电。为了提高供电可靠性，重要通信枢纽局一般都由两个变电站引入两路高压电源，并且采用专线引入，一路主用，一路备用，然后通过变压设备降压供给各种通信设备和照明设备，另外还要有自备油机发电机，以防不测。一般的局站只从电网引入一路市电，再接入自备油机发电机作为备用。一些小的局站、移动基站只接入一路市电（配足够容量的电池），油机为车载设备。

（3）典型工作原理

6~10kV高压市电经过变电站中的降压变压设备变为380V的低压交流市电，接入双电源变换开关（ATS）。通信电源系统的基本工作原理如下：

1）当市电正常时，ATS接通市电，给交流配电屏分配380V的低压交流电，其中一路给直流供电系统供电，另一路给UPS系统供电。直流供电系统主要由整流器、蓄电池组和直流配电屏组成，整流器将380V交流电整流成-48V直流电，供给直流配电屏分配低压直流电，其中一部分给 48V 蓄电池组充电存储直流电能，整流器和 48V 蓄电池组处于并联浮充状态，剩下部分由直流配电屏分配低压直流电给各直流用电设备；UPS 系统主要由 UPS 机柜（以典型的双变换在线式 UPS 为例）、UPS 蓄电池组和 UPS 配电屏组成，UPS 机柜中的整流器同样将 380V 交流电整流成直流电存储在 UPS 蓄电池组中，同时，UPS 机柜中的逆变器又将直流电逆变成交流电给 UPS 配电屏来分配不间断交流电，向交流用电设备供电。

2）当市电突然停电、油机发电机还未起动时，48V 蓄电池组立刻由浮充状态转为放电状态，通过直流配电屏分配低压直流电给直流用电设备，UPS 蓄电池组向 UPS 机柜提供直流电，UPS 机柜中的逆变器又将直流电逆变成交流电给 UPS 配电屏来分配不间断交流电。

3）当市电停电、油机发电机启动成功时，ATS 切换到油机发电机通路，油机发电机取代市电提供备用交流电，系统交直流供电方式同 1）。

4）当市电恢复时，ATS 切换到市电，系统交直流供电方式同 1），其中 48V 蓄电池组和 UPS 蓄电池组进行补充充电，达到浮充电压后转为浮充状态。

岸基通信电源系统主要依靠上述直流供电系统和 UPS 系统分别提供不间断直流和交流电能、油机发电机提供备用交流电、整流器和蓄电池组的并联浮充机制来满足通信设备对通信电源系统稳定和可靠供电的要求。

2. 直流供电系统

（1）系统组成

通信设备的直流供电系统由高频开关电源（AC - DC 变换器）、蓄电池、DC - DC 变换器和直流配电屏等部分组成。

1）整流器。从交流配电屏引入交流电，将交流电整流为直流电压后，输出到直流配电屏与负载及蓄电池连接，为负载供电，给电池充电。

2）蓄电池。交流停电时，向负载提供直流电，是直流系统不间断供电的基础条件。

3）直流配电屏。为不同容量的负载分配电能，当直流供电异常时要产生告警或保护。如熔断器熔断告警、电池欠电压告警、电池过放电保护等。

4）DC - DC 变换器。DC - DC 变换器将基础电源电压（-48V 或 +24V）变换为各种直流电压，以满足通信设备内部电路多种不同数值的电压（±5V，±6V，±12V，±15V、-24V）的需要。近年来，由于微电子技术的迅速发展，通信设备已向集成化、数字化方向发展。许多通信设备采用了大量的集成电路组件，而这些组件需要 5~15V 的多种直流电压。如果这些低压直流直接从电力室供给，则线路损耗一定很大，环境电磁辐射也会污染电源，供电效率很低。为了提高供电效率，大多通信设备装有直流变换器，通过直流变换器可以将电力室送来的高压直流电变换为所需的低压直流电。另外，通信设备所需的工作电压有许多种，这些电压如果都由整流器和蓄电池供给，那么就需要许多规格的蓄电池和整流器，这样不仅增加了电源设备的费用，也大大增加了维护工作量。为了克服这个缺点，目前大多数通信设备采用 DC - DC 变换器给内部电路供电。

DC - DC 变换器能为通信设备的内部电路提供非常稳定的直流电压。在蓄电池电压（DC - DC 变换器的输入电压）由于充、放电而在规定范围内变化时，DC - DC 变换器输出电压能自动调整，保持输出电压不变，从而使交换机的直流电压适应范围更宽，蓄电池的容量可以得到充分的利用。

（2）连接方式——直流供电方式

蓄电池是直流系统供电不中断的基础条件。根据蓄电池的连接方式，直流供电方式主要采用并联浮充供电方式，尾电池供电方式、硅管降压供电方式等基本不再使用。

并联浮充供电方式结构原理如图1-10所示，整流器与蓄电池直接并联后对通信设备供电。在市电正常的情况下，整流器一方面给通信设备供电，一方面又给蓄电池充电，以补充

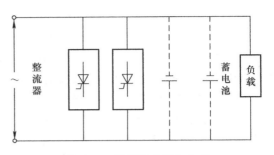

图1-10　并联浮充供电方式

蓄电池因局部放电而失去的电量；当市电中断时，蓄电池单独给通信设备供电，蓄电池处于放电状态。由于蓄电池通常处于充足电状态，所以市电短期中断时，可以由蓄电池保证不间断供电。若市电中断期过长，应起动油机发电机供电。

这是最常用的直流供电方式，采用这种工作方式时，蓄电池还能起一定的滤波作用。但这种供电方式有个缺点：在并联浮充工作状态下，电池由于长时间放电导致输出电压可能较低，而充电时均充电压较高，因此负载电压变化范围较大。它适用于工作电压范围宽的交换机。

3. 接地系统

为了提高通信质量、确保通信设备与人身安全，通信局站的交流和直流供电系统都必须有良好的接地系统。

（1）通信机房的接地系统

通信机房的接地系统包括交流接地和直流接地。

1）交流接地。交流接地包括交流工作接地、保护接地、防雷接地。

2）直流接地。直流接地包括直流工作接地和机壳屏蔽接地。

（2）通信电源的接地系统

通信电源的接地系统包括交流零线复接地、机架保护接地和屏蔽接地、防雷接地、直流工作接地。

通信电源的接地系统通常采用联合地线的接地方式。联合地线的标准联结方式是将接地体通过汇流条（粗铜缆等）引入电力机房的接地汇流排，防雷接地、直流工作接地和保护接地分别用铜芯电缆连接到接地汇流排上。交流零线复接地可以接入接地汇流排入地，但对于相控设备或电动机设备使用较多（谐波严重）的供电系统，或三相严重不平衡的系统，交流复接地最好单独埋设接地体，或从直流工作接地线以外的地方接入地网，以减小交流对直流的污染。

以上四种接地一定要可靠，否则不但不能起到相应的作用，甚至可能适得其反，对人身安全、设备安全、设备的正常工作造成威胁。

为了保证稳定、可靠、安全供电，通信电源系统采用集中供电、分散供电、混合供电和一体化供电四种供电方式。不同的供电方式其通信电源系统的组成有所区别。

## 1.4.1　集中供电方式通信电源系统的组成

由变电站和备用发电机组组成的交流供电系统，一般应采用集中供电方式。集中供电方式通信电源系统的组成如图1-11所示。集中供电方式由于整流器、控制屏、变换器、逆变器等

电源设备都集中放置在电力室，各类电压等级的电池组都集中放置在电池室，因而供电容量大，且无须考虑兼容问题，供电设备的干扰不会影响主通信设备。不足之处除了扩容困难，还在于供电设备集中，体积大、重量重，故电力室和电池室必须建在通信大楼底层，土建工程大；电力室至机房的馈电线横截面积大，且随着不断扩容而增大，安装困难，消耗钢材多，线路电压降大；需在基本电源引出端至负载端装设蹭滤波器，抑制电磁干扰通过汇流线进入通信设备，影响通信质量。

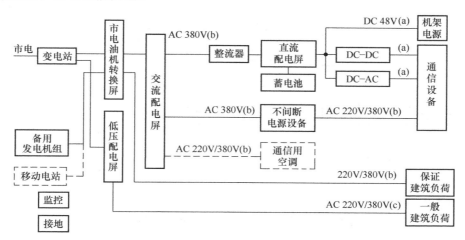

图 1-11　集中供电方式通信电源系统的组成

a—不间断　b—可短时间中断　c—允许中断

近年来，大型通信枢纽内通信设备的容量迅速增加，所需的供电电流大幅度提高，有时需要几千安的电流，而集中供电方式很难满足这类通信设备的要求。同时，采用集中供电方式时，若电源出现故障，将造成大范围通信中断，从而产生巨大的经济损失和极坏的社会影响。采用分散供电方式可大大缩短蓄电池与通信设备之间的距离，大幅度减小直流供电系统的损耗，如直流汇流条允许有 2V 电压降，若负载电流为 6kA，每年汇流条的耗电量可达 105120kW·h。并且采用分散供电方式后，从电力室到各通信机房均采用交流市电供电，线路的损耗很小，可大大提高馈电效益。

总之，将大型通信枢纽或高层通信局（站）的通信设备分为几部分，每一部分由容量合适的电源设备供电，不仅能充分发挥电源设备的性能，而且还能大大缩小电源设备因故障造成的影响，同时，还能节约大量能源。因此，目前许多国家的通信大楼都采用分散供电方式。

## 1.4.2　分散供电方式通信电源系统的组成

分散供电方式通信电源系统的组成如图 1-12 所示。采用分散供电方式时，交流供电系统仍采用集中供电方式。交流供电系统的组成与集中供电方式相同。直流供电系统可分楼层设置，也可按各通信系统设置。目前各通信局（站）直流供电系统都采用高频开关整流器和阀控铅蓄电池组。

高频开关整流器为模块化结构，扩容很方便。因此，可根据当前用电负荷，合理配置整流模块的数量，尽可能使每个模块输出电流达到额定值的 60%～70%，以便获得较高的效率。为了确保可靠供电，还可备用1或2个整流模块。考虑到远期扩容要求，开关整流器机架应留有一定的安装空位。

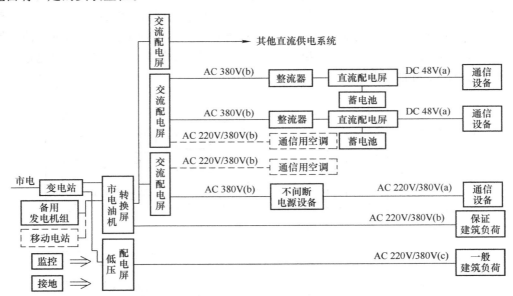

图1-12　分散供电方式通信电源系统的组成

a—不间断　b—可短时间中断　c—允许中断

阀控铅蓄电池组可设置在电池室内，也可设置在通信机房内。在各直流供电系统中，都应采用小容量阀控铅蓄电池组。目前阀控铅蓄电池的寿命大约为10年，因此，阀控铅蓄电池的配置应能满足8～10年通信设备扩容的要求。

### 1.4.3　混合供电方式通信电源系统的组成

光缆无人值守中继站和微波无人值守中继站通常采用交流市电与太阳能电源或风力发电机组成的混合供电方式。采用混合供电方式的电源系统由太阳能电源、风力发电机、低压市电、蓄电池组、整流配电设备和移动电站等部分组成，如图1-13所示。为了降低电源系统

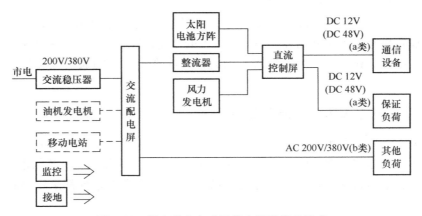

图1-13　混合供电方式通信电源系统的组成

a—不间断　b—可短时间中断

的造价，容量较大的微波无人值守中继站不宜采用太阳能供电，目前普遍采用市电与自起动油机发电机组相结合的交流供电系统。当市电中断后，可立即起动油机发电机，保证交流电源不中断或只有短时间中断。在交流电源中断期间，通信设备可由容量很小的蓄电池组供电。

应当注意，微波无人值守中继站和光缆无人值守中继站大部分都处在远离城市的农村，市电的质量通常较差，电压波动范围较大，因此，在市电引入端通常加入交流调压器或交流稳压器。

由四组太阳电池方阵，高频开关整流器，交、直流配电和工业控制器等组成的智能光缆无人值守中继站混合供电系统如图 1-14 所示。

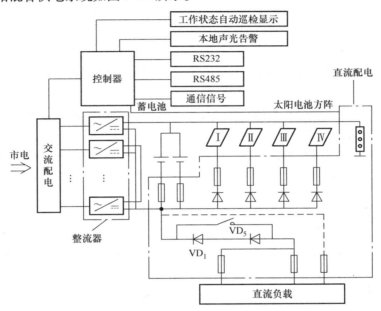

图 1-14　智能光缆无人值守中继站混合供电系统

## 1.4.4　一体化供电方式通信电源系统的组成

通信设备和电源设备装在同一机架内，由外部交流电源供电的方式，称为一体化供电方式。采用这种供电方式时，通常通信设备位于机架的上部，开关整流模块和阀控铅蓄电池组装在机架的下部。目前光接入网单元和移动通信机站都采用这种供电方式。户外型一体化供电系统如图 1-15 所示。在可靠性要求较高的通信设备中，整流模块都应设置备份。在一体

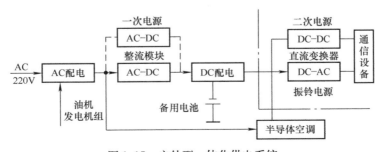

图 1-15　户外型一体化供电系统

化供电系统中，通常都采用高频开关整流模块，蓄电池必须采用阀控铅蓄电池。DC – DC 变换器模块氢 – 48V 基础电压转换为通信设备要求的多种直流电压，如 + 3.3V、 + 5V 和 + 12V。铃流发生器（DC – AC）所产生 79V、16Hz 的正弦交流电，称为振铃电源。

## 小结

1）通信电源是通信系统的重要组成部分，它的作用是向各种通信设备供稳定、可靠和安全的交直流电源，保证通信的畅通。

2）通信系统对通信电源系统的要求是稳定、可靠、多品种、模块化、高效率和小型智能化。

3）通信电源系统采用集中供电、分散供电、混合供电和一体化供电四种供电方式。

4）通信电源的交流供电系统由高压配电所、降压变压器、油机发电机、UPS 和低压配电屏组成。

5）通信电源的直流供电系统由高频开关电源（AC – DC 变换器）、蓄电池、DC – DC 变换器和直流配电屏等部分组成。

6）通信电源经历了线性电源、相控电源和开关电源的发展过程。开关电源具有转换效率高、稳压范围宽、功率密度比大和重量最轻等优点，因此取代了相控电源，成为通信电源的主体。

7）通信电源设备将朝着高效率、大功率、小型智能化和清洁环保的方向发展；供电方式逐步从集中供电走向分散供电；维护方式正在向可远程监控、无人值守方向发展。总之，我国的通信电源正在不断提高供电系统品质，成为通信系统强有力的能源保证。

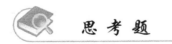
思 考 题

1. 通信电源在通信中的地位和作用是什么？
2. 通信电源系统有哪几部分组成？
3. 通信电源系统采用哪几种供电方式？为什么由变电站和备用发电机组组成的交流供电系统一般应采用集中供电方式？
4. 通信设备对电源系统提出了哪些要求？
5. 简述集中供电方式和分散供电方式的联系和区别。
6. 简述通信电源系统的发展趋势。

# 第 2 章

# 岸基低压配电设备

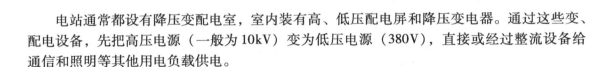

电站通常都设有降压变配电室，室内装有高、低压配电屏和降压变电器。通过这些变、配电设备，先把高压电源（一般为10kV）变为低压电源（380V），直接或经过整流设备给通信和照明等其他用电负载供电。

## 2.1 岸基通信系统市电引入的基本原则

根据各地市电供应条件的不同，以及各通信企业容量的不同、地位的差异等因素，可采用各种不同的交流供电方案，但都必须遵循以下基本原则：

1）市电是通信用电源的主要能源，是保证通信安全、不间断的重要条件，必要时可申请备用市电电源。

2）市电引入，原则上应采用 6 ～ 10kV 高压引入，自备专用变压器，避免受其他电能用户的干扰。

3）市电和自备发电机组成的交流供电系统宜采用集中供电方式供电，系统接线应力求简单、灵活，操作安全，维护方便。

4）通信局（站）变压器容量在 630kV·A 及以上的应设高压配电装置。有两路高压市电引入的供电系统，若采用自动投切装置，变压器容量在 630kV·A 及以上时则投切装置应设在高压侧。

5）在交流供电系统中应装设功率因数补偿装置，功率因数应补偿到 0.9 以上。对容量较大的自备发电机电源也应补偿到 0.8 以上。

6）低压交流供电系统应采用三相五线制或单相三线制供电。

三相交流电源线连接方式的基本原则：

1）交流供电应采用三相五线制。

2）零线（中性线）禁止安装开关或熔断器。

3）在零线（中性线）上除电力变压器近端接地外，用电设备和机房近端不许接地。

4）交流用电设备采用三相四线制引入时，零线（中性线）不准安装熔断器，在零线（中性线）上除电力变压器近端接地外，用电设备和机房近端应重复接地。

## 2.2 低压供电系统的组成和结构

较大容量的海洋信息网岸基局（站）设置低压配电室用来接收与分配低压市电和备用油机发电机电源。低压供电系统主要包括低压配电屏、双电源自动切换装置及相关低压电器等部分。

### 2.2.1 低压配电屏

低压配电屏主要用来进行受电、计量、控制、功率因数补偿、动力馈电和照明馈电等，目前有较多的国内外品牌和型号，其内部按一定的线路方案将一次和二次电路电气设备组装成套。每一个主电路方案对应一个或多个辅助电路方案，从而简化了工程设计。

### 2.2.2 双电源自动切换装置

双电源自动切换装置（ATS）通常与低压开关柜安装在一起，既可实现主电路市电间的自动切换，也可用于市电和油机电路之间的切换，目前普遍采用芯片程序控制，一般可实现两路市电或一路市电与发电机电源的自动切换，且切换延时可调，同时有多种工作模式可供选择，如自动模式、正常供电模式、应急供电模式和关断模式等。发电机组控制屏是随油机发电机组的购入由油机发电机组厂商配套提供。

### 2.2.3 常用的低压电器

1. 断路器

断路器主要作为不频繁地接通或分断电路之用。断路器具有过载、短路和失电压保护装置，在电路发生过载、短路、电压降低或消失时，断路器可自动切断电路，从而保护电力线路及电源设备。

断路器按灭弧介质可分为空气断路器和真空断路器两种，按用途分可分为配电用断路器、电动机保护用断路器、照明用断路器和漏电保护用断路器等。配电用断路器又可分为非选择型和选择型两种。非选择型断路器因为是瞬时动作，所以常用作短路保护和过载保护；选择型断路器又可用作两段保护、三段保护和智能化保护。两段保护为瞬时与短延时或长延时两段。三段保护为瞬时、短延时和长延时三段。其中瞬时、短延时特性适用于短路保护，长延时特性适用于过载保护。智能化保护是近些年研制成功的高科技保护手段，是用计算机来控制各脱扣器进行监视和控制，保护功能多，选择性能好。所以这种断路器称为智能型断路器。

下面介绍几种常用断路器：

（1）低压断路器

低压断路器是低压配电网中的主要开关电器之一。它不仅可以接通和分断正常负载电流、电动机工作电流和过载电流，而且可以接通和分断短路电流，主要用在不频繁操作的低压配电线路或开关柜（箱）中作为电源开关使用，并对线路、电器设备及电动机等实行保护，当它们发生严重过电流、过载、短路、断相、漏电等故障时，能自动切断线路，起到保护作用，应用十分广泛。

低压断路器的型号种类很多，但其基本结构和工作原理基本相同，主要由三个基本部分组成，即触头和灭弧系统；各种脱扣器，包括过电流脱扣器、失电压（欠电压）脱扣器、热脱扣器和分励脱扣器；操作机构和自由脱扣机构。低压断路器的工作原理示意图如图 2-1 所示。一般按工作电流的 1.25～1.5 倍选用低压断路器。

（2）剩余电流断路器

剩余电流断路器是剩余电流动作保护装置的一种，用于在电网对地泄漏电流过大、用电设备发生漏电故障及人体触电的情况下，防止事故进一步扩展。剩余电流动作保护装置有剩余电流动作保护器和剩余电流动作保护继电器两类。一般地，人体触电表现为一

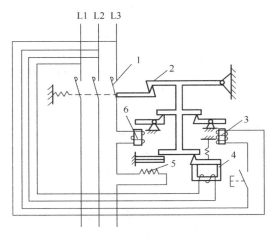

图 2-1　低压断路器原理示意图
1—主触头　2—自由脱扣机构　3—分励脱扣器
4—欠电压脱扣器　5—热脱扣器　6—过电流脱扣器

个突变量，电网对地泄漏电流表现为一个缓变量。剩余电流是指通过剩余电流动作保护器主电路的 AC 50Hz 交流电流瞬时值的复数量有效值。对剩余电流信号的检测通常使用零序电流互感器。零序电流互感器将其一次侧剩余电流变换为其二次侧交流电压，这一电压表现为一个突变量或缓变量，由电子电路将这一突变量或缓变量进行检波、放大等，再由执行电路控制执行电器（断路器或交流接触器），接通或分断供电电路，完成剩余电流动作保护器的基本功能，如图 2-2 所示。

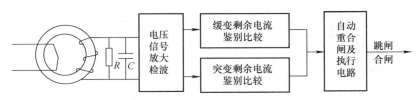

图 2-2　零序电流互感器检测剩余电流原理图

零序电流互感器是剩余电流动作保护器的关键部件，通常用软磁材料坡莫合金制作，它具有很好的伏安特性，能正确反映突变剩余电流和缓变剩余电流，并且温度稳定性好、抗过载能力强，动作值范围在 10～500mA 之间，线性度较好，可不失真地进行变换。

漏电故障包括电网对地泄漏电流过大、电器设备因绝缘损坏而使金属外壳或与之连接的金属构件带电，以及人体触及电器设备的带电部位触电等。因此，剩余电流动作保护器的正常工作状态应当是：当用电设备工作时没有发生漏电故障，剩余电流保护部分不动作；一旦用电设备发生漏电故障，剩余电流保护部分应迅速动作切断电路，以保护人体及设备的安全，并避免因漏电而造成火灾。如果当发生漏电故障时剩余电流动作保护器不能迅速、可靠地动作，将使人身安全和用电设备得不到可靠的保护。反之，如果没有发生漏电故障，剩余电流动作保护器由于本身动作特性的改变或由于各种干扰信号而发生误动作而将电路切断，将导致用电电路不应有的停电事故或用电设备不必要的停运，这将降低供电可靠性，造成一

定的经济损失。通常与低压断路器组合,构成剩余电流断路器。

剩余电流断路器在正常情况下的功能、作用与低压断路器相同,为不频繁操作的开关电器。当电路泄漏电流超过规定值或有人触电时,它能在安全时间内自动切断电源,起到保护电器的作用,保障人身安全和防止设备因发生电流泄漏造成火灾等事故。剩余电流断路器由操作机构、电磁脱扣器、触头系统、灭弧室、零序电流互感器、剩余电流脱扣器、试验装置等部件组成,所有部件都置于一绝缘外壳中;模数化小型断路器的剩余电流保护功能,是以剩余电流附件的结构形式提供,需要时可与断路器组合而成。剩余电流脱扣器分电磁式和电子式两种,区别是前者的剩余电流能直接通过脱扣器操作主开关,后者的剩余电流要经过电子放大电路放大后才能使脱扣器动作以操作主开关。

以三相电路为例,当电网正常运行时,不论三相负载是否平衡,通过零序电流互感器主电路的三相电流的相量和等于零,故其二次绕组中无感应电动势产生,剩余电流断路器亦工作于闭合状态。一旦电网中发生漏电或触电事故,上述三相电流的相量和便不再等于零。于是,互感器二次绕组中便产生对应于剩余电流的感应电压,加到剩余电流脱扣器上。当剩余电流达到额定剩余动作电流时,零序电流互感器的二次绕组就输出一个信号,并通过剩余电流脱扣器使断路器动作,从而切断电源,起到漏电和触电保护的作用。当被保护电路或电动机发生过载或短路故障时,断路器的过电流脱扣器动作,切断电源。终端电器的额定剩余动作电流一般规定为 10mA、15mA 和 30mA,是根据人体触电安全界限确定的。其他地点安装的剩余电流断路器有 50mA、75mA、100mA、300mA、500mA 等几种,供分级配置选择性保护时选用,主要是根据防止引起火灾的最小点燃电流范围考虑。

常用主要剩余电流断路器的型号有 DZ15LE、DZL16、DZL18、DZ20L、DZL25 等系列,以及各种模数化断路器的剩余电流附件等。

2. 隔离开关

开关和转换开关都是手动操作的开关电器,一般用来接通和分断容量不太大的低压供电线路以及作为低压电源隔离开关使用。在对电气设备的带电部分进行维修时,必须一直保持这些部分处于无电状态,所以必须将电气设备从电网脱开并隔离。能起这种隔离电源作用的开关电器称为隔离开关。隔离开关分断时能将电路中所有电流通路切断,并保持有效的隔离距离。隔离开关的电源隔离作用不仅要求各级动、静触头之间处于分断状态时,保持规定的电气间隙,而且各电流通路之间、电流通路和邻近接地零部件之间也应保持规定的电气间隙。一般规定 660V 及以下时隔离距离应大于 25mm,对地距离不小于 20mm。

3. 熔断器

熔断器是一种利用热效应原理工作的电流型保护电器,当电流超过规定值一定时间后,以其自身产生的热量使熔体熔化而分断电路,起到保护作用,广泛用于低压配电系统和控制系统及用电设备中作短路和过电流保护,是电工技术中应用最普遍的保护器件之一。

(1)结构特点和型号意义

熔断器主要由熔体和绝缘管(座)组成。绝缘管除安装熔体外,还有灭弧作用,熔体常做成丝状或片状。在小电流情况下,熔体一般选铅锡合金、锌等低熔点材料。在大电流情况下,则用银、铜等高熔点材料。一种熔体都有两个参数,即额定电流与熔断电流。额定电流是指长时期通过熔断器而不熔断的电流值。熔断电流通常是额定电流的 2 倍。一般规定通过熔体的电流为额定电流的 1.3 倍时,熔体应在 1h 以上熔断;通过 1.6 倍的额定电流时,熔体应在 1h 内熔断；达到熔断电流时，熔体应在 30～40s 后熔断；当达到 9～10 倍额定电流时，熔体应瞬间熔断。熔断器具有反时限的保护特性。

熔断器的型号含义如下：

$$R12-3/4$$

R：熔断器。

1：组别、结构代号。其中 C 表示插入式，L 表示螺旋式，M 表示无填料密封式，T 表示有填料密封式，S 表示快速式，Z 表示自复式。

2：设计序号。

3：熔断器额定电流（A）。

4：熔体（熔丝）额定电流（A）。

熔断器的产品型号、种类很多，常用产品型号有 RL 系列螺旋式熔断器、RC 系列插入式熔断器、R 系列玻璃管式熔断器、RT 系列有填料密封式熔断器、RM 系列无填料密封式熔断器等。

（2）熔断器的选用原则

选用熔断器，一般应符合以下原则：

1）熔断器额定电压应大于等于线路的额定电压。

2）熔断器的额定分断能力应大于线路可能出现的最大短路电流。

3）在电动机回路中用作短路保护时，为避免熔体在电动机起动过程中熔断，对于单台电动机，熔体额定电流≥（1.5～2.5）×电动机额定电流；对于多台电动机，总熔体额定电流≥（1.5～2.5）×容量最大的一台电动机的额定电流＋其余电动机的计算负荷电流。

4）对电炉及照明等负载的短路保护，熔体的额定电流等于或稍大于负载的额定电流；

5）采用熔断器保护线路时，熔断器应装在各相线上。在二相三线或三相四线回路的中性线上严禁装熔断器，这是因为中性线断开会引起电压不平衡，可能造成设备烧毁事故。在公共电网供电的单相线路的中性线上应装熔断器。

6）熔断器的各级熔体应相互配合，并做到下一级熔体应比上一级熔体规格小。

7）按照不同的用途选择不同类型的熔断器。如对于容量较小的照明线路或电动机保护，可采用 RC10 系列半封闭式熔断器或 RM10 系列无填料封闭式熔断器；对于短路电流相当大的电路或有易燃气体的场合，则应采用 RL 系列或 RT 系列有填料封闭式熔断器。

4. 接触器

接触器是一种适用于在低压配电系统中远距离控制、频繁操作交直流主电路及大容量控制电路的自动控制开关电器，主要用于自动控制交直流电动机、电热设备、电容器组等，应用十分广泛。接触器具有强大的执行机构，大容量的主触头及迅速熄灭电弧的能力。当系统发生故障时，接触器能根据故障检测元件所给出的动作信号，迅速、可靠地切断电源，并有低压释放功能。接触器与保护电器组合可构成各种电磁起动器，用于电动机控制及保护。

交流接触器主要由主触头、灭弧系统、电磁系统、辅助触头和支架等组成，如图 2-3 所示。

接触器是利用电磁吸力与弹簧弹力配合动作，使触头闭合或分断，以控制电路的通断。图 2-3a 为交流接触器外形。图 2-3b 为交流接触器结构示意图。交流接触器有两种工作状态：失电状态（释放状态）和得电状态（动作状态）。如图 2-3b 所示，接触器主触头的动

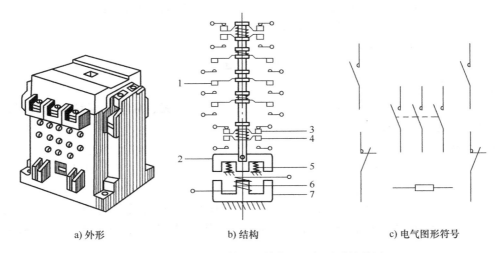

图 2-3　交流接触器外形、结构及电气图形符号图

1—主触头　2—动铁心　3—动断辅助触头　4—动合辅助触头　5—恢复弹簧

6—吸合线圈　7—静铁心

触头装在与动铁心相连的绝缘连杆上,其静触头则固定在壳体上。接触器有三对动合的主触头,它的额定电流较大,用来控制大电流的主电路的通断;有两对动合辅助触头和两对动断辅助触头,它们的额定电流较小,一般为5A,用来接通或分断小电流的控制电路。

当吸引线圈得电后,动铁心被吸合,使各个动合触头闭合、动断触头分断,接触器处于得电状态。当吸引线圈失电后,动铁心释放,在恢复弹簧的作用下,动铁心和所有触头都恢复常态,接触器处于失电状态。可见,接触器的动合和动断是联动的,即动合触头分断后动断触头闭合;或者动断触头分断后动合触头闭合。

在电气控制系统中,接触器主要与按钮、行程开关等电器组成控制电路,对电动机的起停、正反转等运行状态进行控制。

交流接触器的型号含义如下:

$$CJ1-2$$

C:接触器。

J:交流。

1:设计序号。

2:主触头额定电流(A)。

## 2.3　低压电气设备的巡视、检查与操作

电气设备损坏后,修理固然是必要的,但平时坚持对电气设备进行经常性的维护检查和正确操作,故障将会大大减少,这既有利于延长电气设备的使用寿命,又提高了生产效率。低压设备的巡视检查与操作首先要遵守电气设备使用的一般规定和安全措施,具体规定和措施如下。

## 2.3.1  低压电气设备的巡查与使用

1. 配电线路及设备的巡查与使用

1）定期巡视检查线路和设备有无隐患、缺陷，及时加以处理；定期检测三相负载，有无过载及三相不平衡现象，及时加以调整；定期检测剩余电流动作保护器运行情况，调整其动作值，保证其动作准确。

2）定期检测接地装置，其接地电阻是否符合要求；定期检查设备及其接线的绝缘是否良好，绝缘电阻值是否符合要求。

3）定期检查设备的保护熔体、过电流保护元件匹配是否合理，是否失去保护作用。

4）各种低压配电设备装置要完善，运行要良好，匹配要合理。

5）加强对低压配电设备的技术管理，建立健全技术管理资料和管理制度。

2. 低压配电室的巡查与使用

由于配电变压器容量较大，配出回路较多，需要经常监视重要负载运行时低压配电室的情况，因此，对配电室应加强运行管理。

1）保护配电室的土建设施完好，窗明几净，配电室无人时要上锁。

2）室内整洁，保证维护通道畅通，符合要求。

3）消防设备齐备，对号入座，保证好用。

4）室内开关设备运行状态良好，无损伤、无尘埃、无氧化过热现象；监测表计运行正常，无损坏，接线完好。

5）技术管理资料齐全，应建档立卷，备查好用。

6）定期巡视、检查、维护、试验设备，发现问题及时处理，消除缺陷和隐患，保证运行状态良好。

3. 熔断器的运行检查与使用

熔断器在使用过程中应当注意以下几点：

1）应正确选择熔体，保证其工作的选择性。

2）熔断器内所装熔体的额定电流，只能小于等于熔断器的额定电流。

3）熔断器的插座与插片的接触要保持良好。如果发现插口处过热或触头变色，则说明插口处接触不良，应及时修复。

4）熔体熔断后，应首先查明原因，排除故障。熔断器是在一般的过载电流下熔断，还是在分段极限电流时熔断，可凭经验判断。一般熔断器过载电流下熔断时，响声不大，熔体仅有一两处熔断，管子内壁没有烧焦现象，也没有大量的熔体蒸发物附在管壁上。如果熔断器是在分段极限电流时熔断，情况与上述相反。更换熔体时，应使新熔体的规格与换下来的熔体一致，不能随意加粗或减小，更不能用其他金属丝去替换。

5）更换熔体或熔管时，必须将电源断开，以防触电。尤其不允许在负载未断开时带电更换，以免发生电弧烧伤。

6）安装熔体时不要将它碰伤，也不要将螺钉拧得太紧，使熔体轧伤。

7）如果连接处的螺钉损坏而拧不紧，则应更换新的螺钉。

8）安装熔丝时，熔丝应顺时针方向弯过来，这样在拧紧螺钉时就会越拧越紧。熔丝只需弯一圈就可以，不要多弯。

9）对于有指示器的熔断器，应经常注意检视。若发现熔体已熔断，应及时更换。

10）安装螺旋式熔断器时，熔断器的下接线板的接线端应安装在上方，并与电源线连接；连接金属螺纹壳的接线端应装在下方，并与用电设备的导线相连。这样就能保证在更换熔体时螺纹壳体上不会带电，保证人身安全。

11）重新安装熔断器，必须清除插座与母线连接处的氧化膜、金属蒸气碳化颗粒，然后涂上工业凡士林或导电胶，以防止氧化。

12）熔断器式刀开关拉合时的槽形轨必须经常保持清洁，操作机构的摩擦处应定期加机油，以防止积污垢操作不灵活。

13）在修理带熔断器的负荷开关时，要注意保持操动机构的联锁，不可轻易拆除。

### 2.3.2 低压电气设备的维护保养

电站（特别是移动电站）中的电器，常处在振动、高温、潮湿及灰尘等条件下工作。振动会使螺钉等机械结构松动、位移和脱落。高温和潮湿会使绝缘电阻下降，甚至漏电、接地、短路。灰尘和油垢可能使机械动作失灵。触头表面氧化和受电弧烧灼，会造成接触不良。以上各种现象都可能使电器工作不正常，甚至导致事故。因此，对电器除正确使用外，还必须按照条例定期进行维护保养。

（1）保持清洁

灰尘和油垢会使触头接触不良，会使线圈温升增高和绝缘变坏，会使机械装置动作失灵，因此需要定期对电器进行清洁保养。

清洁电器时，应先用小刷刷拂，干布擦拭，再用沾酒精或四氯化碳液体的软布擦净，最后用压缩空气或皮老虎吹净。

（2）保持干燥

受潮会使绝缘电阻降低，金属部件生锈，触头接触不良。因此，要按时更换干燥剂，要保证降湿机工作正常，电器受潮后，可置于70℃左右的烘箱（或用100W以上的灯泡）中烘干，一般约需烘烤 5~6h。

（3）保持绝缘良好

绝缘电阻过低，会造成漏电、接地或短路。按规定电器的绝缘电阻应保持在5MΩ以上。整台电动机的控制设备的绝缘电阻应超过0.5MΩ，低于0.2MΩ者要停止使用。

导致绝缘电阻降低的原因主要是绝缘破损、受潮、浸水、盐雾、发霉、灰尘和油垢太多等。绝缘破损，应重新包扎，再浸漆处理。如破损不大或时间不允许，可用黄蜡布或黑胶布等包扎，再涂绝缘漆，以应急使用。如果绝缘发霉，应先擦净，再加以烘烤，以保持绝缘良好。

（4）保持触头接触良好

触头接触良好是指接触部位光滑平整密合，无歪扭、无尘土及油垢；同时通断的触头应保证同时闭合和同时断开；接触压力达到规定值；触头接触时的滑动和摩擦动作正常。

如果触头接触面凹凸不平，接触面积达不到要求，可用细锉锉平或00号砂纸磨平。锉磨触头时，应保持触头原来的形状，切勿锉磨过多，磨完后应用浸用汽油或四氯化碳的软布擦净。对于触头表面的氧化膜应定期消除。表面焊银的触头，其氧化膜不影响导电，不必除去，即使稍有不平，也不必修整。当触头厚度减少一半时则需换新。触头的初压力和终压力应符合要求。

（5）保证衔铁（动铁心）的工作正常

正常运行时，衔铁上会发出轻微的工作声，如发出强烈的嗡嗡声，就说明有故障。

（6）保持线圈工作正常

工作中应保持线圈的温升和绝缘正常。线圈的绝缘材料不同，允许的温升也不同。对于一般常用线圈，在线圈通电 1h 后，用手摸线圈外部，如不感到烫手，则线圈的温度可认为是正常的。如觉烫手或伴有焦味，则需检查并分析原因。

# 2.4　功率因数与电容补偿

## 2.4.1　功率因数

在三相交流电所接负载中，除白炽灯、电阻电热器等少数设备的负载功率因数接近于 1 外，绝大多数的三相负载，如异步电动机、变压器、整流器和空调等的功率因数均小于 1，特别是在轻载情况下，功率因数更低。用电设备功率因数降低之后，带来的影响如下：

1）使供电系统内的电源设备容量不能充分利用。

2）增加了电力网中输电线路上的有功功率损耗。

3）功率因数过低，还将使线路电压降增大，造成负荷端电压下降。

在线性电路中电压与电流均为正弦波，只存在电压与电流的相位差，所以功率因数是电流与电压相位差的余弦，称为相移功率因数，计算公式为

$$PF = \frac{P}{S} = \frac{UI\cos\varphi}{UI} = \cos\varphi \tag{2-1}$$

在非线性电路中（如开关型整流器），交流电压为正弦波，电流波形却为畸形的负正弦波，同时与电压正弦波存在相位差，此时称为全功率因数，计算公式为

$$PS = \frac{P}{S} = \frac{U_L I_1 \cos\varphi}{U_L I_R} = \frac{I_1 \cos\varphi}{I_R} = \gamma\cos\varphi \tag{2-2}$$

式中，$P$ 为有功功率；$S$ 为视在功率；$U_L$ 为电网电压；$I_1$ 为基波电流有效值；$\cos\varphi$ 为相移功率因数；$I_R$ 为电网电流有效值；$\gamma$ 为失真功率因数，也称电流畸变因子，为电流基波有效值与总有效电流值之比。从式（2-2）可以看出，电路的全功率因数为相移功率因数 $\cos\varphi$ 与失真功率因数 $\gamma$ 两者的乘积。

提高功率因数的方法很多，主要有以下几种：

1）提高自然功率因数。即提高变压器和电动机的负载率至 70%～80%，以及选择本身功率因数较高的设备。

2）对于感性线性负载电路采用移相电容器来补偿无功功率，便可提高 $\cos\varphi$。

3）对于非线性负载电路（在通信企业中主要为整流器），则通过功率因数校正电路将畸变电流波形校正为正弦波，同时迫使它跟踪输入正弦电压相位的变化，使高频开关整流器输入电路呈电阻性，以提高总功率因数。

这里主要介绍感性线性负载电路中的功率因数补偿，关于非线性电路中的功率因数矫正将在本书开关型整流器原理部分进行分析。

### 2.4.2　电容补偿

在 RLC 电路中，电感 L 和电容 C 上的电流在任何时间都是反向的，相互间进行着周期性的能量变化，采用在线性负载电路上并联电容来进行无功补偿，可使感性负载所需的无功电流由容性负载存储的电能来补偿，从而减少无功电流在电网上的传输损耗，达到提高功率因数的目的。《全国供用电规则》规定："无功电力应就地平衡，用户应在提高用电自然功率因数的基础上，设计和装置无功补偿设备，并做到随其负荷和电压变动及时投入或切除，防止无功电力倒送。"供电部门还要求通信企业的功率因数达到 0.9 以上。

移相电容器的补偿容量计算公式为

$$Q_C = Q_1 - Q_2 = P_{js}(\tan\varphi_1 - \tan\varphi_2) \tag{2-3}$$

即

$$Q_C = P_{js}\left(\sqrt{\frac{1}{\csc^2\varphi_1} - 1} - \sqrt{\frac{1}{\csc^2\varphi_2} - 1}\right) \tag{2-4}$$

式中，$P_{js}$ 为总的有功功率计算负荷（kW）；$Q_1$ 为补偿前的无功功率（kvar）；$Q_2$ 为补偿后的无功功率（kvar）；$Q_C$ 为需补偿的无功功率（kvar）；$\cos\varphi_1$ 为补偿前的功率因数；$\cos\varphi_2$ 为补偿后的功率因数。

在计算电容器容量时，由于运行电压不同，电容器实际能补偿的容量 $Q'_H$ 应为

$$Q'_H = Q_H\left(\frac{v'_H}{v_H}\right)^2 \tag{2-5}$$

式中，$Q_H$ 为电容器的标准补偿容器；$v'_H$ 为实际运行电压；$v_H$ 为电容器的额定工作电压。

因此，需要补偿电容器的数量 n 应为

$$n = \frac{Q_C}{Q'_H} \tag{2-6}$$

移相电容器通常采用三角形联结，目的是为了防止移相电容断开，造成该相功率因数得不到补偿。同时，根据电容补偿容量和加载其上的电压的二次方成正比的关系，同样的电容三角形联结能补偿的无功功率更多。大多数低压移相电容器本身就是三相的，内部已是三角形联结。移相电容器在通信局（站）变电所供电系统可装设在高压开关柜或低压配电屏或用电设备端，分别称为高压集中补偿、低压成组补偿或低压分散补偿。目前通信企业绝大多数采用低压成组补偿方式，即在低压配电屏中专门设置配套的功率因数补偿柜。

## 小结

（1）低压交流供电系统

1）较大容量的海洋信息网岸基局（站）设置低压配电室用来接收与分配低压市电和备用油机发电机电源。低压供电系统主要包括低压配电屏、双电源自动切换装置及相关低压电器等部分。

2）在低压配电设备中，常用的低压电器有断路器、隔离开关、熔断器和接触器。

3）断路器主要作为不频繁地接通或分断电路之用。

4）隔离开关主要作为容量不太大电源接通或分断之用，一般用于隔离电源，也常用来

直接起动小容量的异步电动机。

　　5）熔断器是一种最简单的保护电器，在低压配电电路中主要用于短路保护。它串联在电路中，当通过的电流大于规定值时，以它本身产生的热量，使熔体熔化而自动分断电路。熔断器与其他电器配合，可以在一定的短路电流范围内进行有选择的保护。熔断器常用类型有插入式熔断器、螺旋式熔断器、有填料密封式熔断器、无填料密封式熔断器、快速熔断器、自复熔断器等。

　　6）接触器是一种适用于在低压配电系统中远距离控制、频繁操作交直流主电路及大容量控制电路的自动控制开关电器，主要应用于自动控制交直流电动机、电热设备、电容器组等设备，应用十分广泛。交流接触器主要由主触头、灭弧系统、电磁系统、辅助触头和支架等组成。

　　（2）市电引入的基本原则

　　原则上应采用 6 ~ 10kV 高压引入市电，自备专用变压器，避免受其他电能用户的干扰。在交流供电系统中应装设功率因数补偿装置，功率因数应补偿到 0.9 以上。对容量较大的自备发电机电源也应补偿到 0.8 以上。低压交流供电系统采用三相五线制或单相三线制供电。

　　（3）低压配电屏

　　低压配电屏主要用来分配低压交流电能，进行受电、计量、控制、功率因数补偿、动力馈电和照明馈电等。

　　（4）功率因数补偿

　　电路的全功率因数为相移功率因数与失真功率因数两者的乘积。感性线路负载电路采用移相电容器来补偿无功功率，便可提高功率因数。移相电容器在通信局（站）变电所供电系统可装设在高压开关柜或低压配电屏或用电设备端，分别称为高压集中补偿，低压成组补偿或低压分散补偿。目前通信企业绝大多数采用低压成组补偿方式，即在低压配电屏中专门设置配套的功率因数补偿柜。

思 考 题

1. 市电引入的基本原则是什么？
2. 低压交流供电系统主要由哪些部分组成？
3. 在低压配电设备中常用的低压电器有哪些？
4. 熔断器的功用是什么？常用类型有哪些？
5. 熔断器的选用原则是什么？
6. 接触器有什么作用？其中交流接触器主要由哪些部分组成？
7. 简述用电设备功率因数低下的危害。提高功率因数的方法有哪些？
8. 三相交流电源线连接方式的基本原则是什么？

# 第 3 章

## 油机发电机组

**03**

为了保质、保量、不间断地供电，以确保通信流畅，必须将各种电源设备按照一定的顺序和要求正确地连接起来，组成一个完整的通信电源供电系统。通信电源供电系统一般由交流供电系统和直流供电系统组成。本章重点介绍油机发电机组交流供电系统的组成、结构、工作原理与使用维护。

## 3.1　油机发电机组的组成与作用

现代信息社会中，任何通信设备都离不开电源设备，电源设备能够保证通信网络的正常工作。油机发电机组是在市电不正常或停电时给通信设备提供交流电源的发电设备，它对保障通信设备的安全供电和保障平时、战时通信的畅通起着十分重要的作用。

使用柴油或汽油在发动机汽缸内燃烧产生高温高压气体，经过活塞连杆和曲轴机构把化学能转换为机械能（动力）的机器，称为燃油机（统称油机），用柴油作燃料的称为柴油机，用汽油作燃料的称为汽油机。

用燃油机作为动力，驱动三相交流同步发电机的电源设备，称为油机发电机组。燃油机使用柴油的称为柴油发电机组，使用汽油的称为汽油发电机组。

在通信领域，油机发电机组作为交流电源供给设备，在没有市电的场合，油机发电机组就成为通信设备的独立电源；在有市电供给的场合，油机发电机组就作为备用电源，以便在市电停电时保证通信设备的供电需要，确保通信设备不间断工作。随着通信技术的不断发展，现代通信设备对电源供给的质量提出了更高要求，对自备电源供给（不论是主用或备用）的油机发电机组，要求做到能随时迅速起动、及时供电、运行安全稳定、连续工作，以及供电电压和频率应满足通信设备的要求。

## 3.2　燃油机

对于通信电源发电机组，所使用的燃油机主要是柴油机和汽油机。目前通信电源发电机组多采用柴油发电机组，而柴油机和汽油机的结构和原理有很多相同之处。下面将主要介绍柴油机，同时会介绍汽油机所特有的结构。

### 3.2.1    燃油机的总体构造

目前燃油机的种类非常多，但其结构基本相同。燃油机主要由曲轴连杆机构、配气机构、燃油系统、润滑系统、冷却系统、起动系统等构成。对于具体的系统和机型，燃油机的结构又有许多区别，特别对于汽油机，其化油器和火花塞是有别于柴油机的特有部件。燃油机按气缸数，有单缸、多缸之分；按冷却系统，有风冷燃油机、水冷燃油机；按起动系统，有手摇起动、电起动和空气起动燃油机等。

1. 曲轴连杆机构

曲轴连杆机构是油机的主要组成部分。它由气缸、活塞、连杆、曲轴等部件组成。其作用是将燃料燃烧时产生的化学能转变为机械能，并将活塞在气缸内的上下往返直线运动变为曲轴的圆周运动，以带动其他机械做功。

（1）气缸

气缸是柴油机的主体之一，是安装其他零部件和附件的支撑骨架，主要包括气缸体、气缸盖组件、气缸垫、底座等，如图 3-1 所示。气缸是燃料燃烧的地方，根据油机的功率不同，气缸的直径和数目也不相同。燃料在气缸中燃烧时，温度可高达 1500～2000℃，因此，油机中必须采用冷却水散热。为此，气缸壁都做成中空的夹层，两层之间的空间称为水套。

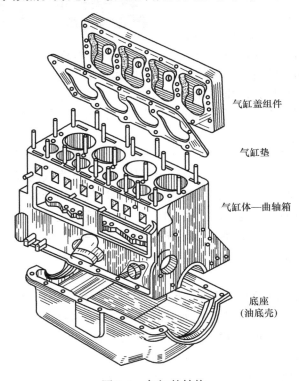

气缸盖组件

气缸垫

气缸体—曲轴箱

底座
（油底壳）

图 3-1    气缸的结构

图 3-1 中，气缸体是整个柴油机的骨架，制造机体的材料主要有铸铁、铸铝、铸钢，有的机体用钢板焊接而成，有的柴油机部分用铸件，部分用焊接件，再用螺栓将二者结合成一体。铸铁在制造机体中占有相当大的优势。因铸铁的耐压强度很好，刚度获得有足够的保

证，浇铸一次成型，成本低，所以不论是大、中、小型柴油机，还是高、中、低速柴油机，铸铁机体的使用都很普遍。机体的表面和内部加工有许多孔和平面，还有流通冷却水的水套、水道和装有机油的油道。机体上部有螺孔，用于安装螺栓紧固气缸盖，下部可安装曲轴，前端安装正时齿轮，后端安装飞轮壳。气缸体功用是用来安装各种零部件；构成水腔、油道、曲轴箱、气室和柴油机各辅助系统的通路，保证冷却水、燃油、机油和新鲜空气、压力空气的正常供给，保证燃料做功后产物的正常排出；保证整个柴油机稳固地支承在基座或支架上。机体按其紧固方式不同可分为龙门式机体、隧道式机体；按气缸排列分为卧式机体、立式机体；按气缸数分为单缸机体、多缸机体。单缸机体多为隧道式。

气缸盖组件是气缸的重要部件之一，柴油机配气系统主要部分（气门组）装在气缸盖上。4135型柴油机气缸盖组件构造如图3-2所示。

气缸盖的功用是和气缸垫共同密封气缸的上平面，并与活塞顶部共同组成燃烧室，以及用来安装喷油器、气门组、启动阀、示功阀、安全阀等部件。示功阀（又称减爆阀）用来安装示功器、传感器及压力测量仪表等，也可以用来检查燃油的燃烧情况。盘车时打开示功阀可减少阻

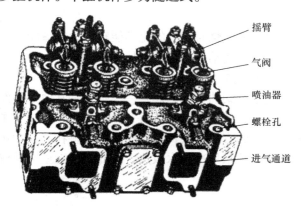

图3-2    4135型柴油机气缸盖组件构造

力矩。安全阀是为了防止燃烧室内气体压力过高引起事故，当燃气压力超过允许范围时，安全阀自动打开放气，不仅使缸内压力降低，保护了机体的安全，同时也向管理人员发出警告信号。气缸盖内部设置有进、排气通道和冷却水腔；在采用分隔式燃烧室时，其内部还需设置辅助燃烧室。

气门有进、排气之分，与相应的气门座配合，在压缩和做功时保持密封。当进气和排气冲程时在凸轮的作用下气门打开，吸入或排出气体。气门分为气门杆、气门头，气门头是一个具有圆锥形斜面的圆盘，以耐热钢材制成。气门通过气门导管做直线运动，保证了与气门座同轴配合。气门弹簧使气门能自动严密关闭，气门弹簧座支承气门弹簧。气门弹簧通过气门锁夹、弹簧座与气门尾端相联系。气门锁夹为两个半锥形体，装配后因受弹簧张力而自锁，卡住气门杆尾部斜槽，防止气门脱落。

（2）活塞

油机在工作时，活塞既承受很高的温度，又承受很大的压力，而且运动速度极快，惯性很大。因此，活塞必须具有良好的机械强度和导热性能，并且应当用质量较轻的铝合金铸造，以减小惯性。为了使活塞与气缸之间紧密接触，活塞的上部还装有活塞环，活塞环用合金铸铁制成，活塞环有压缩环（气环）和油环两种。气环起密封作用，防止高压气体漏入曲轴箱并将上部热量传给气缸壁散出。在柴油机中，保证气缸润滑的机油一般通过飞溅方法来供给。但飞溅到气缸壁上的机油量一般较多，而且分布也不均匀。气环在完成密封作用的同时，还有泵油的作用，不断地把大量机油送入燃烧室，不仅造成机油的浪费，而且还会影响燃油机的正常工作，因此，必须安装油环。油环的功用是把缸壁上过多的机油刮回曲轴箱，以防止大量机油进入燃烧室，同时让足够的机油均匀分布在气缸壁上，以满足润滑需

摇臂
气阀
喷油器
螺栓孔
进气通道

要。气环和油环种类比较多，结构上也存在着较大的不同，一定要正确选择和安装气环和油环，否则气环和油环就不能发挥其应有的作用，反而会产生更坏的后果。如泵油现象加重、油环功用变反等。

（3）连杆

连杆的作用是连接活塞与曲轴，将活塞承受的压力传给曲轴，并通过曲轴把活塞的往复直线运动变为圆周运动。柴油机连杆如图 3-3 所示，分为小头、大头和杆身。小头压装连杆衬套，减少活塞销磨损。大头剖分成两半，按剖分形式有平口和 45°斜口两种，可拆部分称为连杆盖。连杆大端与连杆盖装有连杆轴瓦，即连杆轴承。连杆轴承为两片半圆形零件，瓦背用钢制成，表面浇有减磨合金，减少轴颈磨损。连杆大端和连杆盖用连杆螺栓（母）按一定力矩拧紧在曲轴连杆轴颈上。连杆螺栓是保证连杆大端可靠连接的重要零件，工作时承受着交变负荷的作用。连杆螺栓的脱落、松弛和折断，将会带来极其严重的后果，不仅使连杆本身遭到破坏，而且还可能导致整个柴油机报废，甚至危及人身安全。因此，对连杆螺栓的使用和维护应特别注意。连杆螺栓一般采用优质合金钢或碳钢锻制，其数量为 2~6 个，以保证连杆大端的可靠连接。

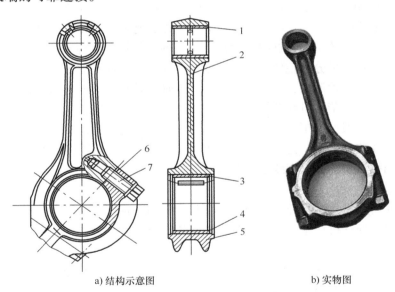

a) 结构示意图　　　　　　　　　　b) 实物图

图 3-3　柴油机连杆
1—衬套　2—杆身　3—上轴瓦　4—下轴瓦　5—连杆盖　6—定位套　7—连杆螺栓

（4）曲轴

曲轴组件主要由曲轴、主轴承、飞轮等零部件组成，如图 3-4 所示。

曲轴是柴油机中最重要的部件之一，也是受力最复杂的机件，常用强度、刚度、冲击韧性和耐磨性都比较高的材料制造，如优质碳素钢、球墨铸铁、合金钢等。曲轴的功用是将活塞的往复运动转变为旋转运动，输出动力，并带动柴油机的各种附件工作。曲轴由前端（自由端）、曲拐、后端（功率输出端）和平衡块几部分组成。前端（自由端）是指与功率输出端相对的另一端。柴油机本身的各种附件，通常都通过安装在前端的齿轮来传动。曲拐包括主轴颈、曲柄和曲柄销三部分。整个曲轴通过主轴颈支承在主轴承上，在曲柄销上安装

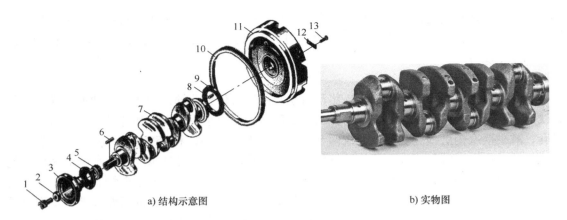

a) 结构示意图                      b) 实物图

图 3-4 曲轴组件

1—起动爪 2—曲轴起动爪垫圈 3—曲轴带轮 4—前挡油圈 5—曲轴正时齿轮 6—普通平键 7—曲轴
8—圆柱销 9—后挡油圈 10—飞轮齿圈 11—飞轮 12—防松垫片 13—飞轮紧固螺栓

连杆大端,而曲柄销和主轴颈则通过曲柄臂连接起来。后端(功率输出端,也称飞轮端)是指与尾轴或发电机轴连接的一端。飞轮安装在后端,有的装有传动附件的齿轮。根据柴油机的气缸数和排列方式的不同,这些曲柄按照一定的方位排列,构成一根完整的曲轴。柴油机的曲轴按其结构特点可分为整体式曲轴和套合式曲轴。轴向定位方式各种各样,单缸机轴瓦翻边与主轴承盖加垫片调整,多缸机用止推片或轴瓦翻边。为改善柴油机的平衡性能、减轻主轴颈的负荷,有的柴油机在曲轴的曲柄臂上往往装有平衡重块,用以平衡偏心质量,减少不平衡的惯性力和惯性力矩。平衡重块可以与曲柄臂锻造或铸造在一起,但更多的是单独制造,然后固定在曲柄臂上。连杆将活塞与曲轴连接起来,从而将活塞承受的压力传给曲轴,并通过曲轴把活塞的往返直线运动变为圆周运动。

2. 配气机构

配气机构的作用是适时打开和关闭进气门和排气门,将可燃气体送入气缸,并及时将燃烧后的废气排出。配气机构主要包括气门机构和传动机构两部分。

(1) 气门机构

气门机构包括气门、气门导管、气门座、气门弹簧、气门旋转器等零件。

1) 气门。气门由气门头和气门杆组成。气门头的形状对气体流动阻力、气门头的刚度、温度分布和应力分布均有显著影响。图 3-5 为几种常用的气门头的形状。图 3-5a 为平底气门,图 3-5b 为凹底气门,图 3-5c 为凸底气门。

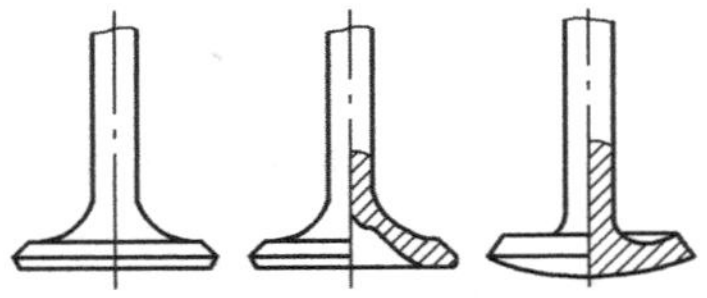

a) 平底气门 b) 凹底气门 c) 凸底气门

图 3-5 气门头的结构

气门杆呈圆柱形,它在气门导管中不断进行往复运动。气门杆表面经过磨光,以提高耐磨性。由于进、排气门杆部工作温度不同,为了统一进、排气门导管的内径尺寸,一般将排气门杆部直径适当减小,以达到不同的装配间隙。气门杆端的形状取决于气门弹簧的固定方式。通常制有环槽或带有锥度的缩颈,用于安装气门锁片并固定气门弹簧座。有的气门杆上还车有一道环槽来安装弹簧卡圈,用以支撑气门,防止气门落入气缸,造成事故。

气门杆是气门运动的导向部分,并承受配气机构产生的侧压力作用。因此,气门杆必须与气门锥面同心，其中心线应与锥面垂直，才能使气门锥面与气门座面良好贴合。

2）气门导管。气门导管承受气门配气机构所产生的侧压力，引导气门的往复运动，并保证气门准确地落座。为使气门得到良好的导向和散热，气门杆与气门导管的配合间隙应合适。间隙过大，将会引起气门和气门座发生偏磨，引起散热不良和漏气，使气门温度升高，配合间隙内机油结焦和沉积燃烧产物，卡阻气门；间隙过小，更容易卡阻气门。

气门导管采用过盈配合压装入气缸盖上的气门导管孔内。有的没有凸肩，如图 3-6a 所示；有的用外圆面上的凸肩定位，如图 3-6b 所示。其加工简便，但压入时要保证一定的深度和过盈量。

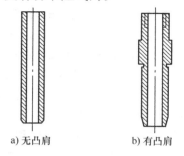

a) 无凸肩　　　　b) 有凸肩

图 3-6　气门导管

3）气门座。气门座是气门落座的支承面。它与气门头配合对气缸起密封作用，并对气门头起导热作用。气门座的结构常有两种形式，一种是气缸盖或气缸体上直接镗出的，这种气门座具有加工方便、导热性好的特点；另一种是采用较高级材料制成气门座，镶在气缸盖或气缸体上，以提高气门座支承面的耐磨性和便与修理时更换。

4）气门弹簧。气门弹簧是保证气门与气门座紧密贴合的重要部件，其功用是气门关闭时，保证气门锥面与座面之间的密封性；在气门开启时，保证气门传动机构不因惯性力的作用而相互分离。

气门弹簧多为等螺距的圆柱形弹簧。通常每个气门采用两根绕向相反的圆柱形弹簧，只有某些小型柴油机采用单根弹簧，少数轻型大功率柴油机采用三根弹簧。采用多根弹簧的目的，一方面可以防止共振，另一方面，当其中一根弹簧折断时，可以避免气门掉入气缸造成事故。

安装气门弹簧时，一端支承在气门弹簧座上；另一端则支承在气缸盖或气缸体上，有的在此支承处加有弹簧垫圈。各气门弹簧对正中心是利用两支承面的特别凸缘来保证的。

5）气门旋转器。在柴油机工作中，气门机构由于条件恶劣造成气门锥面与座面之间腐蚀、磨损不均、密封性能下降等问题，因此，在某些大功率高速柴油机上装有气门旋转器，使气门在开关过程中进行缓慢的旋转，这样可保证气门头的温度分布均匀，大大减小了气门头因温差产生的变形，降低了密封锥面的最高温度。安装气门旋转器可减少密封锥面上导热不良的沉积物，使之贴合严密，利于散热，减少高温腐蚀，减少烧损磨损。安装气门旋转器还可改善气门杆与导管间的润滑条件，减少气门杆漏气，减少气门杆周围形成沉积物，防止卡阻。常见的气门旋转器有两种，一种是在气门杆下端安装的由排气吹动的叶片式气门旋转器，另一种是在气门弹簧的上端或下端装设的气门旋转器。

（2）传动机构

如图 3-7 所示为常见的气门传动机构，它主要由挺柱、推杆、摇臂及凸轮轴等组成。工作时凸轮轴按一定的方向旋转，当凸轮顶端转动上升时，推动挺柱及气门的杆端，压缩气门弹簧，于是气门下移并开启；当凸轮顶端转动下降时，挺柱下降，气门弹簧恢复伸长，带动气门落回气缸体的气门座上。

1）挺柱。挺柱的功用是将凸轮轴的凸轮推力通过推杆和摇臂传到气门。常见的挺柱结构形式为平板式和滚轮式。平板式有菌形和筒形两种。滚轮式挺柱结构，多用于大型、高速柴油机。

2）推杆。推杆用于传递从凸轮轴经挺柱传来的推力。对推杆的要求是刚性好、重量轻。推杆一般用空心钢管制成，小型柴油机的推杆也有用实心钢棒制成的。

推杆的两端制有不同形状的端头，上端多是凹面形，气门摇臂上的调节螺钉的球形头坐落其中；下端头为圆球形，置于挺柱的凹形支承面内。推杆的上、下端都用钢制成，并经淬火与光磨，以提高耐磨性能。

3）摇臂。摇臂的作用是将推杆传来的推力改变方向，作用于气门杆尾端并推开气门。摇臂的两臂长度不相等，长短臂的比值约为1.2~1.8。长臂一端推动气门，这样在一定气门升程下，可以减小推杆和挺柱上下移动的距离，从而减小工作中的惯性力。短臂端有螺纹孔，其中拧入调整螺钉（调整气门间隙用），螺钉头是球形的，它与推杆上端的凹球形座相接触。

4）凸轮轴。凸轮轴的主要功用是将曲轴的部分动力传给气门传动组部件，并按一定的工作次序、时间及运动规律控制进、排气门的开启与关闭。

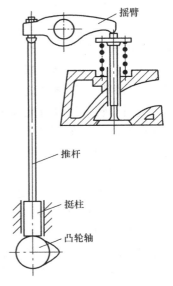

图3-7　常见的气门传动机构
1—推杆　2—挺柱
3—凸轮轴　4—摇臂

凸轮的外形应保证气门能迅速地开启和关闭，并尽可能在全开位置停留较长时间，从而保证气门有较大的流通面积，而且配气机构的惯性力也不太大，这样才能保证换气质量良好，配气机构工作可靠，使用寿命较长。凸轮作用角的大小根据进、排气总的时间要求确定，也与机型有关。对二冲程直流式柴油机，曲轴每转一转，排气门开一次，也就是凸轮轴转一转，所以凸轮的作用角等于排气过程的曲轴转角；对四冲程柴油机，曲轴转两转，进、排气门各开一次，也就是凸轮轴只转一转，所以凸轮的作用角等于进、排气过程的曲轴转角的一半。

（3）配气机构的工作过程

配气机构的工作过程、配气相位及气门间隙见表3-1。

表3-1　配气机构的工作过程、配气相位及气门间隙

| 工作过程 | 气门开启 | 曲轴正时齿轮带动凸轮轴正时齿轮→凸轮轴→当凸轮的凸起部分顶起挺柱时→推动推杆→推杆顶起摇臂短臂一端→摇臂绕摇臂轴摆动，长臂撞头压下→克服气门弹簧的张力，打开气门 |
|---|---|---|
| | 气门关闭 | 当凸轮的凸起部分转过一定角度离开挺柱，顶力消失→气门在弹簧的作用下迅速关闭 |
| | 配气相位 | 柴油机为了使进气充足、排气干净，利用气体流动惯性将气门早开迟关，也即进气门在进气行程活塞位于上止点前开、下止点后关，排气门在排气行程位于下止点前开、上止点后关。以曲轴的转角表示进、排气门实际开闭时刻和开延时间称为配气相位。气门从到到闭曲轴转过的角度，称为气门延续角。进、排气门同时打开的曲轴转角，称为气门重叠角 |
| | 气门间隙 | 在压缩行程气门关闭时，气门杆部与摇臂撞头之间的间隙，称为气门间隙。气门间隙是给配气机构零件留出受热伸长的余地，气门间隙太小则使气门关闭不严，气门处漏气，气缸压缩力不足，气门容易烧蚀，或引起气与活塞顶碰撞；气门间隙太大则造成进气不足、排气不净，发动机功率下降 |

3. 燃油系统

　　柴油机的燃油系统一般由柴油箱、柴油滤清器、低压油泵、高压油泵、喷油嘴等部分组成。如图 3-8 所示。柴油机工作时，柴油从机箱中流出，经粗滤器过滤，低压油泵升压，又经细滤器（也称精滤器）进一步过滤、高压油泵升压后，通过高压油管送到喷油嘴，并在适当的时机通过喷油嘴将柴油以雾状喷入气缸压燃。

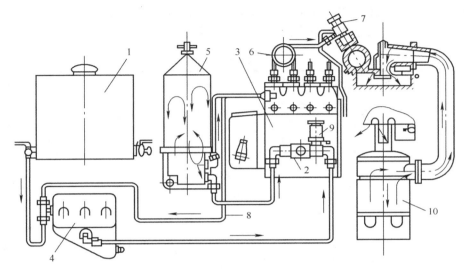

图 3-8　燃油系统结构示意图

1—柴油箱　2—低压油泵　3—高压油泵　4—粗滤器　5—细滤器
6—高压油管　7—喷油嘴　8—回油管　9—手泵把　10—空气滤清器

　　（1）柴油箱

　　柴油箱的功用是贮存工作期间所需的柴油，同时使燃油中的水分、杂质沉淀得到初步滤清。柴油箱通常用薄钢板冲压后焊接而成，内表面镀锌或镀锡以及涂刷清漆，以防腐蚀生锈。油箱内部通常用隔板将油箱分成数格，防止工作时由于运动引起油箱内的柴油剧烈晃动产生泡沫，影响柴油的正常供给。油箱上部有加油口和油箱盖，加油口内装有铜丝滤网，以防止颗粒较大的杂质带入油箱内。油箱上有通气孔，保持油箱内部与大气相通，防止工作中油压下降时油箱内出现真空度，使供油不正常。在油箱下部有出油管和放油装置。出油管口应高出油箱底平面，以避免箱底沉积的杂质由出油管口进入供油系统。油箱下部最底部还设有放油装置，如螺塞、油管及开关等，以便将油箱底部的沉积物和水分放出。在油箱上一般还设置有量油尺或油面指示装置，有的装有油盘表，以便随时观察油箱内存油量的多少。

　　（2）柴油滤清器

　　柴油在贮存、输送以及加油过程中，难免混进一些机械杂质和硬质微粒，如果不清除这些杂质，让它随同柴油进入各精密机件（喷油泵与喷油器等）内，便会造成零件的磨损加剧和喷孔堵塞等问题，直接影响柴油机的正常工作。柴油机燃油系统中设置的柴油滤清器，其功用就是清除柴油中的各种机械杂质和硬质微粒，保证柴油的清洁度，以免影响柴油机正常工作，按照滤清效果不同，滤清器有粗滤器（滤去直径大于 0.1～0.2mm 的杂质）、细滤器（滤去直径大于 0.005～0.050mm 的杂质）和精滤器（滤去直径大于 0.02～0.04mm 的杂质）三大类。

（3）喷油泵

喷油泵又称高压油泵，其功用是定时定量地将柴油喷入燃烧室，并建立高压以保证喷入燃烧室的柴油雾化良好、分布均匀。喷油泵可谓柴油机的"心脏"，是柴油机中最精密的部件之一，它的工作好坏对柴油机的运转性能起着至关重要的作用。喷油泵主要由泵体、滚轮部件、挺柱体、柱塞偶件、出油阀偶件、调节齿轮等部件组成。泵体刚度好，使用可靠。喷油泵的工作原理见表3-2。喷油泵供油量调节与供油提前角的关系见表3-3。

表3-2 喷油泵工作原理

| 工作过程 | 油泵凸轮 | 柱塞、柱塞弹簧 | 柱塞套进、回油孔 | 柴油 | 出油阀 |
|---|---|---|---|---|---|
| 进油阶段 | 凸起部分离开滚轮体 | 柱塞在弹簧作用下向后移动（下行）至柱塞后半部 | 柱塞套进油孔打开 | 柴油进入柱塞套空腔内 | 出油阀在弹簧的作用下关闭。阀芯密封锥面与阀座紧贴，保证密封 |
| 供油阶段 | 凸起部分顶起滚轮体 | 柱塞弹簧被压缩，柱塞向前移动（上行） | 柱塞关闭柱塞套进回油孔 | 柴油被挤压，压力升高至一定值 | 克服出油阀弹簧压力顶开出油阀，向油管供油 |
| 回油阶段 | 凸起部分继续顶起滚轮体 | 柱塞继续前移（上行） | 柱塞螺旋斜槽（或斜切槽）与回油孔相通 | 柴油经轴向孔（或直槽）、径向孔、斜槽从回油孔回油，压力骤降 | 在出油阀弹簧作用下迅速关闭。减压环带进入阀座，使高压油管内的油压迅速下降，供油停止。密封锥面与锥座密封，避免喷油器滴油 |

表3-3 喷油泵供油量调节与供油提前角的关系

| 供油量调节原理 | 拨动调节尺杆，转动柱塞，改变柱塞上斜槽（或螺旋斜槽）与柱塞套回油孔的相对位置，使进回油孔关闭，开始供油（压油）到斜槽与回油孔沟通终止，供油（压油）的有效行程（供油时间）发生变化，即可改变供油量 |
|---|---|
| 最大供油量 | 柱塞斜槽（或螺旋斜槽）最低部位正对着回油孔，这样柱塞从开始供油到终止供油的行程最长，也即柱塞从关闭进回油孔到斜槽开启回油孔的时间最长，供油阶段时间长，供油量最多 |
| 部分供油量 | 柱塞转过一角度，柱塞斜槽（或螺旋斜槽）较高部位正对回油孔，柱塞从开始压油到终止压油的有效行程缩短，也即回油孔开启时间提早，供油时间缩短，供油量减少 |
| 不供油 | 柱塞再旋转一角度，柱塞直槽（或中心孔、斜切槽）正对回油孔，回油孔不能关闭，柱塞不能产生压油作用，喷油泵不供油 |
| 供油提前角 | 柴油喷入气缸后与空气混合形成混合气，以及混合气燃烧都需要一定时间，因此最有利的供油时间应提在压缩上止点前，使燃料充分混合燃烧。供油提前时间用曲轴转角表示，称供油提前角。供油提前角太大（供油时间太早），会产生敲缸、工作粗暴、功率下降的现象；供油提前角太小（供油时间太迟），会出现沉闷的敲缸声，排气冒黑烟、温度高，柴油机过热，功率不足的情况 |

（4）喷油器

喷油器将喷油泵在某一时刻送来的柴油雾化成较细的柴油颗粒喷入气缸，并分布到整个燃烧室中，使柴油颗粒与空气进行良好混合，形成有利于燃烧的混合气。

现今柴油机上使用的喷油器一般分为两大类：闭式喷油器和开式喷油器。其中闭式喷油器的应用最普遍。

闭式喷油器主要由喷油器体、喷油嘴偶件、调压弹簧等组成。喷油嘴直接伸向燃烧室内，端部钻有一定数量的喷孔，其孔径很小。针阀用来控制这些小孔的打开和关闭，从而控制燃油是否进入燃烧室。针阀锥面与阀座之间、针阀杆与针阀体之间精密配合，间隙极小（0.002~0.004mm），以保证高压油路的密封性。弹簧将针阀紧紧压在阀座上，将喷孔关闭。针阀的打开由高压油来控制。当油压升高到规定的开始喷油压力时，作用在针阀锥面上的压力在轴向投影的合力大于针阀弹簧的弹力时，针阀被顶开，弹簧受压缩，高压燃油便经喷油孔喷入燃烧室。当喷油泵停止供油时，油压迅速下降，针阀在弹簧恢复力的作用下关闭，喷油停止。

开式喷油器的主要特点是喷孔处没有针阀，燃烧室与喷孔后部的空间相通。为防止燃气进入喷油器，一般在喷孔后部装有止回阀。这种喷油器结构简单，加工方便，但雾化质量和喷射性能较差。所以，开式喷油器只用于某些特殊的喷射装置中，并采取相应的改善措施。

4. 润滑系统

（1）润滑系统的组成

柴油机工作时，各部分机件在运动中将产生摩擦阻力。为了减轻机件磨损，延长使用寿命，必须采用机油润滑。润滑系统的作用是将定量、洁净、有适当温度的机油输送至各个部位，以减少零件的磨损并有冷却、密封、清洗、防锈、减振等作用。润滑系统通常由油底壳、机油泵、机油滤清器（粗滤和细滤）等部分组成，如图3-9所示。

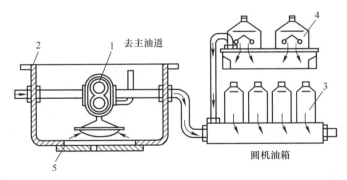

图 3-9　润滑系统的组成

1—双级机油泵　2—干式油底壳　3—机油粗滤器组　4—机油精滤器组　5—盖板

1）油底壳（或机油箱），用来贮存机油。

2）机油泵，用于提高机油压力并把机油输送到各个使用部位。机油泵按用途不同有压入泵和抽出泵，按传动不同有机带泵和电动泵两种。为保证供油量的稳定可靠，机油泵一般采用容积泵，最常用的是齿轮泵和螺杆泵。在润滑系统的主循环油路中，所采用的机油泵一般为齿轮泵，而在辅助循环油路中，所采用的机油泵除齿轮泵以外，还有往复泵和螺杆泵等类型。辅助循环油路中的机油泵主要用来充油和输送机油，它所采用的动力目前主要有电动和手动两种。

3）机油滤清器，用来滤清机油中的金属磨屑、胶状物质及其他杂质，防止它们进入零件的摩擦表面使零件拉毛、刮伤和磨损，以及防止润滑系油路堵塞，而影响柴油机正常工作。

机油通到摩擦表面之前，经过滤清器滤清的次数越多，则机油越清洁。但是滤清次数越多，机油流动阻力也越大。为了解决滤清效果与流动阻力的矛盾，在润滑系统中一般装有几个不同滤清能力的滤清器，即集滤器、粗滤器和细滤器，分别并联和串联在主油道中。这样既能使机油得到较好的滤清，又不至于造成很大的流动阻力。与主油道串联的机油滤清器，称为全流式滤清器。柴油机全部循环机油均通过它被滤清，可使柴油机的摩擦表面免遭磨料，但是为了使流动阻力不致太大，全流式滤清器只能采用滤清细度为 $10\sim30\mu m$ 的粗滤器。与主油道并联的机油滤滑器，称为分流式滤清器，一般只有总循环油量 $10\%\sim30\%$ 的机油通过它被滤清，由于通过油量较少，允许有较大的阻力，所以分流式滤清器可采用滤清细度为 $5\sim10\mu m$ 的细滤器。不过分流式滤清器不能用于直接保护摩擦表面，其主要作用是改善油底壳中机油的总体技术状态。

机油滤清器有离心式、机械式和磁铁式三种类型。机械式滤清器的结构与燃油系统滤清器的结构基本相同，而离心式和磁铁式滤清器则是润滑系统中的两种特殊形式。尤其是离心式滤清器，在现代柴油机中应用广泛。

4）机油冷却器，它将机油在工作中吸收的热量传递给冷却剂，让机油的工作温度保持在最适当的范围。机油冷却器可以用海水作为冷却剂，也可以用淡水作为冷却剂，然后再用海水冷却淡水。显然直接用海水冷却的冷却器尺寸可以小，但不利于暖机时加速机油升温和减少系统的腐蚀。

5）指示仪表和安全报警装置，它是根据本系统的工作状态向管理人员显示润滑系统中的各种信息，并自动地代替管理人员进行各种操作。随着科学技术的不断发展，这部分装置的功能会越来越完善。

（2）润滑系统的类型

润滑系统按存放循环机油位置的不同，柴油机润滑系统分为干式油底壳润滑系统和湿式油底壳润滑系统两大类。

所谓湿式油底壳润滑系统，就是将机油存放在曲轴箱中的油底壳内，再由机油泵抽出来循环使用，最后又汇积于油底壳中。干式油底壳润滑系统则是将机油单独贮存在柴油机外部的日用机油箱内，油底壳只是用来收集各工作面循环流回的机油，然后利用重力或专门的抽油泵输入日用机油箱中贮存，油箱中的机油再由压入机油泵抽出，送入柴油机主油管路分流送入各工作表面。

干式油底壳润滑系统的主要特点：

1）减小曲轴箱高温气体对机油的影响，防止机油老化变质，以延长机油的使用期限。

2）油底壳的容积可以大大减小，这样可以降低柴油机的高度。

3）可以防止工作过程中由于舰船的摇摆引起油面的波动而造成机油泵进口露出油面，从而保证了可靠、连续、不断地供给机油。

4）要求润滑系统另设日用机油箱，并采用两个机油泵（一个抽出泵，一个压入泵）来保证机油的循环，从而增加了系统的复杂性。

湿式油底壳润滑系统的特点与干式油底壳相反，它普遍用于小型柴油机中。在各种类型的大功率柴油机中，干式油底壳润滑系统获得了广泛的应用。这主要是由于大功率柴油机的机油用量很大，需要很大的承油容积，如果采用湿式油底壳润滑系统，则大大增加了柴油机的高度，给安装与布置造成困难。

5. 冷却系统

柴油机的冷却系统可以保持柴油机在正常的温度范围内工作，防止因过热产生一系列的不良后果。冷却系统主要的冷却方式有风冷和水冷，其中水冷又分为闭式强制循环和开式强制循环。

风冷用于直接冷却，由冷却风扇使冷却空气高速吹过散热器表面，带走散出的热量。气缸外壁都带有散热片，以增加散热面积，同时布置有导风罩，以达到有效、均匀的冷却。

闭式强制循环的特点是水散热器（水箱）上安装空气蒸汽阀，冷却水与外界大气不直接相通。冷却水靠水泵打入柴油机水套形成强制循环。从柴油机排出的热水进入散热器，由风扇形成风进行冷却，如图 3-10 所示。

开式强制循环的特点是冷却水靠水泵打入柴油机水套形成强制循环。从柴油机排出的热水，在敞口的水池或水缸中冷却，然后再回到柴油机中去，不用风扇。

水泵的作用在于把低处的水泵到高

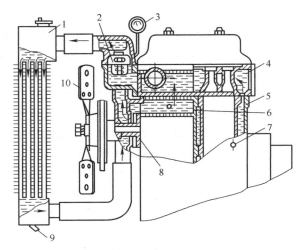

图 3-10　闭式强制循环冷却系统

1—散热器　2—节温器　3—水温表　4—汽缸盖水套
5—机体水套　6—配水室　7、9—放水阀　8—水泵
10—风扇

处，并产生一定的压力，使水进入水套进行冷却，结构上多为离心式水泵，由壳体、叶轮、轴、水封装置组成。传动主要是 V 带传动。

风扇的作用是高速旋转产生气流，用来冷却散热器芯，使冷却水温度保持在规定的范围内。风扇多为轴流式，由 4～6 片叶片组成，采用铆接或点焊结构。风扇由 V 带驱动，往往和水泵在一个轴上。为提高冷却效果，有的风扇没有导风罩。

水散热器是将冷却水带出的热量传送给周围的空气。散热器主要有散热器芯、上下水室，以及进出水管、加水口等组成。散热器按其散热器芯的结构又可分为多种，其中小型柴油机常用的水管为扁管，管外加焊散热片可增加散热面积和提高刚度。管片式为管外套装多管共用的整块散热肋片，结构强度好，风阻小，组装复杂；管带式为水管间夹有各种波纹状的散热带，带有开有破坏气流附面层以增加传热效果的缝槽，散热效率高，制造简单。为防止水分蒸发，并保持水散热器内的压力和大气压基本平衡，水箱盖中一般装有空气蒸汽阀。空气蒸汽阀用弹簧关闭，弹簧很软，当水散热器内的压力稍低于大气压力时，此阀即被散热器外的空气打开，以便使水温降低或因漏水引起水面下降时流进一部分空气，维持散热器内的压力不致过低。当水温升高、散热器内的压力超过 0.1MPa 时，水蒸气便顶开蒸汽阀，逸出一部分，以免胀破散热器芯。

节温器是根据冷却水的温度变化，决定阀门开启的大小，从而控制冷却水的循环流量，使柴油机经常保持在最佳温度范围内工作，同时可以缩短柴油机起动后的暖机时间。节温器主要由感温器和阀门组成。感温器内装有石蜡，当水温高时，石蜡熔化，体积涨大，推动顶杆打开阀门，冷却水便流入散热器，构成大循环。当水温低于 70℃ 时，石蜡凝固，体积缩小，在弹簧作用下，阀门关闭，冷却水不经散热器，直接由节温器下面的小水管流回水泵，再进入机体缸盖，构成小循环。为防止冬季节温器阀门关闭，水箱冻结，在阀门处留有一小孔，使小循环时仍有一小部分热水经过水箱进行大循环。加水时缸体双缸盖水套中的空气可以从小孔逸出，以便于冷却水进入水套。

**6. 起动系统**

燃油机本身没有自行起动能力，为了使燃油机从静止状态转入运转状态，必须依靠外界的能量使曲轴旋转。燃油机的起动，就是使静止的燃油机进入工作状态的过程。辅助起动系统为了保证发动机在任何温度条件下都能可靠地起动，特别是柴油机，可以借助一些恰当的方法和手段，尤其是在环境温度较低的情况下都能顺利起动。

对于柴油机，要使柴油机从静止状态转入工作状态，必须使喷入气缸的柴油能够自行燃烧。也就是压缩终了的温度必须高于柴油的自燃温度。这个温度只有在一定的曲轴转速下才能达到。如果曲轴转速过低，压缩过程进行得缓慢，燃烧室内壁吸收的热量增加；同时，气缸内的空气通过活塞环和气缸之间的泄漏量相对增加，这些因素都会使压缩终了的空气温度降低。此外，曲轴转速过低，燃油雾化不良也会造成达不到柴油的自燃温度。因此，为保证足够高的压缩终了温度和柴油雾化质量，起动时，柴油机的转速必须达到一定数值。柴油机起动所要求的最低转速称为起动转速。起动转速的高低与柴油机的类型、环境条件、柴油机技术状态、燃油品质等有关。它也是鉴别柴油机起动性能的重要标志。起动转速的一般范围是：高速柴油机 80～150r/min；中速柴油机 60～70r/min。

根据所采用的外来能源不同，燃油机的起动方式可分为：

1）借助于加在曲轴上的外力矩使曲轴转动。如人力手摇起动、电起动以及气力或液压马达等。

2）借助于加在活塞上的外力推动活塞运动，使曲轴转动。如压缩空气起动。

在带直流发电机的燃油机中，起动时可以把发电机当成电动机使用。国外还有的燃油机采用火药起动，利用火药爆炸产生的气体冲击力通过起动器迫使曲轴旋转。

一般情况下，一台燃油机只有一套起动装置，但为了保证起动可靠，在个别燃油机上同时设置有电起动和压缩空气起动两种装置。如 TBD234 型燃油机等。小型燃油机的起动一般采用人力手摇起动和电起动两种方式。

（1）人力手摇起动

人力手摇起动结构简单、使用维修方便，其方法有手摇起动、拉绳起动和惯性起动。手摇起动是由人转动插在起动爪上的手摇柄进行起动。起动爪（或起动轴）装在曲轴、凸轮轴或中间轴上供起动用，对四冲程燃油机，曲轴转速是凸轮轴的 2 倍，起动爪或起动轴装在凸轮轴上或惰轮轴，可使曲轴起动转速提高一倍，因此这种起动为增速起动。

（2）电起动

电起动方式操作简单、工作可靠，但结构复杂，零部件多，大多应用在小型多缸燃油机上，少数用在要求高的单缸燃油机上。

电起动主要由蓄电池、起动电动机、交流发电机等组成，一般为单线制、负极搭铁有 12V、24V 两种电系。按下起动开关，蓄电池电路接通，给起动电动机供电带动内燃机起动，同时一个小的交流发电机通过整流后给蓄电池充电。电起动系统示意图如图 3-11 所示。

（3）压缩空气起动

压缩空气起动是油机辅助起动的一种方式，其主要特点是将具有较高压力的空气按照柴油机各缸发火顺序在动力冲程开始时通入气缸，借助压缩空气的压力推动活塞运动，并迫使曲轴带动各附件进入工作状态。在柴油机进入工作状态后停止供气。

为了保证柴油机迅速可靠地起动，必须保证：

1）压缩空气具有一定的压力和足够的压缩空气量。

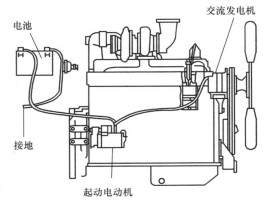

图 3-11　电起动系统示意图

2）压缩空气进入气缸的时机应该在动力冲程之初，而停止供气的时间则在排气门或排气孔打开之前。

3）必须保证柴油机曲轴停在任何位置都可以起动柴油机，为此，各缸进压缩空气的总时间必须适当重叠，即各缸进压缩空气时的曲轴转角必须大于各缸工作循环之间的发火间隔角。这一要求的满足与柴油机类型和气缸数有关。四冲程柴油机必须在六缸以上，二冲程柴油机必须在四缸以上，否则很可能在起动前必须将曲轴盘车到一定角度才能起动。

## 3.2.2　燃油机的工作原理

### 1. 国内柴油机型号编制规则

我国对柴油机的型号编制规则进行了统一规定，目的是为了便于生产管理和使用。规定柴油机的型号由阿拉伯数字（以下简称数字）、汉语拼音字母（以下简称字母）和 GB/T 725—2008 中关于气缸布置所规定的象形字符符号组成。柴油机的型号依次包括下列四部分：

1）首部：产品特征代号，由制造厂根据需要自选相应字母表示。产品特征代号可包括产品的系列代号、换代符号和地方、企业代号。产品的系列代号为系列产品的代号。产品的换代符号是指产品缸径不变，但其技术参数及结构与原产品有很大差异的产品标志符号。地方、企业代号是标志产品具有本地方或本企业特点的代号，每种符号一般用一个或两个字母表示。

2）中部：由气缸数符号、气缸布置形式符号、冲程符号（省略表示四冲程，E 表示二冲程）和缸径符号组成。气缸数和缸径用数字表示，气缸布置形式符号见表 3-4 规定。

表 3-4　气缸布置形式符号

| 符　　号 | 含　　义 |
| --- | --- |
| 无符号 | 多缸直列及单缸 |
| V | V 形 |
| P | 卧式 |
| H | H 形 |
| X | X 形 |

3）后部：结构特征符号和用途特征符号，见表3-5、表3-6。

4）尾部：区分符号。后部与尾部亦可用"－"分隔。

表 3-5　结构特征符号

| 符号 | 结构特征 | 符号 | 结构特征 |
|---|---|---|---|
| 无符号 | 水冷 | Z | 增压 |
| F | 风冷 | ZL | 增压中冷 |
| N | 凝汽冷却 | DZ | 可倒转 |
| S | 十字头式 | | |

表 3-6　用途特征符号

| 符号 | 用途 | 符号 | 用途 |
|---|---|---|---|
| 无符号 | 通用型及固定动力 | D | 发电机组 |
| T | 拖拉机 | C | 船用主机，右机基本型 |
| M | 摩托车 | CZ | 船用主机，左机基本型 |
| G | 工程机械 | Y | 农用运输车 |
| Q | 汽车 | L | 林业机械 |
| J | 铁路机车 | | |

例如：

R175A 表示单缸、四冲程、缸径为 75mm、水冷、通用型（R 为 175 产品换代符号、A 为系列产品改进的区分符号）。

495ZD－1 表示四缸、四冲程、缸径为 95mm、水冷、增压、发电机组用、在 495ZD 基础上的第一次变形。

12V135D 表示 12 缸、四冲程、V 形排列、缸径为 135mm、水冷、发电机组用。

12VE230ZC 表示 12 缸、二冲程、V 形排列、缸径为 230mm、水冷、增压船用。

2. 燃油机分类

柴油机的种类很多，按不同的形式大致分类如下：

1）按冲程可分为四冲程和二冲程柴油机。四冲程柴油机完成一个工作循环，活塞需连续运行四个行程；二冲程柴油机完成一个工作循环，活塞需运行两个行程。

2）按气缸数可分为单缸和多缸柴油机。

3）按气缸布置形式可分为立式、卧式、直列式、斜置式、V 形、W 形、X 形等。

4）按冷却方式可分为水冷和风冷柴油机。

5）按进气方式可分为增压和自然吸气柴油机。

6）按曲轴转速可分为高、中、低速柴油机。高速机曲轴转速高于 1000r/min；中速机曲轴转速在 300～1000r/min 之间；低速机曲轴转速低于 300r/min。

7）按用途可分为固定式和移动式柴油机。根据具体的用途又可分为汽车用、工程机械用、拖拉机用、发电机组用及船用柴油机等。

3. 燃油机的名词术语

为了研究燃油机的工作原理，必须了解燃油机的几个主要名词术语。

（1）气缸数

柴油机的气缸数是决定柴油机功率的一个重要参数，在单缸功率一定时，增加气缸数，即可提高柴油机的功率。气缸数最多可达 42、56 缸。

气缸数多了，就涉及排列，通常用直列和 V 形排列，也有其他形式的排列。直列的气缸最多为 12 缸，为便于安装和运转稳定，现在一般采用 V 形排列。V 形夹角一般为 90°，也有 60°和其他角度排列。

（2）气缸直径

气缸直径即气缸内径的大小，简称缸径，常用 $D$ 表示，单位为 mm。

（3）上止点和下止点

柴油机在工作时，活塞和曲轴都按各自的规律运动，相互保持着严格的相对位置。活塞顶离曲轴中心最远的位置，称为上止点；而离曲轴中心最近的位置，称为下止点。

（4）活塞行程

活塞由一个止点移动到另一个止点的位移，称为活塞行程，通常用 $S$ 表示，单位为 mm。活塞从上止点移动到下止点，再回到上止点时，曲轴正好转动一周，曲柄销中心的运动轨迹称为曲柄圆。若曲轴的曲柄半径为 $R$，则 $S = 2R$。

（5）燃烧室容积

活塞位于上止点时，活塞顶部、气缸盖底面和气缸之间所围成的空间容积，称为燃烧室容积，常用 $V_c$ 表示。

（6）气缸工作容积

活塞在上、下止点之间运动时所扫过的气缸容积，称为气缸工作容积，常用 $V_s$ 表示。$V_s = \pi D2S/4$。

（7）气缸总容积

活塞位于下止点时，活塞顶部、气缸盖底面和气缸之间所围成的空间容积，称为燃烧室总容积，常用 $V_a$ 表示。

（8）压缩比

活塞位于下止点时气缸的总容积与活塞位于上止点时燃烧室容积之比，称为压缩比，常用 $\varepsilon$ 表示，计算公式为

$$\varepsilon = \frac{气缸总容积}{燃烧室容积} = \frac{V_a}{V_c} = \frac{V_s + V_c}{V_c} = 1 + \frac{V_s}{V_c} \tag{3-1}$$

压缩比表示气缸内的空气被压缩的程度，是影响压缩发火的重要因素。其一般参数范围为：低速柴油机，$\varepsilon = 12 \sim 13$；中速柴油机，$\varepsilon = 13 \sim 15$；高速柴油机，$\varepsilon = 14 \sim 20$；增压柴油机，$\varepsilon = 11 \sim 13$。

4. 燃油机的工作原理

（1）柴油机的工作原理

柴油经过燃烧才能将其化学能转变为热能，因此，在柴油喷入气缸之前，必须先使新鲜空气充满气缸。由于柴油机是一种压燃式发动机，柴油是在高温条件下自行发火燃烧的，所以还必须将空气压缩到一定的程度，以达到柴油自行燃烧所需的温度。此时再将柴油以雾状喷入气缸，柴油在高压高温条件下能自行燃烧。由此可见，燃料、空气和温度是燃烧所必须具备的三个基本条件，亦称燃烧三要素。

柴油在气缸内燃烧放出大量热能，使气体的压力和温度急剧升高，高温高压的气体在气缸内膨胀推动活塞运动对外做功。为了使新鲜空气充满气缸，在膨胀之后，必须将废气排出气缸。

综上所述，柴油在气缸内燃烧做功，完成两次能量转换，必须经过进气、压缩、燃烧、膨胀和排气五个连续过程，这五个连续过程称为柴油机的一个工作循环。根据完成一个工作循环的方式不同，柴油机可分为四冲程柴油机和二冲程柴油机两种。下面以单缸四冲程柴油机为例，说明四冲程柴油机的工作原理。

1）单缸四冲程柴油机的工作原理。曲轴旋转两周（720°），活塞上、下各两次方能完成一个工作循环的柴油机称为四冲程柴油机。如图 3-12 所示为单缸四冲程柴油机工作原理示意图，图中为柴油机各行程中主要部件的工作状态。

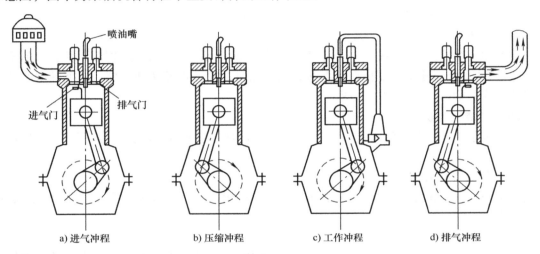

图 3-12　单缸四冲程柴油机工作原理示意图

① 第一冲程：进气冲程，如图 3-12a 所示。

进气冲程开始，活塞由上止点下行，进气门开启，排气门关闭。由于活塞下行，气缸容积增大，压力下降。当气缸内气体的压力低于大气压力时，空气在压力差的作用下被吸入气缸。当活塞到达下止点时进气门关闭，进气冲程结束。

由于进气系统的阻力作用，当进气终了时，气缸内的压力低于大气压力，约为 0.08 ~ 0.09 MPa。由于进入气缸的空气和温度较高的缸壁接触，并与残留的废气混合，因而温度升高至 30 ~ 50℃。

柴油要燃烧，就需要有足够的氧气。进入气缸的新鲜空气越多，柴油的燃烧就越完全，柴油机发出的功率就越大。因此，柴油机工作过程中，进气门都是在活塞位于上止点前的某个角度提前开启，而要延迟到下止点后的某个角度关闭。

若进气门在活塞行至上止点时才打开，此时气门开度很小，当活塞下行时，由于进气通道横截面狭小，将使气体进入气缸时产生较大的流动阻力，因此，进气门要在上止点前便打开，使活塞由上止点下行时进气门已有足够大的开度，以保证空气顺利进入气缸。进气过程中空气沿进气管被吸入气缸时，气流产生惯性作用，若使进气门延迟到下止点后关闭，虽然活塞已开始上行，仍可充分利用气流的惯性，使一部分新鲜空气进入气缸，以保证吸入更多的空气。由于进气门早开晚关，所以实际柴油机的进气过程大于 180°曲轴转角。

② 第二冲程：压缩冲程，如图 3-12b 所示。

进气冲程结束后，进、排气门均关闭，活塞由下止点上行，压缩冲程开始。由于活塞上行，气缸工作容积逐渐缩小，气体被压缩，其压力、温度随之升高。当活塞行至上止点压缩终了时，气缸内的气体压力可达 3～5MPa，温度升至 500～700℃。为柴油自行发火燃烧准备了必要的条件（柴油的自燃温度约为 330℃）。

③ 第三冲程：工作冲程，如图 3-12c 所示，也称做功冲程。

工作冲程是柴油机工作循环中的一个主要冲程。在此过程中，要进行两次能量转换，将柴油的化学能转变为热能，再将热能转变为机械能，即燃烧和膨胀两个过程。

在压缩冲程即将结束，活塞上行至上止点前的某个角度时，柴油喷入气缸与高温气体混合并立即着火燃烧，放出大量热能，使气缸内气体的压力和温度急剧增高，一般最高压力可达 5～15MPa，温度可达 1600～1900℃。高温高压的燃气在气缸内膨胀，推动活塞向下止点运动，经连杆带动曲轴旋转，对外做功。

随着活塞的下行，气缸内容积逐渐增大，压力、温度也随之降低，当活塞接近下止点的某个角度时，排气门开启，工作冲程结束。此时，气缸内气体的压力降至 0.3～0.6MPa，温度降至 600～700℃。

从燃烧过程可以看出，喷入气缸中的柴油，以在活塞上行至上止点时发火燃烧最适宜。此时可获得最高的燃烧爆发压力，使热能得到最充分的利用，柴油机的效率也最高。但是，柴油喷入气缸后，并不能立即燃烧，而是要经过蒸发、混合等一系列物理化学的准备过程，即所谓着火落后期，才能实现燃烧。因此，柴油必须在活塞上行至上止点前的某一适当时刻提前喷入气缸，使得活塞还未到达上止点时，柴油就已与空气充分混合。这个提前喷油的时刻，用曲轴转角来表示，称为喷油提前角。

④ 第四冲程：排气冲程，如图 3-12d 所示。

工作冲程结束，活塞从下止点向上行，排气门打开，排气冲程开始，废气被活塞强行推出气缸，直到活塞行至上止点时为止。

由于膨胀行程结束时，气缸内废气的压力高于外界空气的压力，这样，活塞在未到达下止点前，废气就可以利用它与外界的气压差向外自由排出，所以排气门必须在活塞到达下止点前的某个角度开启。当活塞越过下止点转向上行时，废气被活塞强行推出气缸。活塞到达上止点后，由于气体流动的惯性作用，废气仍可继续排出气缸。因此，这时排气门不应关闭，而应在活塞到达上止点后的某个角度关闭。排气冲程结束后，当活塞再重复向下运行时，又开始了第二个循环的进气冲程。如此循环往复，柴油机便能不停地连续运转。单缸四冲程柴油机各个部件具体工作情况见表 3-7。

表 3-7　单缸四冲程柴油机各个部件的具体工作情况

| 部件 | 进气冲程 | 压缩冲程 | 做功冲程 | 排气冲程 |
|---|---|---|---|---|
| 活塞 | 从上止点向下止点运动 | 从下止点向上止点运动 | 被燃烧膨胀的气体推动，从上止点向下止点运动 | 从下止点向上止点运动 |
| 曲轴 | 转过第一个半圈（0°～180°） | 转过第二个半圈（180°～360°） | 转过第三个半圈（360°～540°） | 转过第四个半圈（540°～720°） |

（续）

| 部件 | 进气冲程 | 压缩冲程 | 做功冲程 | 排气冲程 |
|---|---|---|---|---|
| 凸轮轴 | 转过 1/4 圈（0°～90°），进气凸轮顶起挺柱 | 转过 1/2 圈（90°～180°），进气凸轮离开挺柱，呈下八字形 | 转过 3/4 圈（180°～270°） | 转过 1 圈（270°～360°），排气凸轮顶起挺柱 |
| 进排气门 | 进气门打开，排气门关闭 | 进、排气门关闭 | 进、排气门关闭 | 进气门关闭，排气门打开 |
| 喷油器 | | 在压缩上止点前喷入雾状柴油 | | |
| 气缸 | 新鲜空气吸入气缸 | 气缸内空气被压缩，压力增至 4MPa，温度升至 500～700℃，与燃油形成混合气 | 混合气着火燃烧，膨胀做功，气体压力增至 6～10MPa，温度达 1700～2000℃ | 排出燃烧后的废气，温度为 300～500℃，压力降至约 0.1MPa |

综上所述，单缸四冲程柴油机连续运转的过程就是不断地重复进气、压缩、工作和排气四个过程，即一个工作循环。在每一个循环过程中，曲轴转动两圈，活塞上、下各两次，即四个冲程；凸轮轴转动一圈，带动进、排气门及喷油器开启一次。在这四个冲程中，只有工作冲程对外做功，其他三个冲程不但不做功，而且还要消耗一部分机械功。使得整体的动力输出不均衡，解决的一个思路便是四缸四冲程柴油机。

2）四缸四冲程柴油机的工作原理。四缸四冲程柴油机如同四个单缸柴油机用一根共用的曲轴连在一起，其中第一缸和第四缸的曲柄处在同一方向，第二缸和第三缸的曲柄处在同一方向，两个方向间互相错开180°，每个气缸按顺序完成各自的工作循环过程中，在同一行程都有固定的顺序，一般为1—3—4—2，即第一缸做功后，第三缸做功，然后为第四缸做功，最后为第二缸做功，之后各个过程顺序重复进行，如图3-13所示。四缸四冲程柴油机在曲轴每转两圈时，各缸内都进行燃烧和做功一次，也就是曲轴每转半圈就有一个气缸工作，所以它的工作比单缸柴油机平稳得多。

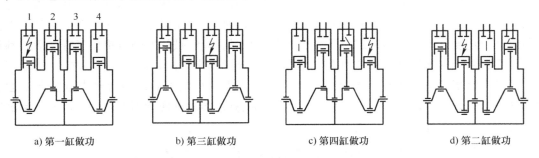

a）第一缸做功　　　　b）第三缸做功　　　　c）第四缸做功　　　　d）第二缸做功

图3-13　四缸四冲程柴油机的工作示意图

（2）汽油机的工作原理

1）四冲程汽油机的工作原理。汽油机和柴油机的工作原理基本相同，也是在由活塞上、下往复各两次的四个行程中，完成由进气、压引、工作和排气四个冲程所组成的一个工作循环。但是，由于汽油机所用的燃料是汽油，其黏度小，容易蒸发，所以可燃混合气的形成以及点火方式都和柴油机不同，气缸中的燃烧过程以及气体温度、压力的变化也和柴油机不同。

四冲程汽油机的工作原理示意图如图 3-14 所示。

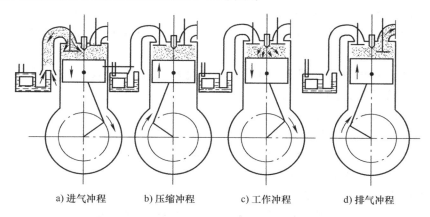

　　a) 进气冲程　　　b) 压缩冲程　　　c) 工作冲程　　　d) 排气冲程

图 3-14　四冲程汽油机的工作原理示意图

① 进气冲程。进气冲程如图 3-14a 所示，即汽油与空气所组成的可燃混合气被吸进气缸的过程。在这个过程中，活塞由上止点向下止点移动，活塞上面的气缸容积增大，形成部分真空，这时进气门打开，排气门关闭。在大气压力的作用下，化油器中形成的可燃混合气通过进气管道、进气门进入气缸。当活塞到达下止点时，进气门关闭，进气冲程结束，这时曲轴旋转的角度为 0°～180°。

进气冲程中，由于空气滤清器、化油器、进气管、进气门等对气流产生阻力，所以在进气终了时，气缸内压力低于大气压力，其数值约为 0.07～0.69MPa。

当上一个循环排气终了时，气缸中总有少量残余废气没有排出，因此，下一循环吸入气缸的可燃混合气，由于受废气和气缸壁等高温零件的加热，温度上升。当进气冲程结束时，温度一般为 80～130℃。

② 压缩冲程。压缩冲程如图 3-14b 所示。其主要作用是将进气到气缸内的可燃混合气进行压缩，提高其压力与温度，并使汽油进一步在气缸内与空气混合得更加均匀，有利于可燃混合气的燃烧，为燃烧准备有利条件。在这个过程中，进、排气门均处在关闭状态。当活塞由下止点向上止点移动时，进入到气缸内的可燃混合气便被压缩，从而使其压力和温度逐渐升高．当活塞到达上止点时，压缩冲程结束。这时曲轴旋转的角度为 180°～360°。

压缩冲程结束时可燃混合气体的温度和压力主要取决于汽油机的压缩比。压缩比越大，压缩冲程结束时可燃混合气体的压力和温度越高，有利于可燃混合气的燃烧和膨胀，因而汽油机的功率越大，经济性越好。但是，压缩比过大时，有可能产生早燃和爆炸等不正常燃烧，使汽油机功率下降，机体过热，耗油量增加，甚至严重损坏汽油机。为此，汽油机的压缩比一般控制在 4～9 范围内，使压缩冲程结束时的气缸内温度在 250～500℃之间，压力为 0.5～1.5MPa。

③ 工作冲程。工作冲程如图 3-14c 所示，即可燃混合气燃烧和燃气膨胀做功的过程。在这个过程中，进、排气门仍处于关闭状态。

压缩冲程结束时，气缸内的温度和压力虽然都很高，但还不能使可燃混合气燃烧。这时必须用火花塞产生的电火花，将可燃混合气点燃，放出热量，使气缸内气体的温度和压力急剧升高，温度达 1800 ~ 2000℃，压力达 25 ~ 50MPa。由于该高温高压气体迅速膨胀，从而推动活塞由上止点向下止点移动，通过连杆使曲轴飞轮旋转对外做功。随着活塞下移，气缸容积增大，缸内气体由于膨胀而压力与温度下降，直到活塞到达下止点时，这个冲程才结束。这时气缸内温度下降至 1100 ~ 1500℃，压力降至 0.3 ~ 0.6MPa，曲轴转角为 360° ~ 540°。

④ 排气冲程。排气冲程如图 3-14d 所示。这是从气缸中排出废气的过程。工作冲程结束后，气缸内充满了燃烧后的废气，这时进气门仍然关闭，而排气门打开，曲轴在飞轮惯性力的作用下旋转，从而使活塞由下止点向上止点移动。这时气缸内燃烧后的废气便被活塞推压，经排气门和排气管道排到大气中去。活塞到达上止点时，排气冲程结束，这时曲轴转角为 540° ~ 720°。由于有一定的压缩容积存在，因此在排气过程中不可能将废气排干净，气缸内仍留有少量的废气，其压力达 0.11 ~ 0.12MPa，温度为 400 ~ 700℃。

上述连续的四个冲程构成了一个工作循环，当活塞从上止点向下止点移动时，又重新开始下一个工作循环的进气行程。如此周而复始，汽油机就能连续运转。

2）便携式汽油机的特点。

① 燃油系统。燃油系统由油箱、汽油滤清器、化油器等组成，如图 3-15 所示。发动机工作时，油箱内的汽油经开关、汽油滤清器过滤后，再经油管流入化油器；空气则经空气滤清器过滤进入化油器。化油器将汽油与空气混合成可燃的混合气，由进气管进入气缸。

② 点火系统。与柴油机不同，汽油机的混合气进入气缸被压缩后，

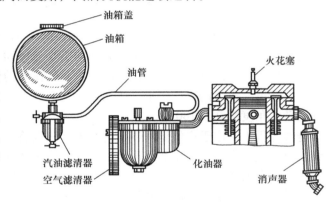

图 3-15　便携式汽油机燃油系统的组成

还必须经过点火燃烧，才能使发动机产生动力。点火系统的作用就是适时地使火花塞产生一个较强烈的电火花，其温度为 2000 ~ 3000℃，足以点燃混合气。

火花塞有两个相互绝缘的电极，两个电极之间有 0.5 ~ 0.7mm 的间隙。当两个电极之间加有足够高的电压时，电极间隙内的介质（在气缸内这个介质是混合气）被击穿而形成电火花（以下简称火花）。实验证明，火花塞两电极之间形成火花所必需的电压数值，主要和两电极的间隙大小及间隙中气体压力的大小成正比。在一定的气体压力下，两电极的间隙越大，形成火花所需要的电压就越高，电极间隙一定时，间隙中的气体压力越高，形成火花所需要的电压就越高。

火花塞是点火系统最重要的部件之一。火花塞的作用是将点火系统产生的高压电引进燃烧室并产生电火花，适时地点燃气缸内被压缩的可燃混合气。点火系统的功能最终体现在火花塞的工作上。火花塞在工作中直接与高温高压气体相接触，其本身又通有高电压。所以，它必须有耐高温、高压的机械强度，也要具有耐高电压的良好绝缘性能。

（3）四冲程柴油机与汽油机的比较

四冲程柴油机和汽油机比较，具有以下优点：

1）柴油机的压缩比较高，气体膨胀较充分，热量利用程度较好，燃油消耗率比汽油机少 30% ~ 40%。同时，柴油的价格比汽油低廉。因此，柴油机的使用经济性较好。

2）柴油的密度比汽油大，相同容积的油箱可储存较多重量的柴油。

3）柴油比汽油容易储存和保管，不易发生火灾。特别是在舰艇上采用柴油机可以减少作战中的火灾危险性。

4）柴油机排气污染少。

5）有利于改成多种燃料工作的多燃料燃油机，在作战条件下，可以就便用油。

6）有利于采用增压方法提高功率、降低燃油消耗率。

四冲程柴油机的缺点如下：

1）柴油机燃烧时气体压力较高，为了保证受力零件的强度与刚度，机件比较笨重。同时，由于可燃混合气形成方法与汽油机不同，限制了转速的提高。因而在功率相同的情况下，柴油机的尺寸和重量比汽油机大。

2）由于柴油不易蒸发，柴油机低温起动性不如汽油机好。

3）柴油机工作过程粗暴，噪声较大。

4）柴油机每千瓦的金属用量较多，重要零件还要采用较好的材料制造，成本较高。

目前，船舶、燃油机车、重型汽车、拖拉机等从经济性方面考虑，绝大多数采用柴油机。

### 3.2.3　燃油机的使用与维护

燃油机的使用包括暖机、起动、运转中管理、停机等环节。燃油机在工作中，只有保持其各部件和系统始终具备完好的技术状态，才能达到可靠、经济运行和最长使用期限。随着自动控制和计算机技术的发展及其在燃油机中的应用，燃油机的操纵管理正逐步走向自动化和智能化，燃油机的运转状态、工作参数都在计算机的监控之中。燃油机的工作可靠性和经济性以及使用期限不仅取决于燃油机的制造质量，而且取决于管理人员在日常使用时维护的水平。因此，提高管理人员的理论水平和实践技能，做好预防检修工作，加强自修能力，这对熟悉和掌握机器的技术状况、及时消除隐患、延长使用寿命、减少停机自修和进厂检修次数、节约维修费用、保证燃油机长期可靠和经济运行都具有重要的作用。

当前燃油机的使用与维护主要根据使用条例和保养规则进行。经常性的维护保养工作，对不同类型的燃油机各有其具体的项目，但一般的原则是要定期完成以下任务：

1）清洁与润滑保养，主要是保证所有部件干净、清爽、无污渍、无锈蚀，并定期清洗各种滤清器，保持各运动部件运转灵活，无卡滞、拉毛、阻塞等现象，工作运转时处于良好的润滑状态。

2）定期调整、检查气门间隙和配气定时、喷油定时、起动定时，检查与调整各缸的喷油量，使各缸的负荷在常用工况下保持均衡。

3）检查固紧件和密封件，防止发生松动和泄漏现象。

下面主要对燃油机使用管理中的一些共性问题加以综合阐述。

1. 燃油机的暖机

暖机是指燃油机起动后油、水温度逐渐升高，达到可承受规定负荷的整个过程。这个过程在具体实施中可分为两个阶段：

第一阶段：预热机油和冷却水，进行空车暖机，使燃油机达到可承带低负荷的程度。

第二阶段：为缩短整个暖机过程，减少空车运转时间，可采用带小负荷暖机，并逐渐加大负荷直到可承受全负荷的程度。

一般燃油机的使用说明书和使用条例中称第一阶段为暖机，当油水温度达到第一阶段标准时，即称暖机完毕。但操机人员和操舰指挥员都必须明确：要承受全负荷，必须经过第二阶段暖机。

暖机过程之所以必要，是因为不暖机会产生以下后果：

1）燃烧室组件的热应力可能超出允许范围，从而增加产生裂纹的危险性。

燃烧室组件直接和高温燃气接触，冷机起动后，它们的受热状态出现一个复杂的非稳定变化的过程。温度以一定的升高速度增长，经过一定时间后趋向稳定。温度升高速度的大小会影响热应力值的高低。燃油机起动后承受负荷的快慢以及承受负荷的大小不同，燃烧室组件的温度升高速度和热应力值也各异。

2）由于活塞和气缸受热后的膨胀量的差异而造成卡滞。

燃油机在冷态起动和承受负荷过程中，所有主要运动件的间隙都会发生变化。但最关键的是活塞和气缸之间的间隙变化特性。尽管在加工时已考虑了活塞在不同温度下的膨胀量，但这只能适应稳定状态的要求。如果在起动和加负荷过程中，活塞和气缸的温度升高速度不能协调，就会造成间隙的局部消失，从而出现卡滞。

3）起动后机油处于低温状态，温度低于 $15 \sim 20℃$，此时大多数机油的黏度急剧增加，导致机油难以飞溅到气缸壁上，另外轴承部位所获得的机油量也不足。如果这时燃油机在不允许的负荷条件下运行，必然增加机件的磨损，甚至引起拉缸和烧坏轴承。

为保证燃油机的工作可靠性和延长使用寿命，起动后必须进行暖机，但暖机时间过长也是不利的。因为在空车或低负荷运转时喷油量小，因此各缸供油的不均匀性增加，甚至出现个别缸不发火，导致转速不稳定；由于缸内温度低，燃烧恶化，因此积炭增加；此外，燃气中的二氧化硫和少量三氧化硫会因低温与水汽结合而成为亚硫酸和硫酸，使机件严重腐蚀。因此，有些燃油机的使用条例中明确规定了空车的运行时间，操作中必须严格执行。

根据燃油机各仪表的温度和压力，逐步提高转速使之达到正常速度。在加速的过程中，应以较快速度越过临界转速，并严禁在临界转速下运转，原因是在临界转速时会产生共振现象，振动很大，使燃油机易于损坏。

一般来说，燃油机起动后，待机油和冷却水出机温度达到 $35 \sim 40℃$ 时，才允许带负荷运转，但必须从低负荷开始逐渐增加负荷，达到全负荷的时间不得少于 $10 \sim 15min$，特殊情况下也不得少于 $5min$。若燃油机刚刚经过吊缸修理更换过运动件，则必须分别在全负荷的 $25\%$ 和 $50\%$ 负荷下运转 $2 \sim 3h$ 后，方可达到全负荷状态。

2. 起动前的准备

油机起动前，应重点检查"两油、一水、一气、一电、一零件。"

（1）检查润滑系统

1）检查油量，油底壳的油面高度应在油标尺上下刻线之间。

2）检查油质，发现机油变质，黏稠或变稀，或含柴油、水分，应更换。

3）用左手板起减压手柄，右手旋转曲轴，直至机油指示器升起，或打开视油针阀有机油溢出。

　　4）长期不用机油泵内有空气，可松开油泵或机油管接头，用机油枪向内灌入机油，同时倒转飞轮，直至油底壳冒泡。

　　（2）检查燃油系统

　　1）柴油须经 48h 沉淀，加油器具保持清洁。柴油储量不能低于油箱的 1/4。

　　2）检查油箱盖小孔，保证畅通。油路各接头处不得有漏油、漏气现象。

　　3）打开燃油开关，旋松燃油滤清器上的放气螺钉或喷油泵上的放气螺钉，排出油路空气。

　　4）检查空气滤清器，应保持良好的技术形态，各管接头应密封可靠，不得有漏气现象。

　　（3）检查冷却系统

　　1）检查水箱和冷凝器内的冷却水量，不足时添加。

　　2）冷却水必须使用清洁饮水，如雨水、雪水、河水、自来水或软化水。

　　3）风冷燃油机检查、清除散热片、进风口和导风罩中的杂物。

　　4）冬天起动宜加热水。严禁先起动，后加水。

　　（4）检查其他

　　1）检查紧固各部位固定螺栓（母），特别是燃油机底座螺栓、带轮固定螺栓、飞轮螺母。

　　2）检查风扇带紧度，以手指揿压带，能压下 10mm 为宜。

　　3）清除表面油渍及灰尘。

　　4）检查曲轴箱通风装置是否良好，保证畅通。

　　5）电起动的燃油机应检查蓄电池接线柱螺母紧固的情况，接线柱上有无积污和氧化物。

　　6）使用前测量启动电池电压是否足够，电池桩头无松脱腐蚀，电池的正、负极不能接错。

　　3. 开机和停机

　　（1）开机

　　1）卸下交流输出端所有负载，将交流断路保护器关闭。

　　2）将燃油阀打开，将风门把手置于"关"位置。

　　3）将发动机引擎开关打开，把启动拉手轻轻拉起，直到感到有阻力为止，然后突然拉出。

　　4）待机组起动瞬间后，将风门置于"开"位置。

　　5）检查电压及机组运转是否正常。

　　6）启动后检查机组运行是否平稳、有无异响，各项指示是否正常，空车运行 5 ～ 10min，一切正常后，再逐步加载，严禁超载运行。

　　7）运行中要随时观察机组运行状态，如有异常，应立即停机检查。

　　（2）正常停机

　　1）停机前，必须先卸掉负载。

　　2）卸掉负载后，不要马上停机，让发动机空转 4 ～ 5min，关闭引擎开关，严禁带载停机。

4. 燃油机运转中的管理

保证燃油机正常运转、避免发生事故是燃油机管理人员的重要职责。管理人员在值班时，为保证燃油机及其装置处于正常的工作状态，应定期巡回检查，并按规定时间将燃油机及其装置的各种技术参数记入值班日志中。

（1）主要检查项目和内容

值班人员应按最合理的巡回路线进行检查。检查的项目和内容，应根据各机器的具体设备和布置特点确定。一般检查的项目和内容大致如下：

1）经常观察燃油机的冷却水和机油的压力、温度，以及各缸排气温度是否在规定范围，如与正常运转情况的压力和温度差别甚大，则应立即检查原因并及时处理。注意各缸冷却水温度是否正常和一致。一般淡水冷却的燃油机，淡水出机温度应为 80～90℃。要经常用手触摸各缸体表面的温度，以判断个别气缸是否有因冷却水流动不畅或温度计损坏使机器过热的现象。对蒸发冷却燃油机应随时观察水箱浮子保持升起位置。浮子下降到漏斗口时应及时加冷却水。以凝汽冷却的燃油机要注意上部出气外管是否有不正常的过量蒸汽外溢。过量的蒸汽外溢会大大增加冷却水的消耗，应予以检查排除。工作时不能打开口盖，以免热水喷出烫人。

2）定时检查油底壳或机油循环柜以及推力轴承、中间轴承的油池存油量是否在规定范围内，如不足应及时补充。

3）检查膨胀水箱水量是否在规定范围内，并根据情况进行补充。工作中因疏忽而缺水致使水温过高，机体过热，不能立即冲加冷水，应减速或停车待机温自然下降后，添加温水。

4）检查燃油柜的存油量是否充足，并定时补充。

5）检查压缩空气压力或蓄电池电压，使之保持在规定的范围内。

6）经常检查燃油机各系统有无漏水、漏油、漏气等情况，并及时消除隐患。如不能及时解决，则应记录下来并及时上报，视情况进行修复。

7）经常检查燃油机各部件有无过热与过冷现象，以及异常响声。如发现这些情况，应立即查明原因并排除。

8）对人工加油部位应按时按量加油。

9）经常检查主机排气颜色和曲轴箱透气管排出的油气状况是否正常。

10）若没有特殊情况，不允许将燃油机的负荷突然增加或卸除，以免因冲击载荷损伤机器。严禁任意提高燃油机额定转速、严禁卸去空气滤清器、消声器、导风罩、引风板等零部件作业。

11）不能长时间低速空转或在超负荷冒黑烟状态下作业。

12）按规定时间正确地记录值班日志。

（2）应注意的几个问题

燃油机正常运转的主要标志是燃烧完善、冷却适当、润滑良好、工作平稳及配合间隙恰当等。

燃烧完善的主要表现是排烟为无色或淡灰色，没有浓黑烟、蓝烟、白烟和火花。

冷却适当的主要表现是淡水的进出口温度在规定的范围内，而且进出机的温差不能超过 10～20℃，随着负荷的增加，冷却水的温度应适当提高一些，即达到规定温度的上限。但水温也不能太高，如果太高容易造成汽化，对冷却反而不利。

润滑良好的主要表现是润滑油的压力和温度都在规定范围内，机油的牌号应符合规定要求，质量良好。燃油机各润滑部位没有过分发烫或烧焦的现象。

工作平稳的主要表现是气缸内没有严重的敲击声，更不能有异常的金属撞击声，各运动部件声响柔和，没有严重的振动和转速波动现象。

配合恰当主要是指燃油机各部件及系统各装置的装配和调整应符合技术要求，如各紧固部位的松动会造成运转中零部件的损坏，或引起油、气、水的泄漏等现象。如装配间隙过大，会出现抖动、振动及不正常的金属敲击声等；而装配间隙过小，就会出现局部过热、磨损加剧，停机检查时，滑油中会有金属屑存在。

在燃油机运转过程中，除了应经常倾听各部分的运转声音、观察排烟颜色以外，还应特别注意以下几方面的问题。

1）保证燃油机在允许转速范围内工作。改变转速时应该缓慢进行，因为急加速会产生不良后果。如负荷变化过快会产生过大的热应力，运动机件会产生过大的惯性力，从而带来严重的冲击；对于废气涡轮增压燃油机来说，在急加速时，由于喷油量急速增加，而增压器转子因惯性转速不能及时增加，就会造成一定时期内新鲜空气供气不足，出现严重冒黑烟的现象（急减速时，减油很快，燃油机曲轴转速降低很快，高速旋转的增压器转子却因较大的惯性作用减速缓慢，相对曲柄轴单位时间气体流量就会减少，如果此时气体流量小于临界值，就可能发生压气机的喘振现象）等。

2）保证润滑系统的正常工作。在燃油机运转时，一刻也不能停止机油的供应，燃油机管理使用条例都把润滑系统的管理放在首要位置。润滑系统的工作质量一般可从油压、油温、油质和油量来检查，燃油机管理条例对它们的正常工作范围都做出了明确的规定。

① 油压，即机油压力。油压一般指主油道的压力。当机油压力达不到规定值或发生急剧下降现象时，应检查原因，必要时应立即停机。只有压力达到规定范围，才能保证各摩擦面获得足够的机油，并保持一定的循环量。

② 油温，即机油温度。油温对燃油机的正常工作也有很大影响。油温过高，会使黏度过低，不利于油膜的建立；而且机油也易氧化变质，缩短了工作期限。油温过低，将会使机油的黏度增加，从而增加了机械损失；同时黏度的增加，将造成向摩擦副供油困难，从而增加机件的磨损。

③ 油量。机油在油柜（或承油盘）里的油面应在机油充满滤清器、机油冷却器、管系和全部油腔空间后，仍能高出抽油泵的抽油口一定的高度，以保证在风浪中船体摇摆时，抽油口不会露出油面。这个高度可通过油标尺或油位计上的标记来检查。但过多的机油也是不必要的，特别是在湿式承油盘内，油面过高会造成连杆大端击打油面，从而导致机油消耗率增大，并使机油的氧化速度加快。在燃油机正常运转时，由于少量机油窜入燃烧室，系统的机油量会缓慢减少，这是正常的，应及时补充。若消耗过快，应及时查明原因。相反，有时冷却水或柴油会漏入曲轴箱而使机油增加，这方面也应进行检查。

④ 油质。为保证机油的质量，除使用规定牌号的机油和定期更换机油以外，还应进行定期检查以确定是否仍能继续使用该牌号机油。在燃油机工作过程中，机油会被以下物质污染：从气缸里掉入的未完全燃烧的产物、机油分解物、机件磨损的金属微粒、腐蚀生成物以及其他可溶与不可溶的杂质。这些往往是造成拉缸、烧瓦和堵塞油路的主要因素。因此，燃

油机工作中应特别注意机油的清洁，及时清洗滤清器。在更换机油时，必须将系统中的机油全部放尽，并清洗滤清器、机油冷却器和循环油柜（或承油盘）。

3）冷却系统。在燃油机运行中，冷却系统的管理主要是注意水温。有的在冷却系统中还装有水压表，以便观察水压的变化来确定水泵是否损坏、管道是否堵塞。在闭式冷却系统中，膨胀水箱上的水位计用来检查系统中的水量。

水温过高或过低对燃油机的正常工作都是不利的。不同型号燃油机的水温都有各自的规定。水温过低会使燃烧室组件的热应力增大，增加了产生裂纹的危险性；冷却水带走的热量增多，降低了燃油机的热效率；增加了缸套的腐蚀性磨损。冷却水温应与燃油机的负荷相适应，负荷大时，水温应相应高一些。但水温的提高受以下条件的制约：燃烧室组件高温热强度和热蠕变的限制；缸套内表面机油高温变质的限制；冷却水汽化的限制。

水的质量对燃油机的正常工作也有很大影响，因为它和散热、机件腐蚀有着密切联系。在开式冷却系统中，冷却水的质量取决于舰船航行水区的特点，是无法选择的。在闭式冷却系统中，对淡水的总硬度提出了一定的要求，水硬度的含义是指溶解在水中的钙盐和镁盐含量。在使用中使水软化的最简单和最通行的方法是将水煮沸 30min 以上，然后加以过滤。

4）火花塞的使用与维护。正确的使用火花塞不但可以保证燃汽机的正常运转，发出最大的功率，节约燃料，而且可以延长火花塞的使用寿命。

在汽油机上使用火花塞应注意以下问题：

① 注意选用热值适当的火花塞，以保证火花塞热性能与汽油机相适应。汽油机使用的火花塞型号由工厂确定，只有当规定的型号缺乏而需选用别的型号代替时才存在此问题，最简单的办法就是将代替型号的火花塞在汽油机上进行低速空车、中等负荷及最大负荷试验，如果运转都正常即可使用。

② 在装火花塞前，应检查火花塞的间隙。此间隙在汽油机的使用说明书里都有明确的规定。如果不知道规定值，对于使用磁电机点火的火花塞间隙，一般可调整为 0.4 ~ 0.5mm。

③ 火花塞旋入气缸盖时，必须装上原附的密封圈，不宜用其他垫圈代替或不装垫圈。以免改变火花塞的冷热性能。

④ 拧紧火花塞应使用特备的六角扳手，不宜拧得太紧，以能压紧密封圈不漏气为限度。

⑤ 绝缘体表面应保持清洁，表面上的污物应用质软的布擦拭，或用煤油等清洗油清洗，切忌投入火中灼烧或用金属刮擦，以免绝缘体破裂、受伤、密封失效等。

（3）及时发现故障苗头，排除隐患，防止发生事故

1）要管理好燃油机就要充分利用好现有的各种仪表和现代化的遥测、监控、报警装置，并使它们保持完好状态，以便能及时、准确地发现和预防各种故障。同时，对各种仪表和自动化装置的失灵、故障，能够做到及时发现和预防。

2）要充分训练管理人员的感观技能，即利用眼、耳、手、鼻等人体感觉器官，通过听、摸、看、闻来直接感受和体查机器工作的各种信息，以提供分析、判断故障的依据。

① 听。人的耳朵可以听到 16 ~ 20000Hz 的较为广阔的频域范围的声音。经过一定的训练，可以使操纵管理人员根据机器工作时各种振动和噪声的频率、声强以及声音的连续性等来判断燃油机的运转、气缸内的工作状态、增压器和各种泵等零部件的工作是否正常，正如医生利用听诊器来诊断病人的病情一样。如用一根金属棒或螺钉旋具听气缸内燃烧爆发的声

音，可以判断气缸内爆发压力的大小、燃油机转速的高低、活塞与气缸壁之间的配合间隙是否正常等。通过经常的听力训练，就能逐渐区分正常工作时各部件的声音和不正常时各部件的声音。如气阀间隙过大时的金属敲击声、气阀间隙正常时的金属敲击声、气阀间隙过小时的金属敲击声各有不同。通过反复对比，摸索和总结经验，就能不断提高操纵管理人员的管理水平。一些老机电长一下机舱就能立即发现机器的问题，奥妙就在于能正确判断各部件正常工作时的声响。

②摸。就是利用手的触觉来正确判定燃油机的工作情况。利用手的触觉可以感知燃油机零部件的工作温度是否正常、振动是否太大等。如用手摸测轴承温度，通过一定的训练，在 40~80℃ 范围内其摸测的误差不会超过 5℃。这样，凭手感的温度就可以断定轴承等部位的工作温度是否正常，如果温度太高将有可能烧坏轴承。用手摸运动部件引起的振动部位，就能感觉到机件振动的大小。通过反复对比，就能区分正常工作时振动是什么状况、故障振动是什么状况。如果发现振动加剧，很可能是发生故障的先兆。通过摸高压油管可以大致判断高压油泵的工作情况。如有的缸高压油管内有剧烈的振动和不正常发热，说明气缸负荷过大或喷油器的喷嘴被堵塞；如果高压油管内根本没有振动，说明该缸供油已完全停止或喷油量大少，或喷油器、高压油管严重泄漏，喷油泵建立不起高压。

③看。在管理燃油机时，还应充分利用视觉，不断巡查各部件的工作状况。观察各种仪表读数是否正常，各种管路系统及管接头有否泄漏及裂纹，排气烟色是否正常等。各种仪表的读数，主要是指各种温度表、压力表和转速表等的读数是否在规定范围内，还要定期将它们记入值班记录簿。通过观察排气烟色可判断燃烧的质量。燃油机带负荷运转时，在正常情况下排烟一般应呈浅灰色，重负荷时，则可呈深灰色，除此之外的蓝烟、白烟和黑烟，都是不正常的烟色。

④闻。就是用鼻子的嗅觉来闻各种气味，通过气味来判断燃油机各部件的工作是否异常。如用嗅觉可检查机油中有无柴油味，如果有，说明机油已经被柴油稀释，就应立即查明原因，采取措施。又如如果闻到橡皮焦臭味，有可能是水泵的水封圈、橡皮密封圈被烧坏，如果轴承过热，也会引起机油烧焦和外部油漆烧焦的焦臭味。

总之，在管理燃油机中，通过听、摸、看、闻等感觉技能，能及时迅速地发现故障隐患，将故障消除在萌芽状态，保证燃油机始终处于良好状态。

（4）禁止运行的条件

1）机油压力不足。

2）冷却不良，水温超过 95℃。

3）安装不稳，振动剧烈。

4）柴油不干净，没有柴油滤清装置。

5）没有安装空气滤清器。

6）燃油机与负荷装置连接不良，机器日负荷不稳，忽快忽慢。

7）运转中机器有异响，有不正常的气味，如烧焦味。

8）掉进机器内部的东西未经查清取出，特别是螺母、垫圈等金属物品。

9）不得在密闭小屋内或将机器沉入井筒内或在露天大雨中运行，以免人身安全和燃油机使用寿命受损。

（5）燃油机的停车步骤

正常停机的步骤如下：

1）首先卸去负荷，并逐渐把调速操纵手柄移到怠速位置，让燃油机低速空负荷运转几分钟，使机器各部分的温度逐渐冷却，然后按下操纵手柄，使燃油机停车。

2）停车前应将油泵齿条移到不供油位置，不得打开减压阀停车，以免折断气门弹簧和顶杆。

3）单缸燃油机停机后，为避免气门弹簧长期受压缩而失去弹力，应将活塞转至上止点，这样不致使尘土、水蒸气等进入气缸。

4）以农用柴油为燃料的燃油机在停机前怠速运转时，应换成起动用的轻柴油，这样有利于再次起动。

5）冬天停车后须待机温下降后，立即放掉冷却水，以免冻到机器。还应将飞轮上止点对准水箱刻线，使气门关闭。

6）有蓄电池的机器，停机后拆下蓄电池接线，将蓄电池移入室内保温。

7）燃油机长期搁置不用，应放掉冷却水、柴油、机油，并将飞轮转至压缩上止点稍后位置，放松带张紧轮。

当燃油机发生下列情况之一时，必须紧急停机：

1）机油压力表指针突然下降或无压力。

2）冷却水中断或出水温度超过100℃。

3）运转中发生飞车现象（转速自动升高）、油温突然升高、呼吸器冒白烟、排气突冒黑烟等情况时应立即停车。燃油机飞车，发出刺耳的啸叫声，应采取紧急停车措施：立即将减压手柄扳到减压位置；迅速松开高压输油管螺母或拔掉输油管；覆盖好空气滤清器、排气管、油箱等，防止雨水、灰尘进入。

4）出现不正常的机械零件撞击声，机车倾覆，飞轮有松动现象，或传动机构有重大的不正常情况。

5）有零件损坏或活塞、调速器等运动部件卡阻。

### 3.2.4 燃油机的常见故障及排除方法

燃油机故障是指燃油机在规定的条件下，丧失了规定功能的事件。燃油机是结构比较复杂、可靠性相对较差的一种动力机械。所以其故障分析一般难度较大，具有广泛的代表性。燃油机的常见故障大体上可以分为四类：

第一类，属于机械传动的故障，包括机械的运行障碍、机械的磨损、机械的疲劳断裂等。这是一切机械设备共有的故障。

第二类，属于热功转换的故障，包括燃烧、工质更换等故障。这是一切热力机械共有的故障，而且近代的废气涡轮增压燃油机本身就包含了回转式的涡轮机械及压气机。

第三类，流体系统的故障。燃油机的燃油、机油、海水和淡水系统，具有一切液体系统的设备和副件。

第四类，燃油机的控制系统故障，具有一般的机械控制、液压控制和微电子控制等控制系统的特征。

对上述各个子系统有机综合形成的燃油机故障的分析是否正确，对于避免故障的反复出现、故障后果的扩大和故障信息资源的利用等有决定性的影响。首先，只有对故障发生的原因分析正确，才能从中吸取必要的教训，避免同类故障反复出现。其次，由于未分析出故障原因，故障没有得到及时排除，导致故障的后果不断扩大。如已经发现机油压力低于允许下限值，由于查不出导致压力下降的原因，于是继续使用而导致整机的轴承烧损。最后，由于故障原因查得不彻底，就不能将运行中的故障信息转换为不可多得的经验加以利用。确切的分清形成故障的原因，才能将信息反馈到设计、建造、使用和维修等部门。如某发动机缸头漏气是由于结构设计不合理造成，大量缸头漏气的信息反馈给设计制造厂家，该机型的第二代产品就从根本上杜绝了这个问题。

1. 故障规律

作为复杂机械设备的燃油机，其故障率的变化符合浴盆曲线，如图 3-16 所示，横坐标为时间 $t$，纵坐标为故障率 $\lambda(t)$，表征机器工作 $t$ 时刻，在其之后单位时间内发生故障的可能性大小。

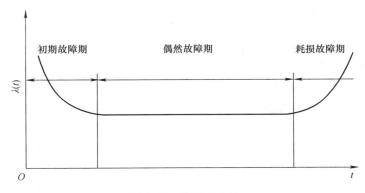

图 3-16　故障率曲线

整个故障率曲线可以分为三个时期，即初期故障期、偶然故障期和耗损故障期。

（1）初期故障期

故障发生在燃油机的运行初期，故障率随工作时间的增加而降低。这个时期的高故障率与装配不当、调试不合适以及磨合不充分有关。通过提高装配调试质量、加强磨合环节，完全有可能使故障率减小并很快趋于稳定。

（2）偶然故障期

偶然故障期的故障率基本稳定，近视为常数。这段时期内机器的故障率最低，处于最佳的工作状态，因此，也称为有效寿命期。管理者应尽力维持燃油机这段时期的正常运行，以延长机器的有效寿命。偶然故障期不能用更换机器零件的办法来预防故障。因为提前的拆卸翻修，反而引起附加的初期故障，降低可靠性。合理的办法是让机器工作到有效寿命期的末期为止再拆卸翻修。

（3）耗损故障期

机器设备长期使用后由于某些零部件的老化耗损（包括磨损、腐蚀和疲劳等），寿命衰竭，故障率不断上升。如不及时对机器翻修或更换，就可能导致机器的失效破坏。为此管理者的另一任务就是利用各种检测手段，事先估计出这些零件的疲劳损耗开始时间，做到及时更换或修复，以延长机器的有效寿命。

2. 燃油机故障分析和排除的一般原则

燃油机的故障分析和排除应遵循以下原则：

（1）要遵循"从简到繁、由表及里、按系分段、推理检查"的原则。

"从简到繁、由表及里"的含意比较明确，即不要将故障看得复杂，分析排除故障与一般的工作方法一样，总是从简到繁、由近及远、由表及里的进行。

"按系分段、推理检查"的含义是要有层次、符合道理地去分析判断故障，不要东抓一把、西抓一把，毫无头绪。如燃油机排气冒黑烟的故障，主要与两个系统有关，一是进、排气系统，二是燃油系统。进、排气系统是进气不足，还是排气受阻；燃油系统是油量过多还是油质不好，油质又包括喷油雾化质量、喷油压力和喷油时间。然后按燃油系统逐一检查，检查一项排除一个疑点，逐步缩小故障范围，最后找出故障的真正原因。

（2）判断故障要有整体性，排除故障要有全面性

燃油机各个系统和机构及其所属的零部件之间密切相关，一个系统、机构和零部件有故障，必然涉及其他系统、机构或零部件。因此，对于各个系统、机构和零部件的故障不能绝对孤立地对待，而必须考虑其影响的系统、机构和零部件，以及本身又可能受到的影响，从而以整体来分析判断故障原因，并进行全面的检查排除。

（3）查找故障时应尽可能减少拆卸

在查找故障时，若盲目地乱拆乱卸，或者由于侥幸心理与思路混乱而轻易拆卸，不仅会延长排除故障的时间，而且可能造成不应有的损坏或产生新的故障。拆卸只能作为经过缜密分析后采取的最后手段。在决定采取这一步骤时，一定要以结构和机构原理等知识作为指导，通过科学分析，并应在有把握恢复正常状态和确信不会由此引起不良后果的情况下才能进行。此外，还应避免同时进行几个部位或同一部位同时进行几项探索性拆卸和调整，以防互相影响，引起错觉。

（4）切忌存在侥幸心理和盲目蛮干

当遇到较严重的、可能造成破坏的故障征兆时，切忌存在侥幸心理，盲目蛮干，在没有查找到故障原因并予以排除时，不能轻易地开动机器，否则会进一步扩大故障损坏程度，甚至造成重大事故。实在需要开机检查时，应切实做好各种防范措施，谨慎地进行。如做好各项安全顺利起动的检查，盘车检查有无影响运转的任何阻碍，即使盘车稍微重一些，也应敏感地注意到，并进行相应的检查，重要螺栓要检查有无松脱，重要摩擦副要检查有无异常发热等。燃油机一旦起动后，仔细分辨运转声响，查看机油压力是否正常，并根据需要做到及时停机。

（5）注重调查、研究和合理分析

调查、研究和了解燃油机在使用维修方面的经历和现状。了解该机的使用管理和维修经历，主要看常出现哪些故障，发生在哪些部位，抢修中更换了哪些部件，检验和装配的间隙数据等。对于现状的了解，主要是燃油机在故障出现前后观察到的现象。已经采取的措施和效果。通过对这些问题的了解，把思想引导到产生故障可能性大的方向上去，便于做出正确的分析和判断。

（6）亲自动手，用看、听、摸、嗅等手段掌握第一手材料

看：燃油机运状的外部特征，如机油颜色有无污染；排气烟色是白烟、黑烟还是蓝烟；观察仪表读数是否正常；燃油机有无漏油、漏水、漏气等。

听：燃油机运转的声音是否正常、可用螺钉旋具（或长金属丝）贴耳或听诊器监听燃油机各部位的工作响声。同时改变油量，倾听燃油机在各种转速下声响的变化，也可根据声音的有无节奏性，判断与工作循环的间隔是否一致。

摸：用手触摸检查燃油机各部位温度是否正常。一般的轴承温度不应超过 60℃。用手触摸时，可手摸记数，从 1 数到 7（约 5~6），若数不到 7 以上就感到热不能耐、非松手不可，则认为该温度已超过 60℃。手摸不仅可以用来感温，而且通过手感可以检查连接是否可靠、间隙大小，甚至机油有无稀释，黏度大小均可用手感来做初步判断。

嗅：可以辨别排气的烟味、机油气味；更明显的是电器和橡胶制品的焦味。

3. 燃油机故障分析与排除的一般方法

认真地对已发生的燃油机故障进行分析，才有可能找出产生故障的真正原因。只有找准了故障原因，才能采取措施从根本上消除故障。制造、维修和使用人员只有都理解了产生故障的原因，才能有效地防止同类故障再现。燃油机故障分析的一般方法应从调查研究入手，拟订出分析故障的计划，充分调用各种分析手段，按照分析的结果采取相应的对策，最后对整个故障分析过程进行总结。

4. 故障的后期处理

分析故障的直接目的是采取措施对故障进行处理。通过故障分析及处理，可以从中得到经验教训，并转化为经济效益和社会效益。切不可在故障后期处理中草率从事。一般的故障后期处理可以分为三个阶段：一是修复；二是制订预防同类故障的措施；三是将故障信息反馈给研制单位，使产品的可靠性得以提高。

5. 柴油机常见故障及排除方法

（1）柴油机不能起动或起动困难

柴油机在气温高于 5℃ 的条件下，一般应在 5s 内顺利起动，有时需要反复进行 2~3 次才能起动，这些情况均属于正常起动（采用辅助发动机起动的柴油机，起动时间一般较长些）。若经过多次反复起动，柴油机仍不能着火运转，而必须借助外力（如汽车拖汽车起动柴油机）或乙醚等才能起动时，则视为柴油机起动困难或不能起动。

柴油机起动困难是一个比较复杂的故障，主要与压缩终点时气缸内的压力、温度，喷油量及其雾化质量，喷油时机等压燃条件有关。影响此条件的具体原因如下：

1）起动转速低。一般柴油机的起动转速为 160~250r/min，有些轻型高速柴油机要求起动转速为 300r/min。如果起动转速低，活塞在气缸内的运动速度过低，则在压缩冲程时，气缸内的压缩空气泄漏量大，热损失多，使得压缩终点温度、压力低，造成喷入气缸内的柴油不能自行着火燃烧，使柴油机不能起动。

起动转速低，一方面可能是由于起动装置动力不足。电起动的柴油机，可能是电池电量不足、线路接触不良、开关有故障等；压缩空气起动的柴油机，可能是压缩空气压力低、管路堵塞、阀门没开到位等。起动转速低的另一方面原因可能是由于起动阻力过大，主要包括柴油机主体机件配合间隙小、摩擦阻力大；机油黏度大、流动阻力大等。

2）燃油系统故障。其中一个原因是喷油泵不喷油或喷油量太少。这主要是燃油系统的问题，可能是系统内没有油或吸入空气，也可能是系统管路有脏堵或喷油泵齿杆卡死。其次，喷油雾化质量差。如果喷入气缸的柴油不雾化，柴油与压缩空气混合差，自然就不容易着火燃烧。也有可能是喷油时机不对，即供油提前角过大或过小。

3）燃烧室故障。燃烧室密封不良，新鲜空气泄漏多，使得压缩终点温度、压力降低。

4）配气机构故障。配气定时不正确，即进、排气门开启和关闭角度不足，排气不干净，喷入气缸内的燃油不能着火燃烧。

柴油机不能起动或起动困难的分析判断步骤，如图 3-17 所示，具体分析如下：

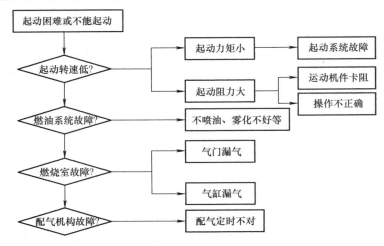

图 3-17　起动困难或不能起动的检查步骤

1）首先检查起动转速。起动柴油机时，如果起动转速正常（曲轴能连续转动，没有转不动的感觉），说明柴油机起动系统工作正常，且柴油机无任何卡阻现象。

如果起动转速低或不能转动，则表明柴油机起动阻力大或起动电动机的起动力矩小，使机器起动不起来。

起动系统有故障是造成起动力矩小的原因，应检查起动系统的工作情况。如蓄电池电量是否充足，起动电动机有无故障等。

起动阻力太大的原因是天气太冷，机油黏度太大、流通不畅，相对运动机件之间的摩擦阻力增大，这时应向水箱里加热水或预热柴油机后再起动（有预热装置的柴油机，应检查预热装置工作是否正常）。新装配的柴油机应考虑主要运动机件的配合间隙是否偏小或装配不良等情况。盘车检查，如果感到盘车阻力过大时，应重新拆检和装配，有条件时，也可进行冷车磨合数小时后再起动。

起动阻力大的另一原因是操作不正确。如起动时没有卸去负载；离合器的操纵手柄没有放在空车位置；减压手柄没有放在起动位置。

2）检查燃油系统。首先检查各喷油泵是否供油或喷油器是否喷油。检查方法为松开高压油管的一端接头（或拆下一个喷油器，再接上高压油管，让喷油器在气缸外面，以便观察是否喷油），再起动柴油机检查有无柴油喷出。如果没有喷油或喷油量很小，说明故障在燃油系统；如果喷油量较大，且雾化良好，说明系统工作正常。

其次，检查供油提前角。多缸柴油机一般检查第一缸的供油提前角，如果供油提前角过大或过小，可能是调整不当或者喷油泵传动机构有松动而产生相对滑动，查明原因后，重新调整供油提前角。

3）检查燃烧室。柴油机起动困难的原因大多是燃烧室密封不良（一般柴油机工作数千小时以上而没有进行吊缸检修）。造成燃烧室密封不良、漏泄的部位有活塞、活塞环和气缸套过度磨损；气门和气门座密封锥面烧蚀、配合不良等。排除方法是拆检气缸盖和活塞连杆组件，更换活塞环，研磨气门与气门座等。

4）检查配气机构。新装配的柴油机，注意检查配气定时是否正确。如果配气定时不对，大多是由于装配错误所致，应拆下传动齿轮组，检查齿轮上的装配记号位置（如用新齿轮，可与旧齿轮对照），并按要求重新装配。

（2）柴油机功率不足

柴油机功率不足，即柴油机发不出应有的功率。表现为当柴油机带上满负荷（或较大负荷）时，转速明显下降，功率减小；往往伴随有排气冒黑烟，柴油机机温度高和噪声加大，并有沉闷感等现象。

柴油机能否发出应有的功率，主要决定于气缸内燃油燃烧的质量，而影响燃烧质量的因素如下：

1）燃油系统工作情况。主要是供油量不足、供油提前角不正确和喷油器喷油雾化不好等，这是常见的故障原因。

2）柴油机技术状况。柴油机经长期工作后，各运动机件磨损，配合间隙增大，尤其是燃烧室组件密封性变差，泄漏量增大，不但影响燃烧质量，而且能量损失大大增加，造成柴油机起动困难和功率下降。

3）进、排气系统状况。进、排气系统管路阻塞，主要是进气滤清器积尘多，排烟管积碳多，进、排气阻力增大，新鲜空气进得少，废气排不干净，燃烧条件恶化，柴油机功率下降。另外，增压柴油机的增压器有故障，作用失常，会使进气量减少，燃烧不好，并伴随有严重冒黑烟。

为了易于查找上述影响燃烧质量好坏的因素（即造成柴油机功率不足的原因），结合柴油机的故障现象，分以下三种情况，进行故障分析、判断和排除。

1）检查燃油系统。检查供油提前角。柴油机功率不足，而且排气冒黑烟，故障原因常发生在燃油系统，如喷油雾化不良等，先检查供油提前角是否符合要求，必要时加以调整。

检查喷油器。检查喷油泵的喷油压力和雾化情况，拆下喷油器，在喷油器试验台上进行调试。

检查高压油泵。如果柴油机在中等负荷工作时一切正常，只是带不起全负荷，即最大功率不足，故障原因大多是喷油泵供油不足，应拆下喷油泵在专用试验台上调试，检查调整最大供油量和供油不均度，或者将高压油泵上的最大油量限制螺钉旋出稍许，以增加最大供油量。

检查调速器。柴油机达不到最高转速，最大功率下降，故障原因主要是调速器故障或调整不当，如调速器最高转速低于柴油机的额定转速。应拆下喷油泵调速器总成，在试验台上检查、调整最高转速限制螺钉。

2）检查气缸密封性。对使用时间较长而没有修理的柴油机（一般在中修期以上），很可能是燃烧室泄漏大、压缩压力低造成，应拆检柴油机气缸盖和活塞连杆组件，更换活塞和研磨气门等。

3）检查进、排气系统。检查进气、排气管路有无堵塞、增压器工作是否正常。

（3）柴油机排烟异常

柴油机正常的排烟是无色或者是淡灰色，在突加负荷或超负荷工作时，排烟可能出现深灰色或黑烟，这在短时间内出现是允许的，也是正常的。但如果柴油机在正常负荷下运转，排气冒黑烟、白烟或蓝烟，均属于排烟不正常现象。

1）排气冒黑烟。黑烟是由于柴油在气缸内燃烧不完善，大量的游离碳和废气一起排出所致。可见柴油在气缸内的燃烧条件变差是造成柴油机排气冒黑烟的直接原因，具体分析如下：

① 燃油系统故障。供油提前角太小。供油提前角小，即喷油推迟，喷入气缸的柴油在气缸内来不及充分、完全燃烧就被排出，即柴油机后燃严重导致排气冒黑烟。同时还伴随有排气温度高、耗油率增大、功率不足等异常现象。这是较常见的故障原因。所以，当遇到柴油机排气冒黑烟时，应首先检查供油提前角，若提前角不在本机的规定范围内时，应及时加以调整。当然，对正常使用的柴油机，如供油提前角突然变化较大，应注意查找造成供油提前角变化的原因，如喷油泵传动轴接头螺钉松动、齿轮轴上的键被剪断等。找到故障原因后，再调整提前角。

喷油器雾化不良。喷油器发生故障（如喷油嘴偶件卡死等）使喷入气缸的柴油雾化不好，拖延了燃烧时间，后燃严重，产生排气冒黑烟。判断是哪个喷油器喷油雾化不好，可先用单缸断油法确定冒黑烟是来自哪一缸，再把这一缸的喷油器拆下装到另一缸上（或换一个新喷油器），再起动柴油机检查，如果冒黑烟转移到另一缸（或黑烟消失），则说明是喷油器故障。如果冒黑烟仍在原来的那个缸，则可能是该缸供油量太大的原因。也可以将喷油器拆下后，直接在喷油器试验台上检查，如果发现喷嘴有滴油或喷油雾化不良，应更换喷油嘴偶件，有条件时也可以研磨修复。

多缸柴油机各缸供油量不均匀。柴油机虽然是在额定负荷条件下运转，但各缸负荷大小是由各缸的供油量决定的，供油多的缸所承担的负荷就大，供油少的缸所承担的负荷就少。所以，各缸供油量不均匀时，供油量多的缸就容易超负荷工作而出现排气冒黑烟。检查是哪一缸排气冒黑烟，然后可用单缸断油法检查。

如果某一缸断油后，黑烟消失或明显减弱，且转速下降比其他缸断油时明显，说明该缸供油量过大。

排除方法是拆下喷油泵，上试验台，调整各缸的供油量，使各缸供油不均匀度在规定的范围内。

② 超负荷。柴油机超负荷工作时，喷入气缸的柴油过多，则过量空气系数减小，使柴油机得不到充足的新鲜空气而不能充分、完全地燃烧，导致排气冒黑烟。此时应降低负荷使用。如果柴油机工作时间较长（累计工作数千小时以上），其综合技术性能下降，此时柴油机工作负荷虽然没有超过额定负荷，也可能出现排气冒黑烟，在恢复柴油机技术性能前，应适当地降低负荷使用。

③ 燃烧室密封性差。燃烧室组件密封不良、漏气严重时，使得气缸内的压缩空气量减少；且压缩终点温度、压力低；喷入气缸的燃油不能及时着火和得不到足够的空气而不能完全燃烧，导致排气冒黑烟。造成燃烧室漏气的主要原因是活塞、活塞环和气缸套过度磨损，气门与气门座密封锥面烧损，关闭不严；气缸垫被燃气冲坏烧蚀等。经过检查，如果是气缸垫被冲坏，必须拆下气缸盖更换，如果气门或气门座密封锥面严重烧蚀，应分别予以更换，轻微烧蚀或锥面上有麻点、凹坑时，可用磨气门机和气门座铰刀，分别削除气门和气门座上的烧痕、麻点和凹坑等，最后进行对磨，直到气门与气门座配合密封性符合要求为止。

对新装配的柴油机应考虑配气定时是否正确、气门间隙是否合适，必要时应检查调整。

④ 进、排气系统故障。因进气滤清器或排气管阻塞、排气管或燃烧室内积碳严重、增压柴油机的增压器工作不良等原因，使得气缸内进气量减少，从而影响燃油充分、完全地燃烧，导致排气冒黑烟。排除时，应清洗空气滤清器，必要时拆下排气管和气缸盖，清除排气道和燃烧室的积炭。

2）排气冒蓝烟。蓝烟是由于大量的机油进入燃烧室，蒸发后未能燃烧的结果，造成大量机油进入燃烧室的原因和排除方法如下：

① 曲轴箱（或油底壳）内机油过多。油位太高，曲轴连杆转动时将大量的机油飞溅到气缸壁上，由活塞、活塞环带入燃烧室内的机油增多，造成排气冒蓝烟。排除时，首先检查机油标尺刻线，放去多余的机油，保持规定的油位。

② 空气滤清器内机油过多。使用油浴式空气滤清器的柴油机，如果滤清器内的机油太多或滤清器阻塞，机油由滤清器经进气道吸入燃烧室内，造成排气冒蓝烟。排除时，拆下空气滤清器，把钢丝绒用汽油清洗干净，并用压缩空气吹干；滤清器中的机油脏污，应予更换，并加到规定油位，不要过多。

③ 气缸壁上的机油窜入燃烧室。活塞、活塞环和气缸套磨损过大，活塞卡死或折断等，使气缸壁上有较多的机油窜入燃烧室，造成排气冒蓝烟。这种故障情况通常发生在工作时间较长的机器上，排除时，要拆下气缸盖和活塞连杆组件，检查活塞和缸套的配合间隙，如果间隙过大或活塞环有卡死、折断等故障，应更换、修理。

④ 气缸盖上部机油流入燃烧室。气门杆与气门导管磨损后间隙过大、气门导管凸出气缸盖部位断裂等，使气缸盖上的机油沿气门与气门导管配合间隙处流入燃烧室或排气管，造成排气冒蓝烟。检查时，先拆下气缸盖罩壳观察，如发现有气门导管断裂或气门与导管的配合松弛，再拆下气缸盖部件，更换气门导管。

新装配的柴油机，在试车阶段或运行初期，（数十小时以内）有轻度的冒蓝烟是正常的。因为，经拆装和检修、更换的机体，如活塞环、气缸套等相对运动机件，需要一个磨合过程才能达到良好配合。所以，在试车或运行初始阶段有更多的机油窜入到燃烧室内，有的柴油机在排烟管口还出现滴油。但随着柴油机磨合的逐步完善，滴油或蓝烟也应该消失。如果冒蓝烟仍异常严重，则可能是活塞环装反（活塞环有内倒角的应朝上装配，装反后会出现泵油现象）或活塞环的开口没有错开，会使较多的机油窜入燃烧室，而造成排气冒蓝烟。此时，则应拆下活塞环重新进行装配。

3）排气冒白烟。白烟是由柴油蒸汽或水蒸气产生的，即一种是喷入气缸的柴油没有着火燃烧就被排出，它是一种灰白色的烟雾；另一种是水分进入燃烧室，受热蒸发成水蒸气排出，其颜色比柴油蒸气要淡一些。造成柴油机排气冒白烟的原因和排除方法如下：

① 燃油雾化不良。喷油器喷油雾化不良、喷油压力低或喷油有严重的滴油现象造成的排气冒白烟，通常发生在柴油机起动阶段或起动运转初期，随着柴油机温度升高，白烟会逐步减弱或消失，而在柴油机带较大负荷时，可能出现冒黑烟现象。对多缸机而言，这种故障现象往往是发生在个别缸，所以在检查时，用单缸断油法查找出白烟来自哪个缸，再拆下该缸的喷油器，进行检修和调试。

② 环境温度过低。冬天柴油机刚起动时，因气温太低，个别缸没有着火燃烧或燃烧不良会排气冒白烟。另外，排烟管内的冷凝水被蒸发，也会出现冒白烟现象。这时应适当提高

柴油机转速，多运转一段时间后，白烟能自行消失。

③ 柴油中有水分。检查时，从油箱底部放出少量柴油，如果柴油中有水，先放尽油箱底部的水，再检查燃油滤清器，以及系统管路中是否有水，如滤清器有水，则从其底部放出，如系统管路和喷油泵中也有水，则松开喷油泵低压腔上的放气螺钉，用手压输油泵泵油，直至排尽系统内的水，再旋紧放气螺钉。

④ 冷却水进入燃烧室。气缸盖、气缸套有裂纹或排烟管内壁腐蚀穿孔（指船用机，排烟管用冷却水冷却）时，冷却水进入燃烧室或排烟管，从而产生排气冒白烟。如果是气缸盖或气缸套裂纹，使冷却水渗入燃烧室时，则在冷却水箱（或膨胀水箱）内有气泡溢出，且使冷却水温度升高。此时需要分别拆下气缸盖或气缸套检查，对有怀疑的气缸盖或气缸套做水压试验检查，找出裂纹机件进行修理或更换。

（4）柴油机转速不稳

柴油机工作时转速不稳，反映在转速表上指针波动较大（如柴油发电机组），通常在怠速时更为明显，另外，从柴油机工作噪声中也可以明显地感觉到。转速不稳的原因多是由于燃油系统故障和调速器作用失常，具体检查判断如下：

1）燃油系统故障。

① 低压油路故障。燃油系统中有空气或油路阻塞、泄漏（常发生在输油泵进口管路，工作时吸入空气）、供油不畅、断续或个别缸没有供油等造成柴油机转速不稳。检查时，用临时油桶（位置稍高于喷油泵）直接给喷油泵低压腔供油，再起动柴油机试验，如故障现象消失，则说明低压油路供油不正常，再进一步查找低压油路中的故障部位。

② 喷油泵工作不良。如柱塞有轻微卡阻，油量调节齿杆移动不灵活；油量调节齿杆与齿圈、柱塞凸块与调节套筒配合间隙过大；各缸供油量不均匀等都会造成柴油机转速不稳。

2）调速器故障。机械式调速器滑套运动阻尼增大，调速器弹簧弹力减弱过多，调速器传动斜盘磨损出现凹坑，液压调速器的滑阀、动力活塞运动阻力过大，控制油路堵塞等都将造成调速器性能降低，从而使调速器的稳定性变差，造成游车现象。

在查找以上两项故障原因时，先拆下喷油泵检查孔盖板。起动柴油机，并把其转速调到波动最明显的范围，再用手握住喷油泵的油量调节齿杆，不让其来回抖动，然后观察柴油机转速波动情况，如果转速变为稳定，说明故障在喷油泵调速器总成上，对故障的喷油泵调速器分解后逐项进行检查，尤其是对油量调节机构，运动应十分灵敏，无任何卡阻现象，又不能松旷，影响油量调节的灵敏度。经全面检修、重新装配后，再上喷油泵试验台进行调试。调试合格后才能装上柴油机进行试车。

（5）柴油机有不正常的响声

柴油机发出的不正常响声有多种，产生响声的原因很复杂，而且，不同性质的故障引发的响声有的也十分相似，加上与正常噪声混杂在一起，比较难以分辨。当柴油机有不正常响声时，轻者会加剧机件的磨损或损坏，重者可能造成整机事故性破坏。因此，在使用管理中发现柴油机有不正常响声时，应根据响声的大小和部位等，立即降低柴油机转速或停车检查，对严重的响声在没有查到故障原因和排除以前，不能随意起动。

通常用一根长约 0.5m 的金属棒（或螺钉旋具）检查不正常的响声，把金属棒一端磨尖触靠在柴油机的检查部位表面上，另一端做成圆头形状，贴在检查者的耳孔上，这样不正常的响声就能听得比较清楚。检查时，要注意对各缸响声进行比较，首先找出不正常响声来自哪一缸，再根据响声音调的高低、轻重、强弱以及它随柴油机转速、温度、负荷等变化的规律进行分析判断，确定故障机件。下面介绍常见的几种柴油机不正常响声的故障原因、特征和相应的查找方法。

1）柴油机"敲缸"。柴油机"敲缸"即活塞撞击气缸时发出的一种有节奏的、清晰的"当、当"声，一般在机器附近能听到。当柴油机运转突然变化或在低速运转或大负荷时，声音更为明显。柴油机"敲缸"的原因有两种，一是由于活塞与气缸磨损严重，配合间隙过大而引起地机械敲缸；另一个原因是喷油时间过早，产生爆燃而引起的燃气动力敲缸。两种"敲缸"的区别是：机械"敲缸"在柴油机起动初期，即冷状态时响声明显，柴油机温度升高后，响声减弱或消失，而燃气动力"敲缸"不随柴油机温度的改变而变化，当整机供油提前角太大时，还有振动和噪声加剧现象。

柴油机燃气动力"敲缸"的另一种可能是个别缸的喷油器喷油压力过低，雾化不良或有严重的滴油，则在燃烧过程中的准燃期积聚的燃油过多而产生爆燃。

检查时，用螺钉旋具在机体上部喷油泵一侧各缸活塞上止点位置附近仔细地诊听、比较，并结合单缸断油法查找，当某缸断油后，如响声明显减弱或消失，则说明该缸有故障。再根据"敲缸"响声是否与柴油机热状态有关，便可判断是哪一缸"敲缸"。如果是燃气动力"敲缸"，应先检查整机的供油提前角是否在要求范围内，以及故障缸喷油泵供油定时调节螺钉（如高压泵滚轮体部件上的调节螺钉）有无松动，必要时拆下喷油泵，上试验台进行检查调整。

以上检查若未发现异常现象，再拆下故障缸的喷油器，在喷油器试验台上检查喷油压力及雾化质量，必要时研磨或更换喷油嘴偶件。如果是机械"敲缸"，并且只是在柴油机起动运转初期或冷状态下运转时才有轻微的敲击声，可继续使用；如果在正常工作温度时有明显的敲击响声，则应尽早进行拆检和排除，以免发生事故性损坏。

2）主轴承敲击声。主轴承敲击声是一种音调低沉而沉重有力的"当、当"响声，其特征是柴油机转速越高声音越大，带负荷或大负荷时，响声更为明显，且不随柴油机温度的变化而变化，响声严重时，柴油机振动加剧并可能发生摇摆现象，机油压力也明显下降。产生故障的原因有主轴承螺钉松动，主轴瓦合金层烧蚀或剥落；轴承或轴颈严重磨损、配合间隙过大等。

检查时，用螺丝刀在气缸体（机体）的中下靠近主轴承的两侧进行听诊比较，找出响声最大的某一道主轴承，或者将曲轴箱通气孔盖打开，用耳听诊；当确诊主轴承有敲击声时，停机后拆下油底壳和发生故障可能性大的主轴承下盖，检查主轴瓦的磨损情况。如果轴瓦合金层烧损或剥落，必须更换，同时还要检查轴颈的表面状况，如轴颈有磨痕、拉伤、变色等损坏时，应拆下曲轴进行修磨或更换，在排除机件本身故障的同时，还要特别注意查找、分析引起故障的原因，如轴瓦烧损是由于机油压力低、缺机油，还是油道有脏堵、油流不畅等原因所致，只有查找到引发故障的最终原因并排除，才能保证柴油机可靠工作，以免更换轴瓦后，再次发生同类故障。

135 系列柴油机主轴承采用的是滚动轴承，若滚动轴承径向间隙太大，在运转时会发出"霍、霍"声；若径向间隙太小，则发出特别尖锐刺耳的"叽、叽"声，且在加速时响声更加清晰。如有以上响声时，一般应拆下曲轴，更换滚动轴承。

3）连杆轴承敲击声。连杆轴承的敲击声是一种比主轴承敲击声尖而响、音调清脆而清晰的"当、当"声。当柴油机急加速或加大负荷时，响声最为明显；柴油机机体温度升高时，响声不变。产生连杆轴承敲击声的原因有连杆螺钉松动（这是十分危险的）、连杆轴瓦合金烧蚀或脱落；轴瓦和轴颈严重磨损后，配合间隙太大等。如果是轴承间隙过大所产生的敲击声，声音相对比较轻，且是钝哑的；若轴承烧损脱落，使得配合间隙很大（可达几毫米），则产生的敲击声清晰可辨。

检查时，用长螺钉旋具在气缸中上部的两侧逐缸听诊、比较，或者在曲轴箱通气孔口处听诊，响声严重时，在机器附近就能听到。判断是哪一缸的连杆轴承有响声，用逐缸断油法比较响声的变化，很容易得出判断，即当某缸断油时，如响声明显减弱或消失，说明该连杆轴承有故障，然后再做进一步的拆检和排除。

通过以上检查初步判断出某轴承可能有故障后再停机。打开机体检查孔盖板，用手晃动连杆轴承，检查其配合间隙是否正常。如果轴承间隙很大，则此轴瓦的合金已经被烧损，必须拆下连杆下盖，更换轴瓦，同时还应检查轴颈的表面状况，如果轴颈表面严重损伤，必须拆下曲轴进行修磨或更换。在修复（或更换）故障机件时，还要注意查找引起机件损坏的原因，进行彻底地排除，以免再次发生同类故障。

值得注意的是，当发现连杆轴承有敲击声时，切忌存侥幸心理，让柴油机继续工作，即使是在查找故障、需要开机查检时，也应谨慎行事，注意防范，否则将会严重拉伤连杆轴颈，造成曲轴报废，甚至可能造成连杆螺钉断裂、连杆脱落打坏机体等严重事故。所以，一旦发现故障现象，就应及时查找原因并进行相应的排除。

4）活塞销敲击声。活塞销敲击声是一种比连杆轴承敲击声更清脆、尖锐、音调很高且具有更明显的"当、当"金属冲击的响声。当柴油机转速变化，特别是由高速突降到低速时响声明显；在怠速运转时，响声缓慢而清晰可辨；柴油机温度升高后响声不减弱。产生活塞销敲击声的原因是由于活塞销与连杆小头铜衬套配合间隙过大或活塞销与销座孔配合过松。

检查时，用长螺钉旋具在机体上部两侧听诊或在曲轴箱通气孔口处听诊，同时用逐缸断油法检查比较，当某缸断油后，响声减弱或消失。恢复供油的瞬时又出现明显的1、2声响声，说明该缸有故障。进一步检查时，拆下机体上的检查孔盖板，把检查缸的曲拐盘至下止点，再用手握住连杆杆身，晃动连杆上部，便可感觉出上部的配合间隙。如果手感间隙过大，则应拆下该缸的活塞连杆组件，更换连杆小头衬套或活塞销修复。

5）气门敲击声。气门敲击声是在气缸盖出发出的较轻微有节奏的"嗒、嗒"敲击声，柴油机低速运转时，响声比较清晰可辨，如有几个气门敲击声时，响声为"的嗒、的嗒"，很杂乱，但也有节奏感。气门敲击声是由于气门间隙过大，气门弹簧折断，推杆弯曲，挺柱和凸轮磨损等原因造成。

检查时，在气缸盖罩壳上沿着各个气门安装位置处听诊，或者拆下气缸盖罩壳，逐缸观察、检查或在柴油机空载低速运转时，用手触摸摇臂或提推杆便可感觉出来。排除故障的方法是拆下该缸的故障机件进行修复或更换，再重新调整气门间隙。

（6）柴油机振动加剧

柴油机是一种热功转换的往复机械，正常情况下存在较大的振动和噪声（比回转机械，如发电机等要大得多），它的振动源很多，十分复杂。振动加剧不但与柴油机本身的技术状况和运转性能有关，还与工作机械（如发电机、螺旋桨等）的工作情况以及两者的连接对中等情况有关。所以，当柴油机振动加剧时，一定要全面地检查分析才能找到故障原因。根据实践经验，造成柴油机振动加剧的主要原因和排除方法如下：

1）燃油系统故障。喷油泵（包括调速器）及其燃油系统工作不良，如各缸供油不均匀、供油提前角太大、调速器工作不良等，使得柴油机转速不稳定，造成振动加剧。对此应拆检、调试喷油泵、调速器和喷油器等部件，具体检查判断和排除方法与柴油机转速不稳故障相同。

2）柴油机技术状态。

① 柴油机磨损。柴油机长期工作后（一般已接近大修期），其相对运动机件磨损严重，技术状态变差，造成振动加剧。此时，应及时翻修柴油机，更换主要磨损机件，恢复机件的配合间隙，以免造成严重损坏。

② 曲轴弯曲变形或不平衡。曲轴弯曲变形或不平衡，则在柴油机高速运转时就不平稳，振动加大。如 6135 系列柴油机组合式曲轴经拆装、检修后，必须测量、调整曲轴跳动量，要求不大于 0.14mm，若更换新曲拐时，还必须做平衡试验，曲轴动平衡要求在两个校正面上，不平衡值大于 $2.94 \times 10N \cdot m$。装有平衡块的曲轴，若平衡块脱落、损坏等都将造成其本身运转不平稳，使柴油机振动加大。曲轴故障的检修，必须要拆下曲轴后才能进行，拆装工作量较大，所以，故障要判断正确，切忌轻易拆卸。另一方面，拆下曲轴检修时，要确保检修质量，以免引起返工。

③ 多缸柴油机各缸活塞、连杆的重量相差太大。多缸柴油机活塞和连杆的重量差都有严格要求，如 135 系列柴油机活塞重量差不大于 10g，连杆重量差要求不大于 20g。如果重量差太大、则在高速运转时各缸机件的惯性力和力矩不平衡，使柴油机振动增大，所以在柴油机检修时，更换活塞和连杆应尽量使用同一批号的零部件或者做必要的配重处理，保证重量差在要求范围内。

④ 机座减振橡皮老化损坏。柴油机与机座（或机架）之间的减振橡皮长期使用后老化损坏，底脚固定螺钉松动，造成柴油机振动增大。排除故障时，应更换减振橡皮，适当旋紧底脚固定螺钉，并用双螺母锁紧或开口销防松。

3）工作机械故障。柴油机所带工作机械（如发电机、螺旋桨等）的中心线与柴油机曲轴中心线对中不好或者工作机械有故障；运轮不平稳。如船用柴油机螺旋桨损坏变形、艉轴弯曲变形、离合器打滑等故障都会引起柴油机振动增大，在查找故障时，先检查工作机件的安装固定情况和工作机械与柴油机的连接情况（包括连接有无松动，橡皮弹性圈有无损坏，以及对中情况等），然后再检查工作机械的运转情况。

柴油机工作时振动增大，使轴承油膜遭到破坏，零件产生严重的不正常磨损，将大大缩短柴油机的使用寿命，增加维修费用，有的甚至影响驱动工作机械的正常工作，所以，柴油机振动异常增大时，应及时查找故障原因进行排除。

（7）柴油机飞车

飞车是指柴油机转速失去控制（即转速自动升高）超过标定转速的110%以上。飞车时，往往停车手柄失去控制作用，转速直线上升，在很短的时间内转速会大大超过标定转速，如不及时采取紧急措施、强行停机，很可能造成重大机械事故，并威胁人身安全。

造成柴油机飞车的主要原因是喷油泵有故障或调速器失去作用，具体分析如下：

1）喷油泵故障。喷油泵油量调节齿杆在最大（或比较大）供油量位置卡死，导致起动时或柴油机起动后不能及时地自减油，转速急剧上升造成飞车。如果在柴油机运转过程中齿杆卡死，当负荷减小或卸去时，转速就会急剧上升，造成飞车。

喷油泵柱塞与柱塞套装配不正确或卡死。柱塞与柱塞套卡死造成油量调节齿杆不能移动，即不能自动减油而造成飞车。

油量调节齿杆和调速器拉杆的连接脱落。由于齿杆和拉杆连接螺钉脱落，使得调速器失去作用，从而当柴油机负荷减小时，不能自动地减小供油量，造成飞车。

喷油泵、调速器调节不当或最高转速限制螺钉松脱。柴油机超过或达到最大转速时，还不能自动减油，当转速达到飞车转速时，不能完全停油。如135系列柴油机，当转速达到1520r/min时（喷油泵转速为760r/min），喷油泵应开始减油，转速上升到1600r/min时（喷油泵转速为800r/min），喷油泵供油减到零。如果因调整不当或最高转速限制螺钉松脱等原因，使得喷油泵开始减油时的转速和完全停油时的转速提高，就容易产生飞车。

2）调速器故障。调速器故障包括调速器飞铁松脱、折断或卡死，如果是飞球（钢球），其支架损坏、飞球脱落等将造成柴油机飞车；此外，还包括液压式调速器控制阀卡死、油路堵塞等。

3）管理不善。柴油机停放时间太久，保养不好，喷油泵和调速器的某些控速零件锈死在比较大的供油位置（因在停机时，油量齿杆位于最大供油位置），柴油机一起动，转速就急剧上升，造成飞车。

柴油机发生飞车时，从柴油机运转响声和转速表上可以明显地感觉到，此时应想方设法采取紧急停机措施。紧急停机措施应根据各种机型的结构和现场实际情况进行。常用的紧急停机措施如下（可同时使用）：

① 切断进气。堵塞进气口，切断新鲜空气的进入，这是最有效、最迅速的紧急停机方法，并且对柴油机没有任何损害性。

② 切断油路。在飞车时，若停车手柄尚能拉动，则迅速地把手柄拉到停车位置，并关闭柴油管路阀门，使喷油泵不供油，则柴油机也能迅速停机。但由于发生飞车时，有很多原因使停车手柄失去控制或拉不动，并且在柴油管路中尚有存油，则不能迅速及时地停机。

③ 加大负荷。有些柴油机的负荷可进行人工调整，如测功器。当柴油机飞车时，可迅速加大其负荷，使柴油机迅速停车。

柴油机紧急停机后，应立即人工盘车数圈，检查机器有无因飞车而造成机件损坏、卡滞等异常现象，并根据情况进行必要的拆检和修理。同时，还应分析、查找发生飞车的原因，及时地进行排除，以保证柴油机的安全运转。

6. 汽油机的常见故障及排除方法

（1）起动困难或起动后不能连续运转

故障现象和原因如下：

1）油箱内无汽油或开关未开。

2）汽油油路阻塞或接头松脱。

3）汽油内有积水。

4）化油器内油道堵塞、汽油管内有空气。

5）节气门未开或开度不够。

6）混合气过稀或过浓。

7）汽油过多，有汽油溢出。原因是风门关闭过久；浮子空油面过高；浮子内漏进汽油。

8）火花塞故障。原因是火花塞间隙不正确或电极严重烧损；火花塞积炭积垢；火花塞损坏或内部短路；火花塞松动，引起气缸漏气。

9）磁电机故障，火花塞在空气中跳火很弱或不跳火。原因是断电器触点间隙不正确；断电器触点烧蚀或有油污；断电器触点松动；线圈短路或断路；高压线路内部折断或脱落；电容器击穿。

10）气缸盖衬垫漏气。

相应的故障排除方法如下：

1）加注汽油或打开开关。

2）进行疏通，把接头接好。

3）排除积水并清洗干净。

4）清洗并吹通油道，从化油器端排出空气，排尽气泡。

5）打开或开足节气门。

6）调整怠速油针并检查操纵手柄位置是否正确。

7）打开风门，拔出油管接头，慢拉启动轮数次，排出多余汽油；校正浮子空油面高度；排出浮子内的汽油，锡焊渗漏孔隙。

8）调整电极间隙到规定值，必要时更新；清除积炭积垢，清洗干净，调整间隙；更换新品；拧紧火花塞。

9）调整间隙到规定值；用白金砂条磨平或清洁干净；重新铆紧或更新；外部短路或断路可拨开或焊接导线，内部短路或断路应更新；折断应更新，脱落应重新接好；更换新品。

10）更换衬垫或扳紧气缸盖螺栓。

（2）汽油机不能高速运转

故障现象和原因如下：

1）油管扭曲或压扁。

2）油管破裂漏气，供油不足。

3）整个油路系统有阻塞。

4）磁电机故障。

5）火花塞故障。原因是未使用规定的火花塞；火花塞积炭；火花塞电极烧蚀或间隙不对。

6）活塞环因积炭咬死或折断，气缸压缩压力降低。

7）活塞环磨损严重或拉缸。

8）多缸机个别缸工作不正常。原因是个别火花塞工作不良；某根高压线接触不良或折断；某个断电器触点烧损或有油垢；某个触点间隙失调；某个线圈点火能力弱；个别电容器被击穿或固定螺钉松动；导线接头接触不良或折断。

9）化油器油面失调。

10）汽油机过热。

相应的故障排除方法如下

1）找出原因，排除故障。

2）找出破裂处，进行修理或更新。

3）进行清洗疏通。

4）化油器油面失调。

5）更换所规定使用的火花塞；清除积炭，调整间隙，必要时更新。

6）按规定进行保养或更新。

7）更换新环，必要时送工厂修理。

8）用单缸熄火的方法找出不工作气缸。检查原因，进行排除；重新连接紧固或更新；磨平触点，清洁干净，调整间隙；调整间隙到规定值；更换新品；试拧螺钉，如不松动，更换电容器；重新接好或更新。

9）调整油面高度到规定值。

10）检查冷却装置。如用冷却水冷却的汽油机，要对整个系统进行检查，找出原因并排除。

（3）马力不足

故障现象和原因如下：

1）节气门调整不当或未开足。

2）阻风门调整不当或未开足。

3）空气滤清器中机油大多。

4）断电器烧蚀或有油垢。

5）气门密封性不好。

6）气门间隙不对。

7）活塞环磨损过多、折断或粘住。

8）气缸盖内壁有积炭。

9）气缸盖衬垫漏气。

相应的故障排除方法如下：

1）重新调整节气门到最佳位置或开足。

2）重新调整阻风门到最佳位置或开足。

3）将油平面降低至标记处。

4）磨平并清洁干净，调整间隙。

5）检修、研磨。

6）重新调整气门间隙。

7）更新或清洗。

8）进行保养清洗。

9）更新或扳紧气缸盖螺栓。

（4）有敲击声

故障现象和原因如下：

1）机油不足。

2）汽油机过热。

3）断电器触点间隙过大，点火时间过早。

4）气缸盖内壁积炭。

5）主轴承磨损过多。

6）活塞或气缸套磨损过多。

7）连杆大小头轴承磨损过多。

8）气门间隙过大。

9）汽油的牌号不合适。

相应的故障排除方法如下：

1）加注汽油机机油。

2）检查清洁冷却系统。

3）调整触点间隙和点火时间。

4）进行保养清洗。

5）检修或更新。

6）检修或更新。

7）检修或更新。

8）调整间隙到规定值。

9）调换合适的汽油。

（5）压缩不良

故障现象和原因如下：

1）火花塞未旋紧，漏气。

2）气缸盖衬垫漏气。

3）气门密封性不好。

4）活塞环磨损过多、折断或粘住。

5）活塞或气缸套磨损过多。

6）气门间隙过小。

相应的故障排除方法如下：

1）检查垫圈，拧紧火花塞。

2）换新或扳紧气缸盖螺栓。

3）检修、研磨。

4）更新或清洗。

5）检修或更新。

6）调整间隙到规定值。

（6）汽油机过热

故障现象和原因如下：

1）燃烧室、排烟管、消音器等处积炭过多。

2）点火时间过早或过迟。

3）冷却装置工作不良。

4）二冲程机的混合油比例不对。

5）机油不足或油质不良。

6）呼吸器不清洁或工作不良。

相应的故障排除方法如下：

1）清除积炭。

2）调整点火时间。

3）清洁、检修。

4）按规定更换。

5）加注或更换新的机油。

6）清洗或检修。

（7）化油器回火放炮

故障现象和原因如下：

1）点火时间不正确。

2）混合气过稀。

3）进气门密封性不好。

4）进气门间隙过小。

5）进气门弹簧弹力不足或损坏。

6）进气门变形或折断。

相应的故障排除方法如下：

1）调整点火时间。

2）调整化油器。

3）检修或研磨。

4）调整间隙。

5）更新。

6）更新。

（8）排气冒黑烟或蓝烟

故障现象和原因如下：

1）可燃混合气过浓。

2）空气滤清器中机油过多或有堵塞。

3）浮子卡阻、损坏或针阀漏油。

4）活塞、活塞环或气缸磨损严重。

5）断电器触点间隙不正常。

相应的故障排除方法如下：

1）调整化油器。

2）降低油平面到标记处或清洁、更新滤芯。

3）检修有关机件。

4）检查、修理或更新。

5）调整间隙。

（9）运动中突然停车

故障现象和原因如下：

1）汽油用完。

2）油路堵塞。

3）汽油中有水。

4）磁电机故障。火花塞在空气中跳火很弱或不跳火的原因是断电器触点间隙不正确；断电器触点烧蚀或有油污；断电器触点松动；线圈短路或断路；高压线路内部折断或脱落；

电容器击穿。

5）调速器失灵。

6）润滑不良使机件卡死。

7）机件损坏。

相应的故障排除方法如下：

1）加足汽油。

2）进行清洗并疏通。

3）排除积水或更换汽油。

4）火花塞在空气中跳火很弱或不跳火的原因是断电器触点间隙不正确；断电器触点烧蚀或有油污；断电器触点松动；线圈短路或断路；高压线路内部折断或脱落；电容器击穿。

5）检查、修理调速器各部件。

6）转动启动轮检查，找出原因进行修理或更新。

7）检查、修理。

（10）汽油机不能怠速运转

故障现象和原因如下：

1）怠速限位螺钉位置改变。

2）混合气过浓或过稀。

3）怠速油路有堵塞。

4）火花塞积炭。

5）触点烧损或有油垢。

6）触点间隙不正确。

7）线圈短路或火花过弱。

相应的故障排除方法如下：

1）调整怠速限位螺钉。

2）调整怠速油针。

3）清选疏通。

4）清除积炭并调整间隙。

5）磨平或清洗。

6）调整间隙。

7）更换线圈或火花塞。

（11）汽油机运转时振动剧烈

故障现象和原因如下：

1）多缸机有个别缸不工作。

2）混合气过浓或过稀。

3）供油不正常。

4）固定螺钉松脱或减振器损坏。

相应的故障排除方法如下：

1）多缸机个别缸工作不正常，原因是个别火花塞工作不良；某根高压线接触不良或折断；某个断电器触点烧损或有油垢；某个触点间隙失调；某个线圈点火能力弱；个别电容器被击穿或固定螺钉松动；导线接头接触不良或折断。

    2）进行调整。

    3）找出原因进行修理或疏通。

    4）找出原因进行紧固或更新。

## 3.3　同步发电机

同步电机是一种交流电机，它可以用作发电机，也可以用作电动机，主要是用作交流发电机。

同步的含意是指发电机的转速和交流电的频率之间有着固定的关系，即

$$n = \frac{60f}{p} \tag{3-2}$$

式中，$n$ 为同步发电机每分钟的转数；$f$ 为交流电的频率；$p$ 为同步发电机的磁极对数。

电站由原动机、发电机和主配电板组成。交流电站的交流发电机都是采用同步发电机，它是交流电站的主要组成部分。为了保证电站正常供电，必须掌握有关同步发电机使用管理、检查维护和排除故障的基本知识。本小节学习同步发电机的结构、原理和操作方法等，了解同步发电机的运行规律，以达到能正确地对同步发电机进行管理操作、保养维修的目的。

### 3.3.1　同步发电机的运行特性

1. 同步发电机的结构

同步发电机是根据导体切割磁力线产生感应电动势的原理制成的。因此，同步发电机具有电枢和磁极，可分为定子和转子两部分。同步发电机按结构形式分旋转磁极式和旋转电枢式。目前同步发电机的定子为电枢，转子为磁极，只有小容量的同步发电机是旋转电枢式。同步发电机的结构示意图如图 3-18 所示。

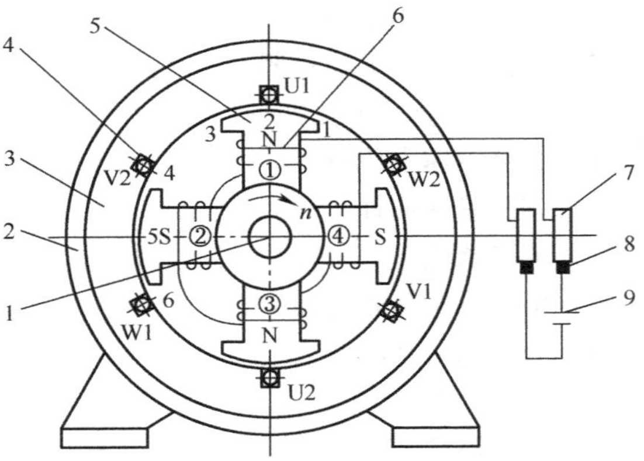

（1）定子

定子由机座、定子铁心、定子绕组和端盖等部件组成。

机座是支持和固定定子铁心和定子绕组的部件，整个发电机也是通过机座安装、

图 3-18　同步发电机的结构示意图

1—转轴　2—机座　3—定子铁心　4—定子绕组　5—磁极铁心
6—磁极绕组　7—集电环　8—电刷　9—直流电源

固定。机座可以用钢或铸铁浇铸而成，也可用钢板焊成。舰用同步发电机大都采用钢板焊接的机座，以保证有足够的机械强度。

定子铁心用硅钢片叠成，硅钢片内圆中有均匀分布的槽，槽内安放线圈，构成定子绕组。硅钢片表面涂以绝缘漆，以减少涡流损耗，防止铁心发热。

定子绕组是发电机感应电压输出电能的核心，与定子、铁心一起称为电枢。定子绕组多

采用三相双层绕组，端盖固定在机座两端，其作用是保护定子绕组的端接部分。小型同步电机的轴承也装在端盖上。

（2）转子

转子上装有磁极，它是一个可以旋转的直流电磁铁，由磁极线圈和磁极铁心组成。磁极线圈靠两个集电环和电刷从外部通入直流电流，以产生磁通。磁极线圈用带有绝缘的铜线绕制而成。各个磁极线圈串联起来，称为励磁绕组。集电环是由两个互相绝缘的金属环套在转子轴上构成的，它随转子一起旋转。集电环用铜或钢制成。励磁绕组两端用引线连接到集电环上。

转子有两种类型，即显极式（又称凸极式）和隐极式。显极式转子如图 3-19 所示，这种转子有凸出的磁极，磁极铁心用 1～1.5mm 厚的钢板冲成，然后用铆钉将冲片铆成铁心，再用螺钉把装有线圈的磁极铁心固定在转子的磁轭上。隐极式转子为圆柱形，转子外圆有齿和槽，如图 3-20 所示，转子上特别宽的齿就是磁极。这种转子的铁心，在大型电机中是用整块钢锻造而成，外圆上刨槽以安放励磁绕组；小型电机的转子铁心用冲有槽的硅钢片叠压而成。

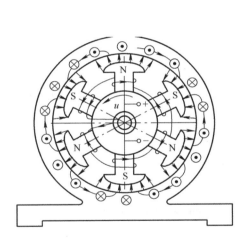

图 3-19　显极式同步发电机示意图

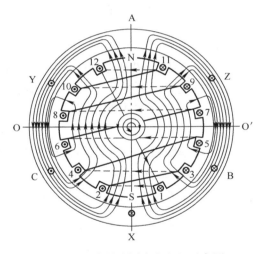

图 3-20　隐极式同步发电机示意图

显极式转子和隐极式转子虽然结构不同，但其作用是一样的。显极式转子结构简单，制造方便，但机械强度差，多用于 1500r/min 以下的同步发电机。水轮发电机（原动机为水轮机）和柴油发电机（原动机为柴油机）皆为显极式转子。隐极式转子机械强度和散热条件都较好，多用于高速同步发电机，在低速发电机中较少采用。

2. 同步发电机的基本原理

图 3-18 中，直流电源经电刷、集电环向励磁绕组提供直流励磁电源。当通入直流电后，励磁绕组产生磁场，使转子的 4 个磁极铁心分别为 N、S、N、S 磁极。在定子铁心槽内分别嵌有 U、V、W 三相定子绕组。三相定子绕组在空间上互差 120° 电角度。

当发电机的转子由原动机驱动顺时针旋转时，由于磁极铁心极弧表面与定子铁心之间的气隙大小不均匀，中央气隙小、两侧气隙大，若合理选取气隙大小和极靴宽度，使沿极弧表面各处的磁感应强度按正弦曲线分布。磁极 N、S 分别经过 U 相定子绕组、U 相绕组的各有效边切割磁力线，产生感应电动势，随着转子磁极的旋转，U 相绕组内的感应电动势的大小按正弦变化。同理，V 相和 W 相绕组内也将产生正弦感应电动势，只是相位分别滞后 120°，如图 3-21 所示。

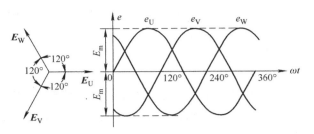

图 3-21　正弦感应电动势波形

感应电动势的频率为

$$f = \frac{pn}{60}$$

式中，$f$ 为频率（Hz）；$p$ 为发电机磁极对数；$n$ 为转子转速（r/min）。

对于发电机其磁极对数 $p$ 是一定的，因此频率 $f$ 仅取决于转子转速 $n$。

同步发电机转子转速与定子交流电频率之间有上述的固定关系，这是同步发电机的特殊性。同步发电机感应电动势的数值（指有效值）可通过改变励磁电流来调节。

3. 同步发电机的铭牌数据

在使用同步发电机时，首先要了解它的铭牌数据。同步发电机的铭牌上通常标有以下数据：

1）发电机的型号。

2）额定电压 $U_e$：设计发电机时所规定的端线之间的电压。

3）额定电流 $I_e$：端线允许的最大电流。

4）额定功率 $P_e$：最大输出有功功率；或额定容量 $S_e$。对于三相交流同步发电机，$S_e = \sqrt{3} U_e I_e$。

5）额定功率因数 $\cos\varphi_e$：设计发电机时所规定的功率因数，通常规定 $\cos\varphi_e = 0.8$。三相发电机的额定功率为 $P_e = \sqrt{3} U_e I_e \cos\varphi_e$。

6）额定频率 $f_e$：电力工业和电站的 $f_e$ 都为 50Hz。

7）额定转速 $n_e$：$n_e$ 与 $f_e$ 的关系为 $n_e = \frac{60 f_e}{p}$，$p$ 为发电机的磁极对数。

8）额定励磁电流 $I_{fe}$：发电机在额定负载（$U_e$、$I_e$、$f_e$、$\cos\varphi_e$）条件下工作时，励磁绕组所需要的直流电流。

9）额定励磁电压 $U_{fe}$：励磁绕组通入 $I_{fe}$ 时，加于励磁绕组两端的直流电压。

10）电枢绕组的连接方式：三相绕组可以接成星形或三角形联结。

11）额定温升。

隐极式同步发电机的制造工艺较为复杂，但机械强度较高，宜用于高速（$n = 3000 \text{r/min}$ 或 $n = 1500 \text{r/min}$）发电机。汽轮发电机（原动机为汽轮机）多半是隐极式的。

一般的同步发电机中，定子作为电枢，而转子作为磁极。这样由于电枢绕组是静止的，静绝缘较为可靠，并且无须通过集电环就可以直接与外电路相连接，结构也较为简单。但在容量较小、电压不高的同步发电机中，也可以将磁极固定，而使电枢旋转。

4. 同步发电机的运行特性

同步发电机的运行特性主要是外特性和调节特性。外特性是反映同步发电机当负载变化时其端电压的变化规律；调节特性指在负载变化时，为了保持发电机电压稳定，应如何调节发电机的励磁电流。这两个特性都可以通过实验求得。

（1）外特性

同步发电机的外特性是指当转速 $n$ 为额定值、励磁电流 $I_f$ 和负载功率因数 $\cos\varphi$ 为常数时，发电机端电压 $U$ 与负载电流 $I$ 之间的关系，即 $U = f(I)$ 关系曲线。如图 3-22 所示为同步发电机接有电阻性负载、电感性负载和电容性负载时的 3 条外特性曲线。

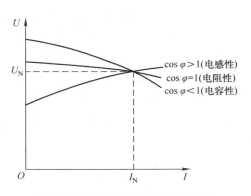

图 3-22　同步发电机的外特性曲线

如上所述，由于负载性质不同，电枢电流在发电机内所产生的电枢反应的作用也就不同。当发电机接有电阻性负载时，主要产生交轴电枢反应，负载电流增加时，去磁作用不显著，端电压稍有降低；当接有电感性负载时，在发电机内产生交轴电枢反应和直轴去磁电枢反应，随着负载电流的增加，去磁作用显著增大，端电压下降较多，并且功率因数越低，电压下降越大；当接有电容性负载时，在发电机内产生交轴电枢反应和直轴增磁电枢反应，负载电流增加，增磁作用显著增大，使端电压上升。通常希望端电压的变化越小越好。

从空载到额定负载电压的变化程度用电压变化率 $\Delta U$ 表示，即

$$\Delta U = (U_o - U_N)/U_N \times 100\% \tag{3-3}$$

式中，$U_o$ 为发电机空载时的端电压，即 $U_o = E_o$；$U_N$ 为额定电压。同步发电机的电压变化率约为 $20\% \sim 40\%$。而一般负载要求所加电压保持不变或在允许的范围内变化。为此，随着负载的增加，必须相应调节励磁电流以使发电机端电压几乎保持不变。

（2）调节特性

调节特性是指当转速 $n$ 和发电机端电压 $U$ 为额定值、负载功率因数 $\cos\varphi$ 为常数时，励磁电流 $I_f$ 与负载电流 $I$ 之间的关系，即 $I_f = f(I)$ 关系曲线。如图 3-23 所示为 3 条不同性质负载下的调节特性曲线。其中 $I_{f0}$ 为负载电流 $I$ 为 0 时的值。显然，在感性和电阻性负载时，励磁电流随负载电流增加而相应增大，调节特性曲线是上翘的，而在容性负载下却是下降的。

目前调整同步发电机的端电压都是采用自动电压调整器。

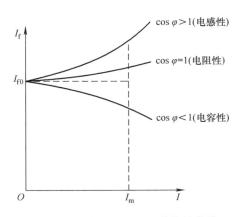

图 3-23　同步发电机的调节特性曲线

## 3.3.2　同步发电机的励磁系统

励磁绕组的直流供电线路和装置称为励磁系统，这是同步发电机必不可少的重要组成部分。其主要作用如下：

1）在正常运行条件下为同步发电机提供励磁电流，并能根据发电机负载的变化做出相应地调整，以维持发电机端电压基本不变。

2）当外部线路发生短路故障、发电机端电压严重下降时，对发电机进行强行励磁，以提高运行的稳定性。

3）当发电机突然甩负荷时，实现强行减磁以限制发电机端电压过度升高。

获得直流励磁电流的方法称为同步发电机的励磁方式。励磁方式可分为自励方式和他励方式两大类。所谓自励方式，就是利用二极管或晶闸管整流器将发电机自身发出的交流电经过整流后送给励磁绕组。自励方式根据有无串联变压器（反映发电机电流用）可分为自并励和自复励两种方式。他励方式就是发电机所需的励磁电流取自其他电源，如直流励磁机或交流励磁机。一些小型同步发电机的励磁方式，多采用直流励磁机、自励式半导体励磁系统和 3 次谐波励磁系统等。

**1. 直流励磁机**

同步发电机的磁极要用直流来励磁，传统的励磁方式是采用直流励磁机。直流励磁机是一台直流发电机（与同步发电机同轴），发出的直流电流经电刷和集电环送到发电机的转子励磁绕组。直流励磁机本身可以是自励的，也可以是他励的；如果是他励的，还要附装一台容量更小的直流副励磁机，以给励磁机励磁。直流励磁机的特点是整个系统比较简单，励磁机只和原动机有关，而与外电网无直接联系，当电网发生故障时，不会影响励磁系统的正常运行，在中小型汽轮发电机中广泛应用。

**2. 交流励磁机**

直流励磁机有不少缺点，如制造工艺复杂、成本高、要经常维修、工作可靠性低等。此外，现代发电机的单机容量日益增大（已达 1000000kW 以上），励磁机的容量也要求相应增大（励磁机的功率为同步发电机额定功率的 0.25%~3%）。但是，目前生产的最大直流励磁机的容量为 600~700kW，只够配 150000~200000kW 的发电机。因此，近年来大容量的发电机逐步采用半导体励磁系统。下面介绍一种采用交流励磁机的励磁系统。

如图 3-24 所示为采用交流励磁机的励磁系统原理图，其中包括一台交流励磁机（主励磁机）、一台交流副励磁机和 3 套整流装置。

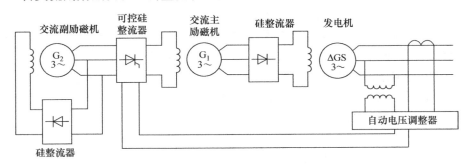

图 3-24　采用交流励磁机的励磁系统原理图

交流主励磁机 $G_1$ 是一台中频（100Hz）三相发电机，其输出电压经硅整流器整流供给同步发电机 GS 励磁电流。交流副励磁机 $G_2$ 也是一台中频（400Hz）发电机，其输出一方面经可控硅整流器整流供给主励磁机励磁电流，同时又经硅整流器供给自身所需要的励磁电流。自动调励装置是根据发电机的电压和电流，经电压、电流互感器及自动电压调整器来改变可控硅的控制角，以改变主励磁机的励磁电流进行自动调压。这种励磁系统的容量比较大，励磁机是交流发电机，避免了直流励磁机的缺点，目前应用广泛。

3．其他方式

此外，尚有无刷励磁方式和 3 次谐波励磁方式。无刷励磁方式与上述励磁方式不同，硅整流器装在发电机的旋转部分，和转子一同旋转。交流励磁机 $G_1$ 做成电枢旋转式，这样就不需要电刷和集环。与发电机同轴的电流励磁机 $G_1$ 旋转电枢的电压，直接送到旋转整流器，经整流后直接送到发电机转子绕组。至于交流副励磁机 $G_2$，为了完全取消电刷，常用永磁式或感应式中频励磁机。3 次谐波励磁方式是利用同步发电机气隙合成磁场的 3 次谐波在定子的谐波绕组中感应出 3 次谐波电动势，经整流后的直流电流作为励磁绕组中的励磁电流。近年来一些小型同步发电机常采用 3 次谐波励磁方式，这种方式由发电机本身兼作交流励磁机，故属于自励方式。

### 3.3.3　同步发电机的使用与维护

1．单车使用

（1）同步发电机起动前的检查和准备

1）检查发电机附近有没有可能妨碍发电机运行的东西及易燃品、爆炸品，如有应移走。

2）查看发电机集电环与电刷、励磁机的换向器与电刷部分是否正常。转动转子，细听内部有无影响发电机运转的东西。

3）检查配电板周围有无妨碍工作的东西，如有应移走。检查配电板上的断路器是否断开，磁场变阻器是否灵活并在最大电阻位置，各种仪表是否在正常位置。

（2）同步发电机的起动和配电

1）起动原动机，调整转速，使发电机电压的频率达到额定值。

2）调整磁场变阻器，使发电机电压达到额定值。

3）闭合断路器，接通所需要的负载开关，如电压、频率有变化，应进行调整。

（3）同步发电机运行中的注意事项

1）经常测量 AB、BC、CA 间电压，保持在额定值。

2）测量 A、B、C 三线中的电流，保持平衡，若电流太大，则减少不必要的用电，或起动另一台发电机分担负载。

3）保持频率为额定值。

4）保持 $\cos\varphi$ 不能太低，一般应在 0.8 以上。

5）听发电机运转声音是否正常，摸发电机外壳及轴承是否过热，看电刷跳火情况，有不正常现象时应立即请示处理。

6）按规定时间填写发电机运转情况的登记簿。

（4）发电机停机步骤

1）减小负载（即断开较大负载的开关）。

2）断开断路器。

3）将磁场变阻器退回最大位置，各种开关扳回使用前的位置。

4）停机。

5）清洁并检查配电板和发电机。

2. 同步发电机的并联运行

(1) 并联运行的目的

为了保证不间断供电,增强电源的生命力,通常每个电站都装有两台或两台以上的主发电机。这些发电机可以单独运行供电,也可以根据通信需要进行并联供电,以增大发电机的容量。此外,在转换发电机时,为了不间断供电,也需要发电机短时间并联工作,进行负荷的转移。

要正确地进行同步发电机的并联运行,必须掌握并联运行的条件。

(2) 并联运行的条件

同步发电机在并联运行前,需要满足一定的条件,否则不仅达不到并联运行的目的,而且还可能造成严重的事故。

如1号发电机在向电网供电,现需将2号发电机投入并联。2号发电机在投入并联时应满足它的各相电压在每一瞬时都与电网各相的电压相等,即两者的瞬时值相等。为了达到上述要求,同步发电机并联运行时必须满足以下四个条件:

1) 电压相等:即发电机电压与电网电压的有效值相等($U_2 = U$)。

2) 相位相同:即发电机电压和电网电压的相位相等。

3) 频率相等:即发电机电压的频率等于电网电压的频率($f_2 = f_1$)。

4) 相序一致:两台发电机三相电动势的相序必须一致。

若完全满足上述四个条件,则2号发电机投入并联运行后对电网不产生影响。

(3) 并联运行的操作方法

根据同步发电机并联运行的条件,并联运行的操作应按以下步骤进行(设1号发电机在供电,2号发电机待并联接入):

1) 起动2号发电机,使其转速达到额定值。

2) 将2号发电机建立额定电压。

3) 调节2号发电机的转速,使$f_2$略高于$f_1$,同步指示灯明暗变化很缓慢,当三灯全暗时(暗灯法),迅速将2号发电机接入并联。

4) 增加2号发电机原机的输入功率,同时减小1号发电机原机的输入功率,观察功率表,使两台发电机的输出功率相等。在调节过程中,要注意保持电压和频率为额定值。

5) 观察功率因数表,对于落后功率因数较低的发电机($\varphi$角大),减小其励磁电流;对于落后功率因数较高($\varphi$角小)或功率因数超前($\varphi$角为负值)的发电机,增大其励磁电流,直到两台发电机的功率因数相等。

6) 若用2号发电机替换1号发电机,则应将1号发电机的负载全部转移给2号发电机。待1号发电机的输出功率很小时,调整两台发电机的励磁电流,使1号发电机的电流减到很小,即可断开1号发电机的开关,使它停止工作,由2号发电机单独供电。

3. 同步发电机的维护

(1) 日检修工作的内容

1) 清洁发电机外部。

2) 原动机盘车时检查发电机内部无卡滞或不正常声音。

3) 测量发电机绝缘值不低于0.5MΩ。

(2) 周检修工作的内容

当同步发电机一周未使用时，应结合原动机起动运转 30min 以上，配电检查各部件运转情况是否正常。

（3）月检修工作的内容

1）检查清洁发电机内部，除去杂物灰尘、油垢、脏物、潮湿。

2）检查发电机内部可以接触到的连接导线、线圈、汇流条等是否可靠，不得与转动部分相碰。

3）检查前后轴承润滑油脂是否无流入定子线圈内部。

4）清洁空气过滤器。

（4）工作中的检修内容

1）用不超过 0.2MPa 压力的干燥压缩空气吹净内部灰尘，再用沾纯酒精的干净布擦拭内部。

2）发电机工作 1000~1500h 后，应更换轴承润滑油脂（每年不少于 2 次），所加润滑油脂占轴承盒一半，不能过多，不同类型的润滑油脂不能掺杂作用。

# 小结

1. 油机发电机组的组成与作用

油机发电机组是给通信设备提供交流电源的发电设备，它对保障通信设备的安全供电和保障平时、战时通信的畅通起着十分重要的作用。随着通信技术的不断发展，对自备电源供给（不论是主用或备用）的油机发电机组，要求做到能随时迅速起动，及时供电，运行安全稳定，能连续工作，供电电压和频率应满足通信设备的要求。

2. 燃油机

（1）燃油机的工作原理

燃油机完成一个工作循环要经过进气、压缩、工作和排气四个过程。四冲程燃油机完成一个工作循环活塞要经历四个冲程，进、排气门各打开一次，凸轮轴旋转一周，曲轴旋转两周；二冲程燃油机完成一个工作循环活塞只经历两个冲程，因无进气门，排气门打开一次，凸轮轴和曲轴都只旋转一周。

（2）燃油机的总体构造

燃油机主要由曲轴连杆机构、配气机构、燃油供给系统、润滑系统、冷却系统、起动系统等组成。

（3）燃油机的使用与维护

燃油机的使用包括暖机、起动、运转中管理、停机等环节。油机起动前的应重点检查"两油、一水、一气、一电、一零件"。开机前要求卸下交流输出端所有负载，将交流断路保护器关闭，空车运行 5~10min，一切正常后，再逐步加载，严禁超载运行；停机前必须先卸掉负载；卸负载后不要马上停机，让发动机空转 4~5min，关闭引擎开关，严禁带载停机。

（4）燃油机的常见故障及排除方法

1）故障规律。燃油机常见的故障大体上可以分为四类，它们有机综合形成燃油机故障。燃油机故障通常都有一定的规律，即故障率的变化符合浴盆曲线（初期故障期、偶然故障期和耗损故障期）。

2）燃油机故障分析和排除时应遵循"从简到繁、由表及里、按系分段、推理检查"的原则；判断故障要有整体性，排除故障要有全面性；查找故障时应尽可能减少拆卸；切忌存在侥幸心理和盲目蛮干；注重调查、研究和合理分析；亲自动手，用看、听、摸、嗅等手段掌握第一手材料。

3）柴油机的常见故障及排除方法。柴油机故障种类繁多，千变万化，不同的结构类型、用途、工作环境等产生的故障都会有所不同，这里介绍了柴油机不能起动或起动困难、柴油机功率不足、柴油机排烟异常、柴油机转速不稳、柴油机有不正常的响声、柴油机振动加剧、柴油机飞车等常见综合性故障的原因和分析、排除方法。

4）汽油机的常见故障及排除方法。汽油机因其结构和原理与柴油机的差别，其故障的具体形成原因和排除方法有的也有别于柴油机，这里简要介绍了汽油机的 11 项常见故障的原因和分析、排除方法。

3. 同步发电机

（1）同步发电机的运行特性

同步发电机是根据导体切割磁力线产生感应电动势的原理制成的，具有电枢和磁极，可分为定子和转子两部分。同步发电机按结构形式分为旋转磁极式和旋转电枢式。当发电机的转子由原动机驱动顺时针旋转时，由于磁极铁心极弧表面与定子铁心之间的气隙大小不均匀，中央气隙小、两侧气隙大，若合理选取气隙大小和极靴宽度，可使沿极弧表面各处的磁感应强度按正弦曲线分布。磁极经过定子绕组，绕组的各有效边将切割磁力线，产生感应电动势，其大小按正弦变化。

同步发电机的运行特性主要是外特性和调节特性。外特性是反映同步发电机负载变化时其端电压的变化规律；调节特性指在负载变化时，为了保持发电机电压稳定，应如何调节发电机的励磁电流。这两个特性都可以通过实验求得。

（2）同步发电机的励磁系统

励磁系统的主要作用为在正常运行条件下为同步发电机提供励磁电流，并能根据发电机负载的变化做出相应地调整，以维持发电机端电压基本不变；当外部线路发生短路故障、发电机端电压严重下降时，对发电机进行强行励磁，以提高运行的稳定性；当发电机突然甩负荷时，实现强行减磁以限制发电机端电压过度升高。

励磁方式可分为自励方式和他励方式两大类。所谓自励方式，就是利用二极管或晶闸管整流器将发电机自身发出的交流电经过整流后送给励磁绕组。自励方式根据有无串联变压器（反映发电机电流用）可分为自并励和自复励两种方式。他励方式就是发电机所需的励磁电流取自于其他电源。

（3）同步发电机的使用与维护

1）同步发电机单车使用与维护的内容有发电机起动前的检查和准备、发电机的起动和配电、发电机运行中的注意事项、发电机的停机步骤。

2）同步发电机并联运行的目的是增大发电机的容量，此外在转换发电机和转移负荷时可保证不间断地供电。同步发电机并联运行时必须满足电压相等、相位相同、频率相等和相序一致这四个条件。同步发电机在操作过程中应严格遵守操作规程，防止事故发生。

3）同步发电机的维护保养工作主要分为日检修、周检修、月检修和工作中的检修。

1. 油机发电机组由哪些部分组成？

2. 简述四冲程柴油机的工作原理。

3. 柴油机与汽油机有何异同点？

4. 燃油机由哪些部分组成？各部分有何功用？

5. 燃油机维护保养工作的一般原则是要定期完成哪些任务？

6. 燃油机发电机组开机前应做哪些检查？

7. 燃油机正常运转中一般检查的项目和内容大致有哪些？

8. 燃油机管理过程中要求多听、摸、看、闻，其内容是什么？

9. 燃油机在哪些情况下必须紧急停机？

10. 燃油机故障分析和排除时应遵循什么原则？

11. 柴油机不能起动或起动困难的原因可能有哪些？

12. 燃油机发电功率不足的原因和排除方法有哪些？

13. 简述同步发电机的工作机理。

14. 同步发电机励磁系统的主要作用有哪些？

15. 发电机运行中有哪些注意事项？

16. 同步发电机并联运行时必须满足哪些条件？具体的操作方法是怎样的？

# 第4章

整流与开关电源

*04*

## 4.1 概述

电子设备所需的直流电源，一般都是采用由交流电网供电，经整流、滤波、稳压后获得。整流是把大小、方向都变化的交流电变成单向脉动的直流电，能完成整流任务的设备称为整流器。滤波是滤除脉动直流电中的交流成分，使得输出波形平滑，能完成滤波任务的设备称为滤波器。稳压是输入电压波动或负载变化引起输出电压变化时，能自动调整使输出电压维持在原值。

通信整流技术的发展经历了以下几代变革：20世纪50年代末的饱和电抗器控制的稳压稳流硒整流器；20世纪60年代的硅二极管稳压稳流整流器；20世纪60年代末70年代初的稳压稳流可控硅整流器；20世纪80年代末90年代初的高频开关整流器。

20世纪90年代以后，随着计算机控制技术、功率半导体技术和超大规模集成电路生产工艺的飞速发展，高频开关整流器产品也越来越成熟，性价比逐步提升，目前已经逐步取代了可控硅整流器，并且还在不断地朝着高频化、高效率、大功率、小型智能化、清洁环保的方向发展。

高频开关整流器（简称开关电源）是指功率晶体管工作在高频开关状态的直流稳压电源，其开关频率在20kHz以上。随着技术的进步，目前开关频率可达几百千赫，甚至几兆赫。

开关电源的主要组成部分是直流（DC-DC）变换器。其分类方法有多种，按激励功率开关晶体管的方式来分，可分为自励型和他励型；按控制方式来分，可分为脉宽调制（PWM）、脉频调机（PEM）和混合调制（即脉宽和脉频同时改变），通信用开关电源一般采用脉宽调制；按功率开关电路的结构形式来分，可分为非隔离型（主电路中无高频变压器）、隔离型（主电路中有高频变压器）以及具有软开关特性的谐振型等类型。

高频开关整流器的特点：

1）重量轻、体积小，适合分散供电方式。

2）节能高效，一般效率在90%左右。

3）功率因数高。

4）稳压精度高。

5）维护简单、扩容方便。

6）智能化程度较高。

高频开关整流器目前的研究方向：

1）解决高频化与噪声的矛盾问题。

2）如何进一步提高效率，提高功率密度。

3）开发高性能的功率器件、电感和变压器，提高整机的可靠性。

## 4.2　高频开关整流器的基本组成和工作原理

高频开关整流器由交流配电单元、整流模块、直流配电单元和监控模块组成开关电源系统，如图 4-1 所示。

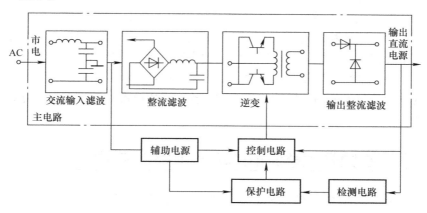

图 4-1　高频开关整流器结构框图

（1）主电路

交流输入滤波：处于整流模块的输入端，包括低通滤波器、浪涌抑制等电路。其作用是将电网存在的杂波过滤，同时阻碍本机产生的噪声反馈到公共电网。

整流滤波：将电网交流电源直接整流为较平滑的直流电，并向功率因数校正电路提供稳定的直流电源。

逆变：将直流电变为高频交流电，这是高频开关的核心部分，在一定范围内频率越高，体积重量与输出功率之比越小。

输出整流滤波：由高频整流滤波及抗电磁干扰等电路组成，提供稳定可靠的直流电源。

（2）控制电路

控制电路一方面从输出端取样，经与设定标准进行比较，然后去控制逆变器，改变其频率或脉宽，达到输出稳定；另一方面，根据检测电路提供的数据，经保护电路鉴别，对整机进行各种保护。

除主电路之外的其他电路都可称之为控制电路，它包括检测放大电路、U/W（电压/脉宽）转换电路或 U/f（电压/频率）转换电路、时钟振荡器（或恒频脉冲发生器）以及驱动电路及保护电路。

控制电路应为功率开关管激励信号，应能将主电路输出电压的微小变化转换成脉宽或频率变化，实现自动调整输出电压的目的。负载发生短路或过电流时控制电路应有保护功能，辅助电源为控制电路提供必要的能源。

（3）检测电路

检测电路除了提供保护电路正在运行中的各种参数外，还提供各种显示仪表数据供值班人员观察、记录。

（4）辅助电源

辅助电源提供开关整流器本身所有电路工作所需的各种不同要求的电源（交、直流各种等级的电压电源）。

目前，通信和其他电子设备采用的稳压电源主要有线性稳压电源、相控型稳压电源和高频开关型稳压电源。

线性稳压电源虽然电特性优良，但由于功率调整器件串联在负载回路里，而且工作在线性区，因此功率转换效率比较低。为了提高效率，就必须使功率调整器件处于开关工作状态。作为开关而言，线性稳压电源导通时电压降很小，几乎不消耗能量，关断时漏电流很小，也几乎不消耗能量，所以线性稳压电源的功率转换效率可达80%以上。

相控型稳压电源虽然效率较高，但由于工作频率很低，所以变压器和滤波元件的体积和质量较大。随着通信技术的高速发展，传统的相控型稳压电源正逐渐被高频开关型稳压电源所取代。

## 4.3 HD 系列高频开关整流器的基本电路结构框图

以上介绍了开关电源的一般结构和基本原理。下面介绍艾默生网络能源电源的基本结构。

艾默生网络能源有限公司的 HD 系列高频开关整流器的典型原理框图如图 4-2 所示，主要由输入电网滤波器、输出整流滤波器、控制电路、保护电路、辅助电源等几部分组成。

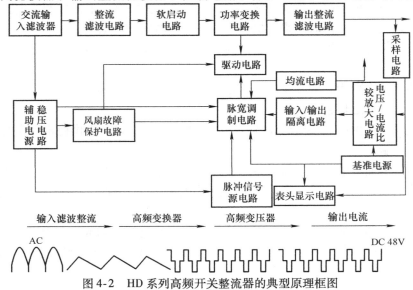

图 4-2　HD 系列高频开关整流器的典型原理框图

第 4 章 整流与开关电源

主电路主要由交流输入滤波器、整流滤波电路、软启动电路、功率变换电路、输出整流滤波电路组成，完成功率变换。交流输入电压经电网滤波、整流滤波得到直流电压，通过高频变换器将直流电压变换成高频交流电压，再经高频变压器隔离变换，输出高频交流电压，最后经过输出整流滤波电路，将变换器输出的高频交流电压整流滤波得到需要的直流电压。

控制电路由采样电路、基准电源、电压/电流比较放大电路、输入/输出隔离电路、脉宽调制电路、脉冲信号源电路、驱动电路及均流电路等组成电压环、电流环双环控制电路。

除此之外，还有一些辅助电源，如辅助电源稳压电路、风扇故障保护电路、表头显示电路，以及其他一些提高系统可靠性的保护电路。

## 4.4 高频开关电源的使用与维护

本节以 TZD-9502 型高频开关电源系统为例介绍高频开关电源的使用与维护。

### 4.4.1 安装

1. 工作环境的要求
1）输入交流电压 165~265V。
2）输入交流电频率 45~65Hz。
3）工作环境温度 -100~+50℃。
4）相对湿度 30%~90%。
5）良好的通风条件。
6）安装专业避雷器。
7）保证良好的接地。
8）汽油发电机移到空处。

2. 安装步骤
（1）开箱检查
TZD-9502 型高频开关电源系统包括机柜、整流模块、交直流配电器、蓄电池及附件。
（2）具体安装步骤
1）拧下机箱前后盖螺钉，取下前后盖板。
2）将交直流配电屏从机箱正面上方插入机箱内，用螺钉固定牢固。
3）分别将两个整流模块从机箱正面插入机箱内，用螺钉固定在机箱上。
4）用黑色导线将两块蓄电池的正、负极相串联，再用红色导线与电池的另一正极相连、黑色导线与电池的另一负极相连。在连接电池导线时，为防止电池正、负极导线连接时相碰，发生意外事故，应先将其一端用胶布包好，再分别与蓄电池正、负极相连。
5）电池线连接好后，将蓄电池从机箱后面小心移入机箱底部，放置平稳，电池放入时应注意其极柱不可碰触机箱中部的整流模块固定横梁，以免发生电池短路。
6）如果地面不平，机箱放置不稳，可以任意调整机箱底部的个别螺钉的高低达到平稳。
7）按照各部分连线图样和说明，将设备的外部连线、内部连线紧固连接。

### 4.4.2 基本操作步骤

TZD-9502 型高频开关电源，一般按照以下步骤进行操作：

85

1）在机器装配好、检验正常后，机器可以进入正常的供电状态。

2）在开机以前，应保证所有的开关处于关断状态。检查完毕后，先通过市电引入线给设备加上交流电。

3）按下交直流配电屏上的工作开关，3~5s延迟后，交流输入指示灯亮，表明市电已经正常接入。

4）分别打开直流输出开关。

5）在接好负载的情况下，按下直流输出开关各电池开关，做好供电准备。

6）打开整流模块电源开关。此时，整流模块工作指示灯亮，整流模块开始进入工作状态，并且在交直流配电屏上会显示此时的参数值。

7）按交直流配电屏上的显示选择按钮，LED数字显示会按要求显示负载电压、电池电压、负载电流和电池的充电电流。市电供电正常时的基本操作流程图如图4-3所示。

8）市电停电时，设备自动转入蓄电池供电状态，此时交流停电告警，按复位键可消除告警。

9）蓄电池提供的供电时间有限，当蓄电池电压不够时，电池欠电压告警，此时可起动油机供电，交流输入灯亮。按复位键可消除告警铃。市电不正常时，电池、油机供电操作流程图如图4-4所示。

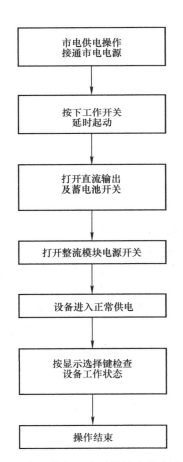

图4-3　市电供电正常时的基本操作流程图

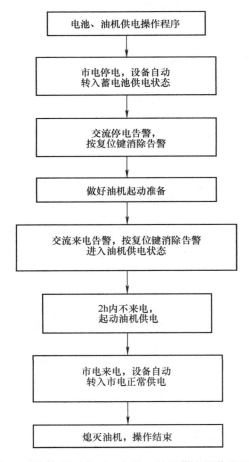

图4-4　市电不正常时，电池、油机供电操作流程图

10）市电来电后，交流来电告警，设备自动转入市电供电，按复位键可消除告警铃声。

### 4.4.3　维护与管理

1. 注意事项

TLD－9502 型高频开关电源在使用时应注意以下几点：

1）设备工作中，不允许无关人员碰撞面板上的开关，以免造成供电人为中断。

2）整流模块的输出电压和充电电流值用户不可随意改变，否则将造成设备工作不正常或损坏蓄电池。

3）不能在该系统前加交流稳压电源。

4）设备开、关机应严格遵守操作流程。

5）设备工作中，不允许插拔或连接引线，以免打火、拉弧、烧坏接插件或接线柱。

6）使用过程中，机箱不可以堆放物品，特别是机箱后中部排风口不能有物品阻挡，以免影响周围散热，更应注意螺钉等小物品掉入机箱内，以免引起内部短路。

7）当出现疑难故障时，不可盲目拆开设备检修，尤其是整流模块内部。

8）使用汽油机供电时，必须移至室外通风处运行。

9）停电检修或长期不用时，要将交流电源断开，并断开蓄电池。

2. 故障告警

图 4-5 为故障告警处理流程图。TZD－9502 型高频开关电源系统设置了一些告警铃和告警指示灯。使用时，如果听到告警的蜂鸣声，则表示设备出现了告警，此时应根据交直流配电屏上显示的三种告警灯的亮暗来判断故障情况。

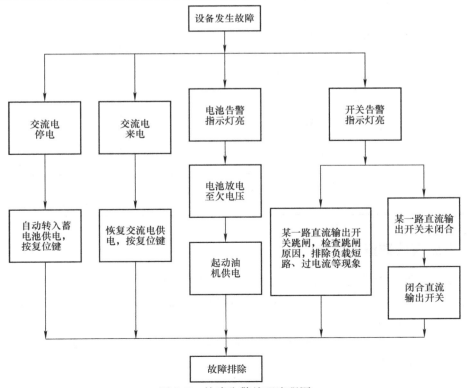

图 4-5　故障告警处理流程图

3. 日常维护

为保证高频开关电源设备的长期稳定工作，日常维护应做到以下几点：

1）每日通过电源面板上的数字表对电源的直流输出电压、负载电流、蓄电池端电压和蓄电池电流进行一次检查。

2）每周对设备外表进行擦拭、保养和清洁除尘。

3）每3个月至半年对蓄电池进行人为均充电一次，可以使蓄电池长期保持良好状态。

4）常见故障的处理。

TZD－9502 型通信用高频开关电源是按照免维护的要求而设计的，但是，对于一些常见的故障还是应该了解和掌握。表 4-1 列出了 TZD－9502 型高频开关电源的常见故障及其处理。

表 4-1　TZD－9502 型高频开关电源的常见故障及其处理

| 故障现象 | 故障原因 | 处理方法 |
|---|---|---|
| 交流电加不上，设备不工作 | 1）市电接线不正确<br>2）市电停电或超电压、欠电压，保护电路动作 | 1）重新接线<br>2）电网正常，可重新恢复工作 |
| 交直流配电屏工作正常，无直流输出 | 1）直流输出开关未闭合上<br>2）整流模块不工作<br>3）整流模块故障<br>4）直流输出线未接好 | 闭合直流输出开关，检查模块工作开关是否处于"通"状态，更换整流模块，重新连接 |
| 直流输出断路器跳闸告警 | 负载短路或过载 | 检查直流输出线是否短路、负载是否正常 |
| 市电供电正常，停电后不能转为蓄电池供电 | 1）蓄电池损坏或引线接触不良<br>2）直流模块内部损坏 | 更换整流模块，更换蓄电池或重新接线 |
| 直流输出电压不稳 | 模块输出接插件接触不良，直流输出松动，整流模块故障 | 重新接线，更换整流模块 |
| 蓄电池供电时放电时间较短，或不能工作 | 1）蓄电池老化引起容量不足<br>2）蓄电池外壳破裂、漏液而损坏<br>3）蓄电池极柱氧化，连线接触不良 | 1）人为均充3次，若无改善更换新电池<br>2）更换蓄电池<br>3）用砂纸打磨极柱，重新连接 |
| 告警输出不工作 | 1）输出接线不准确或松动<br>2）告警输出内部触点烧坏 | 1）重新接线<br>2）通知上级或厂家修理 |

## 4.4.4　整流模块数量的配置

整流模块数量的配置通常应可靠性优先、兼具经济性，一般按照以下原则进行配置：$I_{总}=I_{负载}+I_{均充}$，$N=I_{总}÷I_{单个模块容量}$，则整流模块配置数量 $=N+1$，当 $N≥10$ 时，每 10 个模块要多配置 1 个模块。

例如：某通信台站电源机房为 40A·H 电池 2 组，设备耗电直流电流 60A，如果配置 30A 整流模块，至少需要配置多少个模块？

$I_{总}=I_{负载}+I_{均充}=60A+40A×2=140A$，$N=I_{总}÷I_{单个模块容量}=140A÷30A≈5$，整流模

块配置数量 $= N + 1 = 5 + 1 = 6$，即需要配置至少 6 个整流模块。

## 4.5　直流配电

直流配电是直流供电系统的枢纽，它将整流输出的直流和蓄电池组输出的直流汇接成不间断的直流输出母线，再分接为各种容量的负载供电支路，串联相应熔断器或负荷开关后向负载供电，如图 4-6 所示。

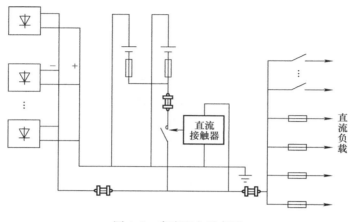

图 4-6　直流配电示意图

直流配电的作用和功能主要包括以下三点：

1）测量：测量系统输出总电压、系统总电流；各负载回路用电电流；整流器输出电压电流；各蓄电池组充（放）电电压、电流等。并能将测量所得到的值通过一定的方式显示。

2）告警：供系统输出电压过高、过低告警；整流器输出电压过高、过低告警；蓄电池组充（放）电电压过高、过低告警；负载回路熔断器熔断告警等。

3）保护：在整流器的输出线路上、各蓄电池组的输出线路上，以及各负载输出回路上都接有相应的熔断器短路保护。此外，各蓄电池组线路上还接有低电压脱离保护装置等。

小容量的直流供电系统，如分散供电系统，通常将交流配电、直流配电和整流、监控等组成一个完整、独立的供电系统，集成安装在一个机柜内。相对大容量的直流供电系统，一般单独设置直流配电屏，以满足各种负载供电的需要。

直流电源配电方式分为低阻配电方式和高阻配电方式。传统的直流供电系统中，利用汇流排把基础电源直接馈送到通信机房的直流电源架或通信设备机架，这种配电方式因汇流排电阻很小，故称为低阻配电方式，如图 4-7 所示。

低阻配电方式的特点是低阻配电的汇流排电阻小，相应线路损耗和线路电压降小。但当某一负载发生短路事故后，可能使得直流总输出电压发生瞬间跳变，从而影响其他负载的正常工作甚至损坏。

高阻配电方式是在低阻配电系统基础上发展起来的。高阻配电选择线径较细的配电导线，相当于在各支路中接入有一定阻值的限流电阻 $R_1$，克服了低阻配电负载发生短路事故后影响面大的缺点，达到了等效隔离的作用，如图 4-8 所示。

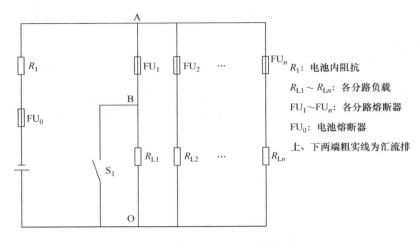

R_1: 电池内阻抗

$R_{L1} \sim R_{Ln}$: 各分路负载

$FU_1 \sim FU_n$: 各分路熔断器

$FU_0$: 电池熔断器

上、下两端粗实线为汇流排

图4-7　直流电源低阻配电方式

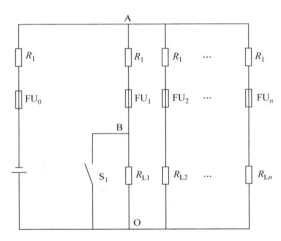

图4-8　直流电源高阻配电方式

　　高阻配电也有一些问题，一是由于回路中串联电阻会导致电池放电，放电终止电压应稍高于常规电压，不允许放电至常规终止电压，否则负载电压太低；二是串联电阻上的损耗一般为2%～4%，直流配电设备都是直流供电系统的枢纽，其作用既要保证负载要求，又要保证蓄电池能获得补充电流。

## 小结

　　1）高频开关整流器作为通信电源系统的核心，其优点可归纳为重量轻、体积小；节能高效；功率因数高；稳压精度高、可闻噪声低；维护简单、扩容方便；智能化程度较高。

　　2）高频开关整流器由主电路和控制电路、检测电路、保护电路、辅助电源组成。其中主电路是功率输送的主要电路，分为交流输入滤波、整流滤波、功率因数校正、逆变、输出整流滤波等电路。

3）功率转换电路是高频开关整流器中最核心的电路，其工作频率的提高可以使得功率变压器的体积大大减小，但功率开关元件的开通和关断损耗制约了工作频率的进一步提高，为此，出现了谐振型功率转换电路。常见的准谐振功率转换电路又分为两种，一种是零电流谐振开关式，一种是零电压谐振开关式。

4）高频开关整流器中主要的滤波电路有输入滤波、工频滤波和输出滤波。

5）高频开关整流器处于市电电网和通信设备之间，它与市电电网和通信设备都有着双向的电磁干扰，为了抑制这些噪声对自身和外界的影响，一般采用滤波、屏蔽、接地、合理布局、选择电磁兼容性能更好的元件和电路等达到电磁兼容性的要求。

6）通信用高频开关电源系统由交流配电单元、直流配电单元、整流模块和监控模块组成，其中监控模块起着协调管理其他单元模块和对外通信的作用。日常对开关电源系统的维护操作主要集中在对监控模块菜单的操作。

7）开关电源的故障多种多样，可分为正常告警类故障、非正常告警类故障、功能丧失类不告警故障、性能不良不告警故障，应根据系统的实际情况，做出不同的检修流程图，加以分析判断。

8）直流配电的作用和功能主要包括测量、告警、保护。

9）保护直流电源的配电方式分为低阻配电方式和高阻配电方式。

10）某一负载发生短路事故后，低阻配电方式可能使得直流总输出电压发生瞬间跳变，从而影响其他负载的正常工作甚至损坏。

 思 考 题

1. 高频开关电源通常由几部分组成？每部分的作用是什么？
2. 高频开关电源中常用的功率开关元件有哪些？各有什么特点？
3. 常用的功率变换电路有哪些？举例说明一种功率变换电路的工作过程。
4. 简述功率因数校正的原理和方法。
5. 简述开关电源的维护与管理注意事项。
6. 简述高阻配电方式的优点及注意事项。
7. 简述直流配电的作用和功能。

# 第 5 章

# 蓄电池

## 5.1 蓄电池的作用和分类

铅酸蓄电池的发明距今已有 140 余年的历史，以往的铅酸蓄电池均为开口式或防酸隔爆式，充放电时析出的酸雾污染及腐蚀环境，又需经常维护（即补加酸和水）。自 20 世纪 50 年代起，科技的发展先后解决了防酸式铅酸电池的致命缺点，将铅蓄电池进行密封；进入 20 世纪 80 年代，随着分散式供电方案的启用，要求基础电源设备与通信设备同装一室，激励了密封固定型铅酸电池的生产；20 世纪 90 年代后，阀控密封铅酸蓄电池生产技术有了很大进展，进入了成熟期；2000 年后，阀控密封铅酸蓄电池已经广泛应用在通信电源系统中；近十年，随着电动汽车的推广和普及，锂电池大规模生产，成本逐步降低，也在通信电源系统中开始采用。但在当前通信电源系统中，阀控式密封铅酸蓄电池仍然是主流。

阀控式密封铅酸蓄电池具有以下特点：

1）电池荷电出厂，安装时不需要辅助设备，安装后即可使用。

2）在电池整个使用寿命期间，无须添加水、调整酸比重等维护工作，具有免维护功能。

3）不漏液、无酸雾、不腐蚀设备，可以和通信设备安装在同一房间，节省了建筑面积和人力。

4）采用具有高吸附电解液能力的隔板，化学稳定性好，加上密封阀的配置，可使蓄电池在不同方位安置。

5）电池寿命长，25℃下浮充状态使用可达 10 年以上。

6）与同容量防酸式蓄电池相比，阀控式密封蓄电池体积小、重量轻、自放电低。

### 5.1.1 蓄电池在通信电源系统中的作用

通信电源系统中使用最多的是阀控式铅酸蓄电池（VRLA），在通信电源中具有如下作用：

1）平滑滤波。在市电正常时，虽然蓄电池不担负向通信设备供电的主要任务，但它与供电主要设备——整流器并联运行，能改善整流器的供电质量，如图 5-1a 所示。

2）后备电源（包括直流供电系统和 UPS 系统）。在市电异常或整流器不工作的情况下，由蓄电池单独供电，担负起对全部负载供电的任务，起到备用作用，如图 5-1b 所示。

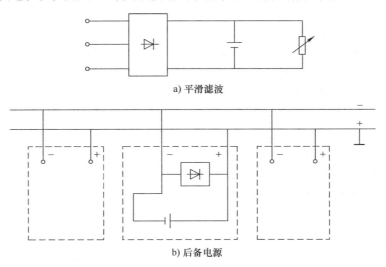

a) 平滑滤波

b) 后备电源

图 5-1  蓄电池在通信电源系统中的作用

3）调节系统电压。

4）动力设备的启动电源。蓄电池是汽油或柴油发动机组的操作电源，启动过程具有极短的时间以大功率输出的特点，并在低温环境下也能确保大电流放电。

直流供电系统中的蓄电池放电电流小、容量大、寿命长，每节单体电压为 2V（一般为 2.23V 左右），一组 48V 电池组由 24 节单体串联组成。UPS 系统中的蓄电池能大电流放电、容量小、寿命较短，常见的 UPS 蓄电池每节单体电压为 12V，如果配置 32 节电池，则电池组端电压可达 384V。动力设备的启动电池一般作为油机起动系统中的一部分，由于油机起动时间十分短促，仅为 5～8s，因此要求蓄电池满足高速率大电流放电的要求。油机启动电池多采用 24V 电池组。

## 5.1.2  蓄电池的分类及型号含义

1. 蓄电池的分类

蓄电池按不同用途和外形结构可分为固定式和移动式两大类。

固定式蓄电池用作邮电和军事用的通信设备、发电厂和变电所的开关控制设备，以及电子计算机等的备用电源。

移动式蓄电池放置在各类车辆等移动载体上，用于重要负荷保电、应急供电，以及提升供电能力等不同场景。

蓄电池按极板结构分为涂膏式、化成式、半化成式、玻璃丝管式等。

1）涂膏式。将一氧化铅粉和金属铅粉的混合物加稀硫酸拌成膏状物质，即铅膏，涂在用铅合金制成的板栅上，经过固化、干燥后在硫酸溶液中通直流电进行化成，形成放电所需的活性物质。用此工艺生成的极板称涂膏式极板，可用于铅蓄电池的正、负极板。起动用铅蓄电池正、负极均采用这类极板。

2）玻璃丝管式。在铅合金板栅的栅筋外套以玻璃丝纤维或其他耐酸合成纤维编织的套管，向管内填充铅粉或铅膏，振动充实后用铅合金或塑料封底，然后放入稀硫酸中与涂膏式负极板一起充电化成。这类极板主要用作正极板，用以克服涂膏式正极板活性物质容易脱落的弊端。固定用防酸隔爆式铅蓄电池的正极板采用的就是玻璃丝管式极板。

3）化成式。化成式极板又称普兰特式极板，是最早的一种极板形式，即用带有凹凸沟纹的纯铅基板在稀硫酸溶液中反复进行通电化成和放电的循环，以形成放电所需的足量的活性物质。目前这类极板主要有脱特和曼彻斯特型两种。前者用纯铅铸成带有穿透梭片的极板，在含有氯酸盐的溶液中通电形成活性物质；后者是把纯铅制成的带有凹凸的板条卷起嵌入耐腐蚀合金制成的支撑板的圆孔中，然后通电形成活性物质。

蓄电池按电解液的不同分为酸性和碱性蓄电池。酸性蓄电池以酸性水溶液作为电解质，碱性蓄电池以碱性水溶液作为电解质。

蓄电池按电解液数量分为贫液式和富液式。密封式蓄电池一般为贫液式，半密封蓄电池均为富液式。

2. 蓄电池型号含义

蓄电池型号含义举例如下：

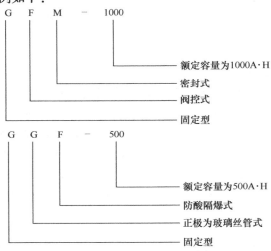

5.2 铅酸蓄电池的结构和工作原理

铅酸蓄电池价格低廉，电特性良好，在通信企业中应用广泛。平时它作为减小整流器噪声的设备之一，当市电停电而油机发电机尚未起动发电之前，由铅酸蓄电池来为通信设备及事故照明供电。有些通信企业在夜间用电低谷时也由铅蓄电池供电。

5.2.1 铅酸蓄电池的结构

铅酸蓄电池与其他蓄电池一样，其主要部件有正、负极板，电解液，隔板，极柱，壳体和安全阀等，如图5-2所示。

1. 极板

极板又称电极，有正极板和负极板之分，由活性物质和板栅两部分构成。正、负极板的活性物质分别是棕褐色的二氧化铅（$PbO_2$）和灰色的海绵状铅（$Pb$）。

极板依其结构可分为涂膏式、管式和化成式。

极板在蓄电池中的作用有两个：一是发生电化学反应，实现化学能与电能之间的转换；二是传导电流。板栅在极板中的作用也有两个：一是作为活性物质的载体，因为活性物质呈粉末状，必须由板栅作为载体才能成型；二是实现极板传导电流的作用，即依靠其栅格将极板上产生的电流传送到外电路，或将外加电源传入的电流传递给极板上的活性物质。为了有效地保持住活性物质，常常将板栅制造成具有横截面积大小不同的横、竖筋条的栅栏状，使活性物质固定在栅栏中，并具有较大的接触面积，如图 5-3 所示。

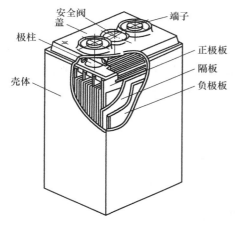

图 5-2　铅酸蓄电池的结构

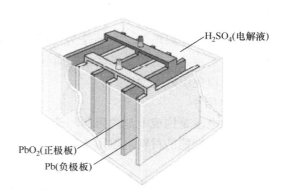

图 5-3　极板的结构

常用的板栅材料有铅锑合金、铅锑砷合金、铅锑砷锡合金，铅钙合金、铅钙锡合金、铅锶合金、铅锑镉合金、铅锑砷铜锡硫（硒）合金和镀铅铜等。普通铅酸蓄电池采用铅锑系列合金作为板栅，其电池的自放电比较严重。将若干片正或负极板在极耳部焊接成正或负极板组，可以增大电池的容量，极板片数越多，电池容量越大。通常负极板组的极板片数比正极板组的要多一片。组装时，正、负极板交错排列，使每片正极板都夹在两片负极板之间，正极板两面都均匀地起电化学反应，产生相同的膨胀和收缩，降低极板弯曲的概率，以延长电池的寿命。

2. 电解液

电解液在电池中的作用一是参与电极上的电化学反应；二是起离子导电的作用。

铅酸蓄电池的电解液是用浓硫酸和纯水配制而成的稀硫酸溶液，其浓度用 15℃ 时的密度来表示。铅酸蓄电池的电解液密度范围的选择，与电解液的性质和电池的结构、用途有关。

铅酸蓄电池的性能与电解液的性质密切相关，与电池性能有关的电解液的性质主要有硫酸溶液的凝固点和电导率。

3. 隔板

隔板的作用是防止正、负极因直接接触而短路，同时要允许电解液中的离子顺利通过。组装时将隔板置于正、负极板之间。用作隔板的材料必须满足以下要求：

（1）化学性能稳定

隔板材料必须有良好的耐酸性和抗氧化性，因为隔板始终浸泡在具有相当浓度的硫酸溶液中，与正极相接触的一侧，还要受到正极活性物质以及充电时产生的氧气的氧化。

（2）一定的机械强度

极板活性物质因电化学反应会在铅、二氧化铅与硫酸铅之间发生变化，而硫酸铅的体积大于铅和二氧化铅，所以在充放电过程中极板的体积有所变化，如果维护不好，极板还会发生变形。由于隔板处于正、负极板之间，而且与极板紧密接触，所以隔板必须有一定的机械强度才能不会因为破损而导致电池短路。

（3）不含有对极板和电解液有害的杂质

隔板中有害的杂质可能会引起电池的自放电，提高隔板的质量是减少电池自放电的重要环节之一。

隔板的微孔多而均匀，主要是为了保证硫酸电离出的 $H^+$ 和 $SO_4^{2-}$ 能顺利地通过隔板，并到达正、负极，与极板上的活性物质起电化学反应。隔板的微孔大小应能阻止脱落的活性物质通过，以免引起电池短路。

（4）电阻小

隔板的电阻是构成电池内阻的一部分，为了减小电池的内阻，隔板的电阻必须要小。

具有以上性能的材料可以用于制作隔板。

4. 壳体

壳体的作用是用来盛装电解液、极板、隔板和附件等。

用于壳体的材料必须具有耐腐蚀、耐振动和耐高低温等性能，一般采用改良型塑料，如PP、PVC、ABS 等。

壳体的结构也根据电池的用途和特性而有所不同。如普通铅蓄电池的壳体结构有只装一个电池的单一槽和装多个电池的复合槽两种，前者用于单体电池（如固定用防酸隔爆式铅酸蓄电池），后者用于串联电池组（如起动用铅酸蓄电池）。

5. 安全阀

安全阀是一种自动开启和关闭的排气阀，具有单向性，内有防酸雾垫，如图 5-4 所示。

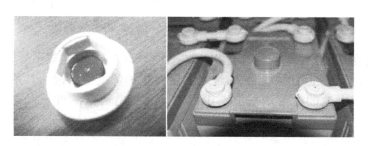

图 5-4　安全阀

当电池内部气压超过规定值时，安全阀自动开启，释放出多余气体后自动关闭，保持电池内部压力在最佳范围内。

## 5.2.2 铅酸蓄电池的工作原理

充好电的铅酸蓄电池的正极，有过氧化铅（$PbO_2$）作为活性物质，而负极有多孔的铅（Pb）。在稀硫酸溶液的电解液中，正极板 $PbO_2$ 中的带负电的氧离子部分进入电解液而使正极板对电解液带正电位，负极板 Pb 带正电的铅离子部分进入电解液而使负极板对电解液带负电位。铅酸蓄电池正极板与负极板的电位差大约为 2V。

1. 放电过程的化学反应

将已充电的铅酸蓄电池的正、负极接到负载电阻上，将产生放电电流 $I$。氢的正离子围绕着正极，与过氧化铅发生反应，硫酸的中性分子也参加反应，化学反应方程式为

$$PbO_2 + 2H + H_2SO_4 = 2H_2O + PbSO_4 \tag{5-1}$$

硫酸根负离子和金属铅的正离子在负极上化合，产生硫酸铅，化学反应方程式为

$$Pb + SO_4 = PbSO_4 \tag{5-2}$$

$$PbSO_4（正极）+ 2H_2O + PbSO_4（负极）\xrightarrow{\text{充电}} PbO_2（正极）+ 2H_2SO_4 + Pb（负极） \tag{5-3}$$

可见，随着放电，过氧化铅和纯铅被硫酸铅所取代，从而硫酸溶液的浓度减小，因为硫酸的分子渐渐被等量的水分子所替代，正、负极板上的活性物质都不断转变为硫酸铅（$PbSO_4$），蓄电池的内阻增加，电解液的比重逐渐下降，电动势逐渐降低，至放电终了时，铅酸蓄电池的端电压下降至 1.8V 左右。

铅酸蓄电池的放电过程如图 5-5 所示。

2. 充电过程的化学反应

为了使已放电的铅酸蓄电池充电，应将负电极和外加电源的负极连接、正电极与外加电源的正极连接，电源电动势略大于蓄电池电动势，使电流从铅酸蓄电池正极流入蓄电池。

充电时，氢的正离子移向铅酸蓄电池的负极，化学反应方程式为

$$PbSO_4 + H_2 = Pb + H_2SO_4 \tag{5-4}$$

结果在负电极还原出纯铅。

硫酸根移向正极，化学反应方程式为

$$PbSO_4 + SO_4 + 2H_2O = PbO_2 + 2H_2SO_4 \tag{5-5}$$

结果是电极的成分被还原（正极 $PbO_2$，负极 Pb），酸的浓度增加。

正极板上的 $PbSO_4$ 逐渐变为 $PbO_2$。负极板上的 $PbSO_4$ 逐渐变为 Pb，铅酸蓄电池的内阻减小，电解液的比重逐渐增加，蓄电池的电动势也逐渐增加。

$$PbSO_4（正极）+ 2H_2O + PbSO_4（负极）\xrightarrow{\text{充电}} PbO_2（正极）+ 2H_2SO_4 + Pb（负极）$$

$$\tag{5-6}$$

铅酸蓄电池的充电过程如图 5-6 所示。

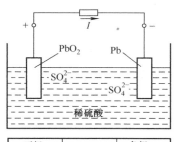

图 5-5　铅酸蓄电池的放电过程

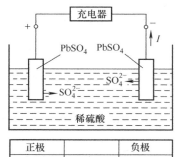

图 5-6　铅酸蓄电池的充电过程

3. 铅酸蓄电池的氧循环原理

从上述充电过程可以看出，VRLA 如果持续充电过充，会将电解液中的水电解成氧气和氢气，随着持续过充，氧气和氢气越来越多，导致 VRLA 内部气压越来越大，高气压可能导致负极上的活性物质纯铅脱落，从而破坏整个充放电的化学平衡，导致 VRLA 损坏，这就是传统阀控式铅酸蓄电池需要定期加酸加水维护的原因之一。

如果在阀控式铅酸蓄电池的负极设计过量的活性物质（纯铅），正极在充电后期产生的氧气通过隔板（超细玻璃纤维）空隙扩散到负极，与负极海绵状铅发生反应变成水，使负极处于去极化状态或充电不足状态，达不到析氢过电位，所以负极不会由于充电而析出氢气，电池失水量很小，故使用期间无需加酸加水维护，克服了传统阀控式铅酸蓄电池的主要缺点。

在阀控式铅酸蓄电池中，负极起着双重作用，即在充电末期或过充电时，一方面极板中的海绵状铅与正极产生的 $O_2$ 反应而被氧化成 PbO，另一方面极板中的 $PbSO_4$ 又要接收外电路传输来的电子进行还原反应，由 $PbSO_4$ 反应成海绵状铅。其具体原理就是从正极周围析出的氧气，通过电池内循环，扩散到负极被吸收，变为固体氧化铅之后，又化合为液态的水，经历了一次大循环，如图 5-7 所示。

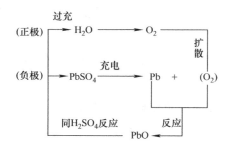

图 5-7　阀控式铅酸蓄电池的氧循环原理

# 5.3　铅酸蓄电池的技术特性

## 5.3.1　电动势与端电压

铅酸蓄电池在开路情况下，用高阻抗电压表（即没有电流通过电池）在常温下测得的正、负极板间的电位差，称为铅酸蓄电池的电动势。极板材料确定后，电动势的计算经验公式为

$$E = 0.85 + d_{15} \tag{5-7}$$

式中，$d_{15}$ 为 15℃时极板微孔内部电解液的相对密度。铅酸蓄电池静止时，极板微孔内部与容器中的电解液相对密度相同，只有 $d_{15}$ 在 $1.05 \sim 1.30$ 范围内，式（5-7）才准确。

铅酸蓄电池与外电路连接并有电流流过时，在正、负极两端测得的电压，称为端电压。

充放电过程中，由于电流方向不同，铅酸蓄电池内阻（$r$）电压降的方向也不同。放电时，端电压低于电动势；充电时，端电压高于电动势。其关系为

$$U_{放} = E - I_{放}r_{内} \tag{5-8}$$

$$U_{充} = E - I_{放}r_{内} \tag{5-9}$$

## 5.3.2  充电特性曲线

用一定的电流对铅酸蓄电池充电时，电池端电压的变化曲线称为充电特性曲线，如图 5-8 所示。

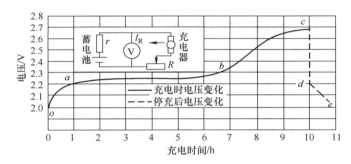

图 5-8  铅酸蓄电池的充电特性曲线

充电初期，充电电流主要用于极板活性物质的恢复，铅酸蓄电池的端电压上升很快（曲线 $oa$ 段）；充电末期，充电电流主要用于分解水，蓄电池的端电压迅速升高至 2.6V 左右（曲线 $bc$ 段）；此后，充电电流几乎完全用于分解水，电极上的气泡释出量已趋近饱和；因此，端电压稳定在 $2.6 \sim 2.7$V（曲线 $cd$ 段），此时电池充电终了。

当停止充电后，内阻电压降消失，蓄电池内各部分硫酸浓度也趋于一致，蓄电池电动势稳定在 2.06V ~ 2.07V 或 2.13V ~ 2.15V（曲线 $de$ 段）。

铅蓄电池充电过程中的端电压和充电终了的端电压与充电电流有关。若充电电流小，则内阻电压降小，因此充电过程中的端电压与充电终了的电压亦略低，反之，则略高。

## 5.3.3  放电特性曲线

充足电的铅酸蓄电池以一定的电流放电时，端电压的变化曲线称为放电特性曲线，如图 5-9 所示。

放电初期（曲线 $oa$ 段），蓄电池端电压下降很快；放电中期（曲线 $ab$ 段），蓄电池端电压下降很缓慢；放电末期（曲线 $bc$ 段），端电压又下降很快。蓄电池端电压下降到 1.8V 时，即放电终了，应立即停止放电。这时，蓄电池电动势立刻上升至 2V 左右（曲线 $ec$ 段）

曲线中的 $c$ 点为端电压急剧下降的临界点。端电压降到 1.8V（即降到 $c$ 点）时，不应立即停止放电，否则将会导致极板硫化，缩短蓄电池的寿命。

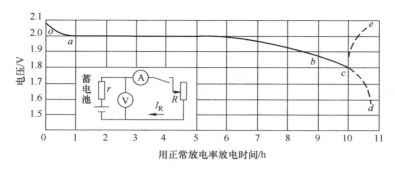

图 5-9　铅酸蓄电池的放电特性曲线

### 5.3.4　铅酸蓄电池的充、放电率

1. 放电率

铅酸蓄电池放电到终了电压的速率，称为铅酸蓄电池的放电率，通常用时间表示。如额定容量为 300A·h 的铅酸蓄电池，限定用 10h 将其电量放完，则放电速率为 10 小时率，放电电流称为 10 小时率电流，其数值为额定容量除以 10h，即

$$I_{放} = \frac{300\text{A} \cdot \text{h}}{10\text{h}} = 30\text{A}$$

通常把 10 小时率作为铅酸蓄电池的正常放电率。放电率越高，即放电电流越大，蓄电池端电压下降的速度越快。但端电压迅速下降并不表示蓄电池的电量已经放完，因为此时只有极板表面的活性物质发生了化学反应，极板深处大量的活性物质还没有发生反应，仍有电量可放出，所以大电流放电时，放电终了电压要低一些。

放电率低，即放电电流小，蓄电池端电压下降的速度慢。如不提高放电终了电压，就会使放出的容量超过额定容量，造成深度放电，导致极板硫化，甚至弯曲、断裂。

2. 充电率

铅酸蓄电池充电到终了电压的速率，称为充电率，用时间表示。通常以 10 小时率作为正常充电率，充电电流为蓄电池额定容量除以 10h。如蓄电池的额定容量为 112A·h，10 小时率充电电流为 11.2A。

充电率对铅酸蓄电池的端电压影响很大。充电率高，即充电电流大，铅酸蓄电池的端电压上升的速度很快，充电终了电压较高；反之，端电压上升速度慢，充电终了电压较低。因此，充电终了电压并不是固定的，而是随充电率变化。

### 5.3.5　铅酸蓄电池的容量及影响因素

铅酸蓄电池的容量标志着储存电量的多少，一般用安时（A·h）表示。

1. 铅酸蓄电池的容量

（1）额定容量

在规定的工作条件下，蓄电池能放出的最低电量称为额定容量。固定型铅酸蓄电池规定的工作条件为：10 小时率电流放电，电解液温度 25℃，放电终了电压 1.8V。

（2）实际容量

在特定的放电电流、电解液温度和放电终了电压等条件下，蓄电池实际上放出的电量称为实际容量。

铅酸蓄电池以恒定电流放电时，实际容量 $Q_实$ 等于放电电流 $I_放$ 和放电时间 $t_放$ 的乘积。

2. 影响铅酸电池容量的因素

铅酸蓄电池容量主要由极板上能够参加化学反应的活性物质的数量决定。但对用户而言，影响铅酸蓄电池容量的主要因素是放电电流、电解液的温度和浓度。同一铅酸蓄电池在不同放电率下放出的电量不同。放电率越高，放电电流越大，蓄电池放出的电量越小；反之，则放出的电量就大。为避免蓄电池深度放电，放电率低于正常放电率时，要适当提高放电终了电压。

阀控式密封铅酸蓄电池对温度颇为敏感，环境温度的变化对电池的使用寿命、放电容量、浮充电压都有影响。电解液的温度在 $-15 \sim +45℃$ 的范围内，温度越高，蓄电池的容量越大，常温下使用的蓄电池，一般以 $25℃$ 为标准计算容量。在 $10℃ \sim 35℃$ 范围内，温度每升高或降低 $1℃$，蓄电池的容量就约增大或减小额定容量的 0.008 倍。温度对浮充寿命的影响：温度每升高 $10℃$，电池的浮充寿命缩短一半。温度对浮充电压的影响：温度每升高 $1℃$，电池的浮充电压要下降 $3 \sim 4mV$。

电解液必须有一定的浓度才能保证电化学反应的需要。电解液还必须具有最小电阻和最快的扩散速度，才能使蓄电池有足够大的容量。电解液浓度适当时，$15℃$ 的电解液的相对密度应为 $1.20 \sim 1.30$，若高于 1.30，电解液对极板和隔板的腐蚀作用增大，会使蓄电池的容量下降、寿命缩短。

3. 固定型铅酸蓄电池的容量选择

固定通信局（站）使用铅酸蓄电池时，要根据通信设备在正常条件下所需要的总电流和当地市电的可靠情况来选择蓄电池的额定容量。蓄电池的容量应能保证在市电停电时间内，供给通信设备最大负载电流。在市电可靠的条件下，蓄电池应能保证放电 1.25h；在市电比较可靠的条件下，蓄电池应能保证放电 4h；在市电不可靠的条件下，蓄电池应能保证放电 $6 \sim 16h$。

## 5.3.6　自放电

在外电路断开时，铅酸蓄电池容量自然损失的现象，称为自放电。铅酸蓄电池自放电现象比较严重，通常每昼夜可损失额定容量的 2% 左右。电解液温度和浓度偏高或有害杂质较多时，每昼夜可损失额定容量的 $3\% \sim 5\%$。

## 5.3.7　铅酸蓄电池的效率和寿命

铅酸蓄电池的效率，通常分为容量效率和电能效率。容量效率是放出的容量与充入的容量之比，也就是放电时间和放电电流乘积与充电电流和充电时间乘积之比，即

$$\eta_{容量} = \frac{Q_放}{Q_充} \times 100\% = \frac{I_放 t_放}{I_充 t_充} \times 100\% \qquad (5-10)$$

通常，铅酸蓄电池的容量效率为 $84\% \sim 93\%$。

电能效率是放电时输出电能与充入电能之比，也就是放电电流、平均放电电压和放电时

间的乘积与充电电流、平均充电电压和充电时间乘积之比，即

$$\eta_{容量} = \frac{W_{放}}{W_{充}} \times 100\% = \frac{I_{放} v_{放} t_{放}}{I_{充} v_{充} t_{充}} \times 100\% \qquad (5\text{-}11)$$

通常，铅酸蓄电池的电能效率为 71% ~ 79%。

## 5.4 铅酸蓄电池的使用与维护

### 5.4.1 蓄电池的全浮充工作方式

1. 浮充电压

平时整流器的输出电压值为浮充电压。此时整流器供给全部负载电流，并对蓄电池组进行补充充电，使蓄电池组保持电量充足。浮充电压是指为补充自放电，使蓄电池保持完全充电状态的连续小电流充电的电压，浮充供电的整流器应在自动稳压状态工作，高频开关整流器的稳压进度可达到 ±0.6% 以内。

浮充状态下蓄电池放热，当浮充电压偏高导致浮充电流过大时，电池内产生的热量不能及时散发掉，从而使电池温度升高，这样又促使浮充电流增大。热失控是电池的浮充电流与电池温度发生积累性相互增强而使电池温度急剧升高的现象，轻则电池槽变形膨胀，重则导致电池失效。

YD/T 799—2010 中规定：蓄电池浮充电单体电压为 2.20 ~ 2.27V（25℃），不同厂家的蓄电池的浮充电压值有所不同，一般为 2.23 ~ 2.25V（25℃）。浮充电压也应进行温度补偿，一般按单体电池温度补偿系数 −3mV/℃ 来补偿。浮充电压及其温度补偿值一般在开关电源系统的监控模块中设置。

2. 蓄电池的均衡充电

在一组 VRLA 内，各电池的浮充电压应均衡。YD/T 799—2010 中规定：蓄电池组进入浮充状态 24h 后，各电池间的端电压差应不大于 90mV（蓄电池组由不多于 24 个 2V 电池串联而成）、200mV（蓄电池组由多于 24 个 2V 电池串联而成）、240mV（6V 电池）和 480mV（12V 电池）。

为使蓄电池组中所有单体电池的电压达到均衡一致的充电，称为均衡充电，简称均充。目前一般以恒压限流方式进行均衡充电，均充电压比浮充电压高。YD/T 799—2010 中规定：蓄电池均衡充电单体电压为 2.30 ~ 2.40V（25℃），这时 −48V 开关电源输出的均充电压一般为 −56.4V，+24V 开关电源输出的均充电压应为 +28.2V。均充电压也应进行温度补偿，一般按单体电池温度补偿系数 −3 ~ −7mV/℃ 来补偿。

凡遇以下情况需进行均衡充电：

1）有两只以上电池的充电电压低于 2.18V/只。

2）蓄电池搁置不用时间超过 3 个月。

3）蓄电池全浮充运行达 6 个月。

4）蓄电池放电深度超过额定容量的 20%。

达到以下三个条件之一，可以终止均充状态自动转入浮充状态：

1）蓄电池充电量不小于放出电量的 1.2 倍。

2）蓄电池充电后期充电电流小于 $0.005C_{10}$A（$C_{10}$ 为电池的额定容量）。

3）蓄电池充电后期，充电电流连续 3h 不变化。

在某些情况下，要求蓄电池尽快充足电，这时可采用快速充电，最大充电电流 $\leqslant$ $0.2C_{10}$A，充电电流过大会使蓄电池鼓胀，并影响蓄电池使用寿命。

**3. 蓄电池的恒压限流充电**

蓄电池放电后应及时充电。目前广泛采用的充电方式为恒压限流充电，即整流器以稳压限流方式运行，蓄电池组不脱离负载，进行在线充电（蓄电池组脱离负载进行充电称为离线充电），其恒压值一般为均充电压。

为了避免蓄电池遭受损坏，VRLA 的充电电流必须限制在不超过 $0.25C_{10}$A 以下，通常限制在 $0.2C_{10}$A 以下。为使蓄电池放电失去的电量及时得到补充，充电电流也不能太小。电池的充电限流是根据电池容量来设定的，一般为 $0.1C_{10}$A 左右。整流设备输出限流和电池充电限流是两个不同的功能，电池充电限流是对电池的保护，而整流设备的输出限流是对充电设备本身的保护。整流设备输出限流是当输出电流超过其设定的限流值时，整流设备就要降低其输出电压来控制输出电流的增大，达到保护整流设备不受损坏。整流器的额定输出电流值乘以 0.9 并减去负载电流，即为整流允许提供给蓄电池的充电电流，设定的整流器充电限流值应小于该值。

蓄电池补充充电的电压和电流曲线如图 5-10 所示，分为三个阶段。恒流充电阶段，充电电流基本恒定在充电限流值，此时应为蓄电池的电解液密度逐渐增大使电动势逐渐升高，所以蓄电池端电压由低到高逐渐上升，充电电压逐渐上升；到充电的中后期，当蓄电池组端电压上升至预先设定的均充电压时，整流器的输出电压保持恒定，进入恒压充电阶段，由于此时蓄电池组的端电压为恒定的均充电压值，而蓄电池的电动势继续升高，因此充电电流大致按指数规律下降；当电流降到浮充转换电流（一般为 $0.01C_{10}$A）时，待继续均充的保持时间达到预先设定的保持时间（通常可在 1~180min 范围内设置，如设为 10min），监控器就控制整流器的输出电压降为浮充电压值，自动返回浮充充电状态。

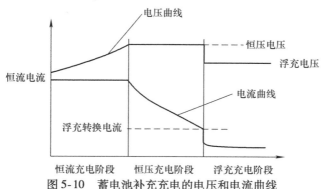

图 5-10　蓄电池补充充电的电压和电流曲线

**4. 蓄电池的放电**

放电时需注意蓄电池新旧程度不同时容量的变化规律。新蓄电池的容量要经过 3~5 次充放电，才能达到规定的容量。此后，容量会逐渐上升，增加到规定容量的 115%~130%。经过一定使用时间后，容量将下降。

放电终止时，正极板变为褐色，负极板变为深灰色，电解液比重降低 0.03~0.05，固定式蓄电池电解液比重为 1.13~1.10。

蓄电池的寿命用正极板的充放电次数表示较为妥当，通常涂膏式正极板的寿命约为 350 次充放电循环。那时，容量将降到规定容量的 75%~80%，即表示铅酸蓄电池已将到达使用终止时间。此外，大电流放电会使蓄电池寿命缩短。

铅酸蓄电池放电时需注意：

1）通常放电容量不超过相应放电率电池规定容量的 75%，不致使有效物质全部转变为硫酸铅和结晶颗粒增大，充电时易恢复。10 小时率放电终止电压可取 1.90~1.95V，最低不低于 1.8V。

2）放电过程中应按规定时间测量和记录放电电压、放电电流，并标示电池的电解液比重、温度和电池的端电压，以便发现问题，查找原因，并及时进行处理。

### 5.4.2　阀控式铅酸蓄电池的技术指标

1. 放电率电流和容量

蓄电池容量为以 $I_{10}$ 放电至终了电压 1.8V 达到的容量。放电结束时，将各单体电池端电压与厂家给出的 3 小时率标准放电曲线（原始曲线）进行对比，如图 5-11 所示，若曲线下降斜度与原始曲线基本接近，说明该电池的容量基本不变，反之则说明电池容量变化明显。因为一组电池的容量大小取决于整组中容量最小的那只电池，即标示电池的容量。因此，可以通过对标示电池单独进行容量检测来判断整组电池的容量。

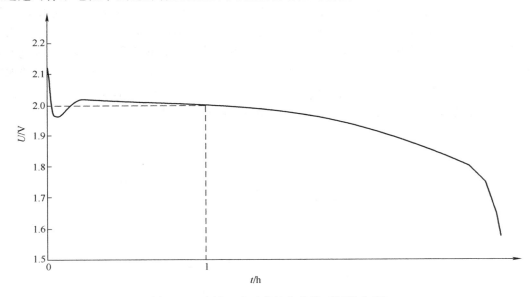

图 5-11　电池 3 小时率放电曲线（原始曲线）

依据 GB/T 13337.2—2011 标准，在 25℃环境下，蓄电池额定容量符号为：

$C_{10}$：10 小时率额定容量（A·h）。

$C_3$：3 小时率额定容量（A·h），数值为 $0.75C_{10}$。

$C_1$：1 小时率额定容量（A·h），数值为 $0.55C_{10}$。

$I_{10}$：10 小时率放电电流，数值为 $0.1C_{10}$A。

$I_3$：3 小时率放电电流，数值为 $2.5I_{10}$A。

$I_1$：1 小时率放电电流，数值为 $5.5I_{10}$A。

2. 终止电压 $U$

10 小时率蓄电池放电单体终止电压为 1.8V；3 小时率蓄电池放电单体终止电压为 1.8V；1 小时率蓄电池放电单体终止电压为 1.75V。

### 5.4.3　阀控式铅酸蓄电池的性能

1）容量。上述额定容量是指蓄电池容量的基准值，容量指在规定放电条件下蓄电池所放出的电量，小时率容量指 $N$ 小时率额定容量的数值，用 $C_N$ 表示。

2）最大放电电流。在蓄电池外观无明显变形、导电部件不熔断条件下，蓄电池所能承受的最大放电电流。

3）耐过充电能力。完全充电后的蓄电池能承受的过充电的能力。

4）容量保存率。蓄电池达到完全充电之后静置数十天，由保存前后容量计算出的百分数。

5）密封反应性能。在规定的试验条件下，蓄电池在完全充电状态每小时放出气体的量。

6）安全阀动作。为了防止因蓄电池内压异常升高损坏壳体而设定了开阀压，为了防止外部气体自安全阀侵入、影响电池循环寿命设定了闭阀压。

7）防爆性能。在规定的试验条件下，遇到蓄电池外部明火时，在蓄电池内部不引燃、不引爆。

8）防酸雾性能。在规定的试验条件下，蓄电池在充电过程中，内部产生的酸雾被抑制向外部泄放的性能。

### 5.4.4　阀控式铅酸蓄电池的运行环境及安装注意事项

1. 运行环境

作为备用电源，阀控式铅酸蓄电池平时都处在浮充状态，电池内部仍进行着复杂的能量转换，引起电池的发热，所以要求电池所处的环境应有良好的通风散热能力或空调设备。对于充电设备要求有稳定的直流输出，特别是交流波纹电流要小，否则会使电池温度升高和正极板栅受损。

2. 安装注意事项

在安装和使用阀控式铅酸蓄电池之前，首先应仔细阅读产品说明书，按要求进行安装和使用。通常应注意以下几点：

1）安装方案应考虑地点条件，如地面荷重、通风环境、阳光照射、腐蚀和有机溶剂、机房布局、维修方便、系统电压和容量要求等。

2）安装时新旧蓄电池在没有处理之前一般不能混用，不同类型的电池或不同容量的电池绝不可混合使用。

3）电池均为 100% 荷电出厂，必须小心操作，切忌短路；安装时应采用绝缘工具，戴绝缘手套，防止电击。

4）电池在安装使用前，应在 0～35℃ 环境下存放，储存期限为 3 个月，若超过 3 个月，就要以 2.35V/只～2.40V/只（25℃）的电压对电池进行补充电。

5）按规定的串并联线路连接列间、层间、面板端子的电池连线。在安装末端连接件和整个电源系统导通前，应认真检查正、负极性及测量系统电压。并注意在符合设计横截面积的前提下，引出线应尽可能短，以减少大电流放电时的电压降；两组以上电池并联时，每组电池至负载的电缆线最好等长，以利于电池充放电时各组电池电流均衡。

6）电池连接时，螺栓必须紧固，但也要防止拧紧力过大而使极柱嵌铜件损坏。

7）安装结束时应再次检查系统电压和电池正、负极方向，以确保电池安装正确。

8）可用肥皂水浸湿软布清洁电池壳、盖、面板和连接线，不能用有机溶剂清洗，以免腐蚀电池壳盖及其他部件。

### 5.4.5　阀控式铅酸蓄电池的维护和管理

（1）VRLA 需经常检查的项目

1）蓄电池的总电压、充电电流及各电池的浮充电压。

2）蓄电池连接条有无松动、腐蚀现象。

3）蓄电池壳体有无渗漏和变形。

4）蓄电池的极柱、安全阀周围是否有酸雾溢出。

（2）一些常用的维护数据

VRLA 应按照产品说明书进行维护，按规定的技术指标保持其良好的运用状态。

1）蓄电池使用温度为 25℃（5～35℃）。

2）蓄电池的浮充电压为 2.23V（2.18～2.28V）。

3）蓄电池的浮充电流为 $0.001C_{10}$ 以下。

4）蓄电池的均充电压为 2.35～2.0V。

5）蓄电池的补充电为 $0.5C_{10}$ 以下。

6）蓄电池在进行补充电和放电测试时，其容量在 95% 以上方可投入使用。

（3）维护和清理

1）蓄电池储存期间每 3 个月内至少进行 1 次补充电。

2）蓄电池应每天检查整组浮充电压。

3）每月检查单个电池的浮充电压及温度。

4）每年检查 1 次电池的连接线和紧固螺栓。

5）蓄电池的外壳应经常保持干燥、清洁。

6）发现蓄电池浮充电压低于 2.18V 及变形、漏液等现象，应及时处理或与厂家联系进行修理。

7）充电器的限流点应随负载、电池容量变化及时调整。

8）充电器至少每季或每月检查谐波电压 1 次。

（4）VRLA 的充放电

1）通常采用恒流限压法对蓄电池充放电，即以 $0.1C_{10}$A 的电流，限压 2.35W/只（浮充运行的电池放电后以浮充电压值限压）对电池进行充电，电池达到限压值后转为恒压充电 15～20h 结束，特殊情况采用快速充电法，充电电流一般不超过 $0.15C_{10}$A。

2）放电后电池充足所需时间随放电容量及初始充电电流的不同而变化，如蓄电池经 10

小时率放电、放电深度 50% 和 100% 电池用 $0.1C_{10}A$ 电流限压 2.23V 进行充电，完全放电后的电池充电 24h 后，充入电量可达 100% 以上。

3）如遇下列情况之一也应对电池进行均衡充电：浮充电压有落后，2 只电池电压低于 2.17V；放出 20% 以上的额定容量；电池搁置停用时间超出 3 个月。

（5）浮充运行

浮充运行是电池的最佳运行条件，此时电池一直处于满负荷状态，在此条件下电池将有最长的使用寿命，浮充电压一般按厂家要求设置。浮充运行充电电压应随环境温度变化做相应的调整，若无空调环境，与蓄电池组并联使用的整流器应具有温度补偿电压恒流充电功能。如南都电池温度补偿系数为 3mV/℃。充电时单体电池电压不低于 2.18V，且平均电压为 ±5mV 之内。

（6）VRLA 的集中监控

通信站的 UPS 设备要求不间断地监视蓄电池状态，以提高其可靠性和安全性。监控系统应能记录和分析所用 VRLA 的有关参数，如浮充状态、放电电压、波纹电流、蓄电池温度等。为了能反映 VRLA 的"健康状况"，需要测试其当前实际状况并与起初情况或一些标准参数做比较。一般由浮充状况和放电状况来反映蓄电池的技术情况。

目前使用的开关电源一般都提供集中监控功能，另外还有专门监测电池浮充电压的监测设备，统一由计算机集中监控，任何异常情况都能通过计算机或其他监测设备查出。

## 5.5  磷酸铁锂蓄电池

虽然 VRLA 在通信电源系统中广泛使用，但仍然存在以下不足：

1）高温使蓄电池寿命缩短。环境温度每升高 10℃，蓄电池寿命将缩短 50%。只有给蓄电池配置空调才能确保电池的寿命不受环境温度影响，但系统成本很高。

2）频繁停电造成蓄电池寿命过短。从多个地区的使用情况看，边际网 UPS 系统故障的一个重要因素是停电过于频繁造成蓄电池容量迅速下降。如云南某地电网环境为平均每周停电 2~3 次，每次 4~10h，系统经常由于放电至保护电压而停机。在此环境下，原配置 8h 的蓄电池约使用半年后容量即下降到只能支持 20~60min。

3）无法准确预测容量。监控中心可以看到蓄电池参数，但无法判断蓄电池的健康状态、容量数据等，埋下了安全隐患。

另一方面，通信网络设备的发展出现了三大变化。设备功耗变化，通信接入设备向小型化/分散化发展；后备时间变化，长时间备电向短时备电转变；维护要求的变化，电池纳入监控。通信网络设备的上述发展变化对后备电源提出了新的要求：

1）小型化、环境适应好。要求电池体积更小、重量更轻；要求电池可户外使用；要求电池可用于恶劣电网环境。

2）高倍率放电。要求电池可以高倍率放电。

3）智能管理。要求电池可以智能化管理，准确监视容量。

1990 年，索尼公司率先在实验室推出了以 $LiCoO_2$ 为正极材料的锂离子电池，并于 1991 年开始产业化生产。与传统的铅酸蓄电池相比，锂离子电池在工作电压、能量密度、循环寿命等方面都具有显著优势。锂离子电池被广泛应用于便携电子设备、电动工具等领域。近几年，随着全球对节能减排的关注，锂离子电池也逐渐被应用于通信、电网以及电动汽车等多个领域。对于通信电源行业节能减排来说，要求蓄电池体积更小、重量更轻、寿命更长、更耐高温、维护更容易、性能更稳定、更环保等，为了顺应这些需求，锂离子电池正逐渐向大容量电池方向转变，通信用磷酸铁锂电池应运而生。

### 5.5.1　磷酸铁锂电池的结构与工作原理

1. 锂电池的结构

锂电池内部主要由正极、负极、电解质及隔膜组成。

1）正极是含金属锂的化合物，一般为锂铁磷酸盐，如磷酸铁锂（$LiFePO_4$），磷酸钴锂（$LiCoO_2$）等。

2）负极是石墨或炭，一般多用石墨。

3）电解质是一种有机溶剂电解液，大部分是六氟磷酸锂（$LiPF_6$）加上有机溶剂配成。一般锂电池的电解质是液态的，其结构如图 5-12 所示，后来又开发出固态及凝胶型聚合物电解质，称这种锂离子电池为聚合物锂电池，其性能优于液体电解质的锂电池，结构如图 5-13 所示。

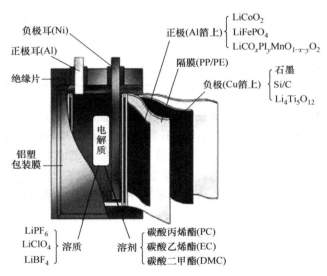

图 5-12　液态锂电池的结构

4）隔膜是一种特殊的复合膜，它的功能是隔离正、负极，阻止电子穿过，同时能够允许锂离子通过，从而完成在电化学充放电过程中锂离子在正、负极之间的快速传输。目前主要用聚乙烯（PE）或聚丙烯（PP）做孔膜。

正、负极及电解质材料的不同及工艺上的差异使锂电池具有不同的性能，以及不同的名称。目前市场上的锂离子电池正极材料主要是氧化钴锂（$LiCoO_2$），另外还有少数采用氧化锰锂（$LiMn_2O_4$）及氧化镍锂（$LiNiO_2$）作为正极材料的锂电池，一般将后两种正极材料的锂电池称为锂锰电池、锂镍电池。新开发的磷酸铁锂动力电池是用磷酸铁锂（$LiFePO_4$）材料作为电池正极的锂电池，它是锂电池家族的新成员。

磷酸铁锂（$LiFePO_4$，简称 LFP，也称锂铁磷）电池是指用磷酸铁锂作为正极材料的锂离子电池。它具有以下特点：物理结构为橄榄石结构；不含贵重元素，原材料价格低廉且存储量大；无污染、环保好。

2. 磷酸铁锂电池的工作原理

LiFePO$_4$电池的内部结构如图 5-14 所示。左边是橄榄石结构的 LiFePO$_4$ 作为电池的正极，由铝箔与电池正极连接；中间是聚合物隔膜，它将正极与负极隔开，只有锂离子 Li$^+$ 可以通过而电子 e$^-$ 不能通过；右边是由碳（石墨）组成的电池负极，由铜箔与电池的负极连接。电池的上、下端之间是电池的电解质，电池由金属外壳密闭封装。LiFePO$_4$ 电池的工作原理如图 5-15 所示。

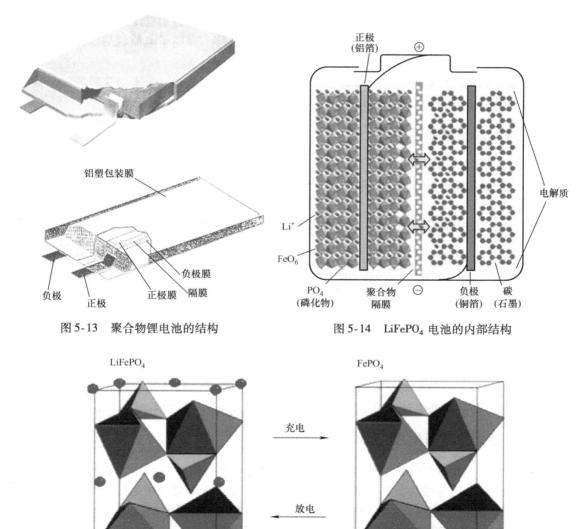

图 5-13　聚合物锂电池的结构　　　　　　图 5-14　LiFePO$_4$ 电池的内部结构

图 5-15　LiFePO$_4$电池的工作原理

磷酸铁锂电池充电时，在充电电源的作用下，电池内电流从正极流向负极，此时正极中的锂离子 $Li^+$ 从磷酸铁锂的晶格中脱出，经电解质这一桥梁，通过聚合物隔膜向负极迁移，嵌入石墨负极碳层的微孔中，锂离子从磷酸铁锂脱嵌后，磷酸铁锂转化成磷酸铁。

磷酸铁锂电池放电时，电池内电流从负极流向正极，此时负极中的锂离子 $Li^+$ 从负极石墨碳层微孔中脱出，经电解质这一桥梁，通过聚合物隔膜向正极迁移，并嵌入正极材料的晶格中。

$$LiFePO_4 - xLi^+ - xe^- \xrightarrow{充电} xFePO_4 + (1-x) \, LiFePO_4 \tag{5-12}$$

$$FePO_4 + xLi^+ + xe^- \xrightarrow{放电} xLiFePO_4 + (1-x) \, LiFePO_4 \tag{5-13}$$

回到正极的锂离子越多，放电容量就越高，平时所指的电池容量就是放电容量。这样在电池充放电过程中，锂离子不断地在正、负极之间来回迁移。锂离子电池就是因锂离子在充放电时来回迁移而命名的。

磷酸铁锂的导电性差，石墨的导电性虽然好以下，但仍需改善。未来解决磷酸铁锂蓄电池正、负极的导电性问题，必须在电池的正、负极中加入导电剂。

### 5.5.2　磷酸铁锂电池的特点

1）高能量密度。体积减小 25% ~ 30%，重量减少 30% ~ 50%。一般而言，磷酸铁锂电池大约是铅酸蓄电池体积的 2/3，重量是铅酸电池的 1/3。

2）长寿命。磷酸铁锂电池 1C 常温循环寿命 2000 次，剩余容量 90%；1C 高温（60℃）循环 1500 次，剩余容量 80%。而长寿命铅酸电池的循环寿命在 300 次左右，最高也就 500 次。

3）出色的高温性能。磷酸铁锂电池高温情况下可放出 100% 容量。

4）高倍率放电。磷酸铁锂电池可适用于短时大电流备用电源的应用场景。

5）快速充电。磷酸铁锂电池能量转化效率高，可以在 5h 内完成充电，可部分代替油机用于维护。

6）安全可靠。磷酸铁锂电池的安全来自于正极材料的稳定性及可靠的安全性设计，过充不爆炸。

7）性价比高。综合成本，磷酸铁锂电池更具备竞争力（与其他锂电池相比）。

8）环保。磷酸铁锂电池无重金属原料，生产过程及电池本身均不对环境造成危害。

### 5.5.3　产品规格及通信应用

通信行业用阀控式铅酸蓄电池常用的电压等级有 2V 和 12V，与直流开关电源系统配套使用的蓄电池组电压等级为 24V、48V，与 UPS 交流电源系统配套使用的蓄电池组电压等级为 24V、36V、48V、96V、240V、384V 等。常用的蓄电池组容量等级从 25A·h、65A·h、100A·h、150A·h、200A·h、500A·h、1000A·h 不等。

1. 单体电压

磷酸铁锂电池单体标称电压为 3.2V，充满电后静置 15min，开路电压约为 3.3V；放电性能好，放电时端电压大部分时间在 3.2 ~ 3.0V 范围内平缓变化，3.0V 以下电压下降较快，放电终止电压为 2.0V。

**2. 容量**

YD/T 2344.2—2015《通信用磷酸铁锂电池组 第2部分：分立式电池组》中规定，单体电池的标称容量是在（25±5）℃条件下用 $I_{10}$ 电流放电至终止电压 2.7V 应能放出的电量，用 $C_{10}$ 表示。磷酸铁锂电池的实际容量受放电电流大小的影响小，适合大电流放电；但在低温时实际容量明显减少。

为满足通信行业需求，磷酸铁锂电池产品主要有 12V、48V 模块两种类型，容量等级为 50A·h、100A·h、150A·h、200A·h、300A·h 等，电池模块通过单体电池串、并联，可以形成多种电压等级、多种容量的电池组，满足开关电源和 UPS 备用电源的各种需求。通过将 12V 或 48V 电池模块进行串联组合，可以形成 240V、336V、384V 电池组，满足 UPS 交流电源系统、240V/336V 高压直流电源系统（HVDC）的备用电源需求，如图 5-16 所示。

a) 12V磷酸铁锂电池　　　　b) 48V磷酸铁锂电池　　　　c) 384V UPS用磷酸铁锂电池

图 5-16　磷酸铁锂电池

**3. 充放电要求**

YD/T 2344.2—2015 中规定：单体电池的均充电压为 3.50~3.60V，一般默认值为 3.55V；浮充电压为 3.40~3.50V，一般默认值为 3.4V；电池组的充电电压应不大于 57V，充电电流应小于 $10I_{10}$，放电电流应小于 $30I_{10}$。

与铅酸蓄电池一样，磷酸铁锂电池的均充方式也是恒压限流，即恒流恒压充电。通常采用的恒流充电的电流值为 1.0~$2.5I_{10}$。在环境温度 25℃ 下，处于恒压充电阶段的充电电流源不大于 $0.05I_{10}$ 时，可判定为完全充满电。电池组充满电再以浮充电压充电 24h 后，其浮充状态下的充电电流应不大于 100mA。

**4. 性能一致性要求**

YD/T 2344.2—2015 中规定：通信用磷酸铁锂电池组内各电池应为生产厂家相同、结构相同、化学成分相同的产品，且符合下列要求：

1）电池组完全充满电后静置 0.5~2h，各电池之间静态开路电压最大值与最小值的差值应不大于 0.20V。

2）电池组进入浮充状态 24h 后，各电池之间的端电压差应不大于 0.20V。

3）电池组完全充满电后，以 10 小时率电流放电至单体电池电压 2.7V 时，各电池之间端电压差应不大于 0.30V。

4）电池组内各电池之间容量的最大值、最小值的差值和平均值的比，应不大于 3%。

5）电池组内完全充后各电池之间内阻的最大值、最小值与平均值的差值和平均值的比，应不超过 ±15%。

**5. 电池管理系统**

电池组的基本结构如图 5-17 所示，主要包括电池模块和电池管理系统（battery management system，BMS）。电池管理系统是为用户提供相关信息的电路系统的总称，主要用于对蓄电池充电过程和放电过程进行管理，提高蓄电池的使用寿命，一般由监测、保护电路、电气、通信接口、热管理装置等组成，其基本功能是智能充电管理、电池平衡管理、智能间歇式充放电管理、热系统管理和通信管理。

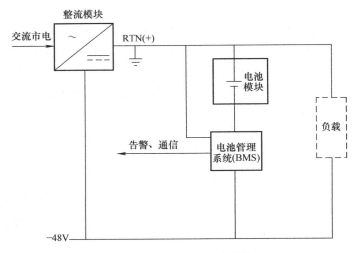

图 5-17  电池组的基本结构

**6. 寿命**

YD/T 2344.2—2015 中规定：通信用磷酸铁锂电池组在环境温度（25±5）℃的条件下，浮充寿命应不小于 10 年。

通信用磷酸铁锂电池组在接入 BMS 的条件下，环境温度 25℃，100% 深度放电循环寿命应不少于 850 次；环境温度 40℃，100% 深度放电循环寿命应不少于 700 次。

# 小结

1）蓄电池是通信电源系统中直流供电系统的重要组成部分。在市电正常时，蓄电池与整流器并联运行，起平滑滤波作用；当市电异常或在整流器不工作的情况下，则由蓄电池单独供电，担负起对全部负载供电的任务，起到备用电源的作用。

2）铅酸蓄电池的主要部件有正负极板、电解液、隔板、极柱、壳体和其他一些零件，如端子、连接件及安全栓等。

3）铅酸蓄电池的特性参数主要有电动势、端电压、充电率、放电率、容量、容量效率和电能效率。

4）铅酸蓄电池的充、放电注意事项。

5）阀控式铅酸蓄电池的结构、原理、性能参数及维护保养。

6）锂电池内部主要由正极、负极、电解质及隔膜组成。其正极是含金属锂的化合物，负极是石墨或碳（一般多用石墨）。

7）在锂电池充放电过程中，锂离子不断地在正、负极之间来回迁移。锂离子电池就是因锂离子在充放电时来回迁移而命名的。

 思 考 题

1. 铅酸蓄电池的组成有哪些？

2. 铅酸蓄电池的电化学反应原理是什么？并说明正、负极板上主要物质的变化情况。

3. 什么是铅酸蓄电池的额定容量？

4. 影响铅酸蓄电池容量的因素有哪些？

5. 什么是浮充电压？什么是均充电压？如何确定电池的浮充电压和均充电压？

6. 什么条件下需要均充？均充电压如何设置？什么条件下结束均充？

7. 阀控式铅酸蓄电池对运行环境有什么要求？

8. 铅酸蓄电池恒压限流充电过程中电压和电流分别如何变化？

9. 简述磷酸铁锂电池的结构和工作原理。

10. 简述磷酸铁锂电池的性能特点。

# 第6章

# UPS

UPS 即不间断电源,是一种含有储能(常用蓄电池)、并以逆变器为核心组成部分的恒压恒频的电源设备,是在市电断电或发生异常等电网故障时不间断地为用户设备提供交流电能的一种能量转换装置。UPS 的主要功能给服务器、计算机、计算机网络系统或其他电力、电子设备提供不间断的交流电力供应,广泛应用于数据中心、银行、医疗、邮电、国防、工业控制、机要机关等领域。在通信中,UPS 的具体使用对象是自动化转报、编译码器、卫星通信、数据传输以及无线收发台、长途台自动计费和程控交换设备等。当前,在数据中心电源供电系统中 UPS 占据核心地位,主要通过多级 UPS 系统给服务器供电。

## 6.1 概述

目前市电存在以下问题:

1)市电中断。市电中断通常是指市电输出零电压,并持续两个周期以上。市电中断的原因主要有配电断路器跳闸、供电回路短路、电源设备故障等。

2)电压浪涌。电压高于110%额定值且持续一个或多个周波称为电压浪涌。大功率用电设备的退出或者电网受雷击干扰均可能造成电压浪涌。

3)电压波形下陷。电源电压低于80%~85%额定值且持续一个或多个周波称为电压波形下陷,通常是由大功率用电设备的启动冲击造成。

4)高压尖脉冲。高压尖脉冲由闪电、电子开关、电焊设备、静电放电等原因造成,高压脉冲峰值电压可高达6000V,持续时间一般为0.5~5个周波。

5)谐波干扰。谐波干扰由整流设备、电动机、继电器、通信设备、电焊机等产生。

6)频率漂移。频率漂移是指电源的频率不能稳定在额定值,而是在额定值附近波动。企业备用发电机组和小型水电站输出的交流电源经常会出现频率漂移的现象。

7)持续高低压。电网持续高压或者持续低压主要是由于电网变压器或者电力线路容量有限,且电网变压器性能不佳,电网负荷过大或者是电网负荷过小的原因造成。

一些精密的设备,如数据库设备、通信设备、医疗设备等,对供电电源要求比较高,假如出现上述问题会造成数据丢失、控制混乱甚至系统瘫痪的现象。而用 UPS 处理后的电源可以完全隔离上述各种市电对于设备的干扰。

## 6.1.1　UPS 的基本组成

UPS 的基本构成框图如图 6-1 所示。各部分的主要功能如下：

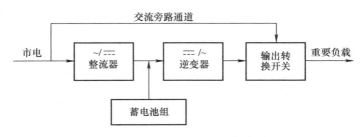

图 6-1　UPS 的基本构成框图

整流器：将输入交流电变成直流电。

逆变器：将直流电变成 50Hz 交流电（正弦波或方波）供给负载。

蓄电池组：市电正常时处于浮充状态，由整流器（充电器）为其补充充电，使之储存的电量充足；当市电停电时（或市电超出允许变化范围时），蓄电池组向逆变器供电。蓄电池组用以保证市电停电后 UPS 不间断地向负载供电至需要的备用时间。

输出转换开关：进行由逆变器向负载供电或由市电向负载供电的自动转换。其结构有带触点的开关（如继电器或接触器）和无触点的开关（一般用晶闸管）两类。后者没有机械动作，因此通常称为静态开关。

## 6.1.2　UPS 的分类

UPS 根据系统运行方式及电路结构，可分为后备式和在线式（含在线互动式、三端式和双变换在线式）。

1. 后备式

如图 6-2 所示，后备式是静止式 UPS 的最初形式，应用广泛，技术成熟，一般只用于小功率供电的范围。后备式是相对在线式而言，区分方法是看逆变器是否工作。低通滤波器用来抑制高频干扰。当交流输入电源正常时，UPS 只是将输入电源过滤后输出，同时通过充电器为电池充电；交流输入电源中断后，UPS 切换为电池和逆变器电路供电。逆变器只有在交流输入电源中断后才开始工作。

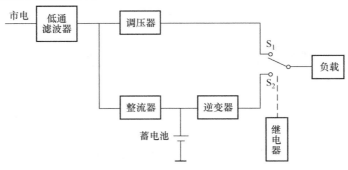

图 6-2　后备式 UPS

后备式 UPS 单机输出容量在 $3kV \cdot A$ 以下，一般为 $0.25 \sim 1kV \cdot A$，电压为 $165 \sim 270V$，向用户提供经变压器抽头调压处理过的一般市电；电压超过 $165 \sim 270V$ 时，向用户提供具有稳压输出特性的 $50Hz$ 方波电源；体积小、效率高（98% 以上）、结构简单、价格低廉、噪声低，但绝大部分时间，负载得到的是稍加稳压处理过的"低质量"正弦波电源，且切换时间相对较长（$4 \sim 10ms$）。

2. 在线互动式

如图 6-3 所示，在线互动式是指逆变器处于热备份状态，同时兼顾了对电池充电的功能，减少了市电掉电时的转换时间。一般用于较小功率的负载。在线互动式 UPS 采用双向逆变器。交流输入电源正常时，逆变器反向工作给电池充电，负载得到的是一路稳压精度很差的市电电源；停电时输入开关断开，逆变器/充电器模块将从原来的充电工作方式转入逆变工作方式，这时由蓄电池提供直流能量，经逆变、正弦波脉宽调制向负载送出稳定的正弦波交变电源。在线互动式具有以下特点：电路简单、价格低廉、可靠性高、效率高、过载能力强，可实现分段稳压，但稳压精度很差，掉电时存在转换时间。

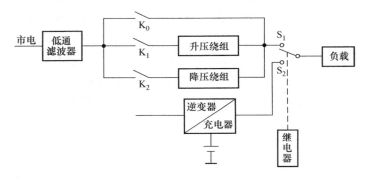

图 6-3　在线互动式 UPS

3. 三端式

三端式又称单变换式，如图 6-4 所示。其电路为双磁分路结构，每个一次绕组和二次绕组都有一个磁分路，并联电容可与每一个磁路组成 $LC$ 谐振回路，当达到谐振点时，构成饱和电感，使二次绕组工作于饱和区，若一次绕组输入电压变化时，二次绕组输出电压恒定不变，实现了稳压的目的。

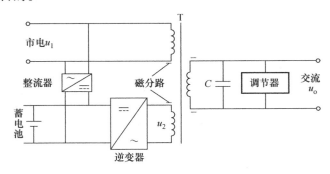

图 6-4　三端式（单变换式）UPS

4. 双变换在线式

如图 6-5 所示，双变换在线式 UPS 的工作原理为无论市电是否停电，均由逆变器经相应的静态开关向负载供电。有市电时，整流器向逆变器供给直流电，并由整流器或另设的充电器对蓄电池组补充充电；当市电停电时，蓄电池组放电向逆变器供给直流电。双变换在线式电路具有以下特点：

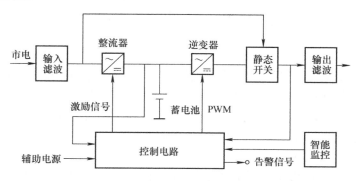

图 6-5　双变换在线式 UPS

1）在市电质量较好时，逆变器的输出频率跟踪市电频率，一旦逆变器过载或出现故障，机内的检测控制电路使静态开关迅速切换为由市电旁路供电；逆变器恢复正常后，静态开关又切换为由逆变器供电。由于逆变器与市电锁相同步，因此二者能实现安全、平滑地快速切换（切换时间不超过 4ms，甚至不超过 1ms）。静态开关是由晶闸管组成的交流开关，开关速度很快。

2）逆变器输出标准正弦波，输出电压、频率稳定，可以彻底消除市电电压波动、频率波动、波形畸变以及来自电网的电磁干扰对负载的不利影响，供电质量高。

3）输出功率经整流器和逆变器两级变换产生（串级运行），设备的体积较大，效率较低（为两级效率相乘）。

## 6.1.3　发展趋势

1. 智能化

智能化 UPS 的硬件部分由 UPS 内部的微处理器和微机组成。UPS 用多个有独立供应电源的微处理器控制整流器逆变器和内部静态旁路，因而提高了系统的数字化程度和可靠性。微机通过对各类信息的分析综合，完成 UPS 正常的控制功能。智能化 UPS 应具有以下功能：

1）能对 UPS 实现实时监测和重要数据的分析处理，从中判定各部分电路工作是否正常。

2）UPS 发生故障时，能根据监测结果的及时分析，诊断出故障部位，并给出处理方法。

3）UPS 发生故障时，能根据现场需要及时采取必要的自身应急保护措施，以防故障面扩大。

4）能根据不同电池的要求，采用不同的方式对电池充电。

5）UPS 运行出现异常或发生故障时，能够实时自动记录有关信息，显示监测的数据，并形成档案，供工程技术人员查阅。

6）用程序控制 UPS 启动或停止，实现无人值守。

7）可以随时向计算机输入或从联网机获取信息。

2. 高频化

第 1 代 UPS 的功率开关为晶闸管，第 2 代 UPS 的功率开关为功率晶体管，第 3 代 UPS 的功率开关为功率场效应控器件（MOSFET 和 IGHT）。功率晶体管开关速度比晶闸管高 1 个数量级，场效应晶体管（MOSFET）的开关速度比功率晶体管又高 1 个数量级。变换电路频率的提高，使滤波电感和电容大大减小，UPS 效率、动态响应特性和精度显著提高，体积和噪声也明显减小。

3. 绿色化

各种用电设备及电源装置产生的谐波电流及滞后电流严重污染电网，随着各种政策法规的出台，对无污染的绿色电源装置的需求呼声越来越高。UPS 电源除加装高效输入滤波器外，还应在电网输入端采用功率因数校正技术，消除整流滤波电路产生的谐波电流，使 UPS 的输入功率因数达到 0.98 以上，从而降低了电源装置的污染。

4. 引用不同的包装技术

包装技术是散热和 EMC 处理等技术的统称。如何利用好的包装技术来降低发热及 EMI、RFI 的干扰一直是高功率密度电源的重要研究课题。UPS 小型化的需求同样推动着 UPS 设计、包装技术的不断提升。为此，半导体器件相应地推出了多种表面组装技术的开关元件。

## 6.2 在线式 UPS

### 6.2.1 在线式 UPS 的工作原理

在线式 UPS 的系统框图如图 6-6 所示，由整流滤波电路、逆变器、输出变压器及滤波器、静态开关、充电电路、蓄电池组和控制、检测、显示、告警及保护电路组成。其输出电压波形通常为标准正弦波。

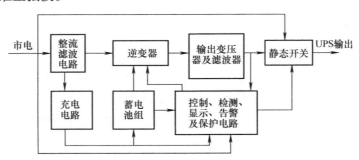

图 6-6　在线式 UPS 的系统框图

市电正常时，输入电压经整流滤波电路后，给逆变器供电，逆变器输出再经过输出变压器及滤波器后将 SPWM 波形变换成标准正弦波。同时，整流电压经充电电路给蓄电池组补充能量。在这种工作状态下，市电经整流滤波电路、逆变器及静态开关给负载供电，并由逆变器完成稳压和频率跟踪功能。

当市电出现故障（中断、电压过高或过低）时，UPS 工作在后备状态，此时，逆变器将蓄电池组的电压转换成交流电压，并通过静态开关输出到负载。

市电正常但逆变器出现故障或输出过载时，UPS 工作在旁路状态。静态开关切换到市电端，由市电直接给负载供电。如果静态开关的转换因逆变器故障引起，UPS 将发出告警信号；如果因过载引起静态开关转换，过载消失后，静态开关将重新切换到逆变器端。

控制、检测、显示、告警及保护电路提供逆变、充电、静态开关转换所需的控制信号，并显示出各自的工作状态，当 UPS 出现过电压、过电流、短路、过热时，及时告警并同时提供相应保护。如负载发生短路时，保护电路很快关断逆变器，使其免受损害，同时静态开关也不转换到市电；短路消失后，逆变器重新启动，恢复供电。

在线式 UPS 无论市电是否正常，都由逆变器供电，所以市电故障瞬间，UPS 的输出不会间断。另外，由于在线式 UPS 加有输入 EMC 滤波器和输出滤波器，所以来自电网的干扰得到很大衰减；同时因逆变器具有很强的稳压功能，所以在线式 UPS 能给负载提供干扰小、稳压精度高的电压。

## 6.2.2　在线式 UPS 部分电路原理

1. 在线式 UPS 的充电电路

在线式 UPS 一般采用分级充电电路，充电初期采用恒流充电，当蓄电池端电压达到浮充电压后，立即转为恒压充电。

小型在线式 UPS 的充电电路如图 6-7 所示。

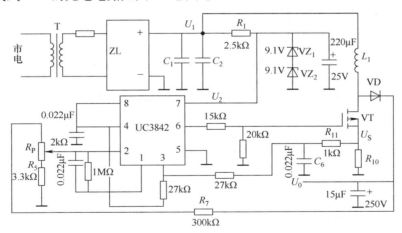

图 6-7　小型在线式 UPS 的充电电路

变压器将电网电压由 220V 降到 110V，经整流滤波后变成 140V 的直流电压 $U_1$，该电压经 $R_1$ 降压和 $VZ_1$、$VZ_2$ 稳压后，得到 18V 电压 $U_2$，加到 UC3842 的 7 端，作为辅助电源。$U_1$ 经电感 $L_1$ 后加到场效应晶体管的漏极。由场效应晶体管 VT、电感 $L_1$、二极管 VD 和电容组成升压（BOOST）变换器，当组件 UC3842 的 6 端输出正方波脉冲时，场效应管 VT 导通，电压 $U_1$ 几乎都加在电感 $L_1$ 上，电流 $I_{L1}$ 等于漏极电流 $I_D$，当正脉冲消失后，在该脉冲的后沿产生反电动势，即

$$\Delta u = L_1 \cdot \frac{\Delta I_D}{\Delta t} \tag{6-1}$$

式中，$\Delta u$ 为瞬时反电动势；$\Delta t$ 为脉冲下降时间。

该反电动势与整流电压 $U_1$ 相叠加，因此 VD 的充电电压 $U$ 为

$$U_0 = U_1 + \Delta u \tag{6-2}$$

这样，蓄电池组就得到了足够的充电电压幅值，因为 $\Delta t$ 和 $\Delta I_D$ 由电路参数决定，所以充电电压幅值固定不变。蓄电池组的端电压升高到设定值后，端电压经 VD、$R_7$ 送到 $R_P$ 和 $R_5$ 组成的分压器上，经分压后的反馈信号送到 UC3842 的输入端 2，使 6 端输出脉冲的频率降低，充电脉冲的平均值减小，充电电压稳定不变。

电流采样信号由 VT 源极上的 $R_{10}$ 取得。充电电流增大时，由于相应的频率增加，VT 开关频率增加，漏源电流 $I_{DS}$ 在 $R_{10}$ 两端降压，使 $U_S$ 增大。$U_S$ 经 $R_{11}$、$C_6$ 平滑后送到 UC3842 的 3 端，使 6 端输出脉冲的频率下降，从而使充电电流稳定。

图 6-7 充电电路实际上是一个具有限流稳压功能的开关电源，只要正确设定额定电压、浮充电压和恒流充电电流，就能使蓄电池组沿理想的充电曲线充电，从而延长蓄电池的寿命。

2. 在线式 UPS 的逆变器电路

（1）正弦脉宽调制技术

正弦脉宽调制是根据能量等效原理发展起来的一种脉宽调制法，其能源等效图如图 6-8 所示。

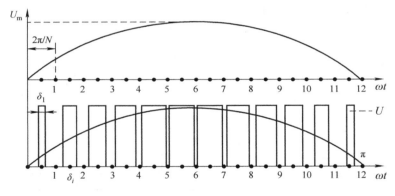

图 6-8  正弦脉宽调制的能量等效图

为了得到接近正弦波的脉宽调制波形，可将正弦波的 1 个周期分成 $N$ 等份（$N$ 为偶数），每一等份的脉宽都是 $2\pi/N$。在每个特定的时间间隔中，用脉冲幅值都等于 $U_{\Delta m}$、脉宽与相应正弦波所包含的面积相等（或成比例）的矩形电压脉冲来代替正弦波电压。这样，$N$ 个宽度不等的脉冲就组成了一个与正弦波等效的脉宽调制波形。假设正弦波的幅值为 $U_m$，等效矩形脉冲的幅值为 $U_{\Delta m}$，则各等效矩形脉冲波的宽度 $\delta$ 为

$$\delta = \frac{1}{U_{\Delta m}} \int_{2\pi(i-1)/N}^{2\pi/n} U_m \sin\theta \mathrm{d}\theta$$

$$= \frac{U_m}{U_{\Delta m}}\left[\cos\frac{2\pi(i-1)}{N} - \cos\frac{2\pi}{N}\right] = 2\frac{U_m}{U_{\Delta m}}\sin\beta_i \sin\frac{\pi}{N} \tag{6-3}$$

式中，$\beta_i$ 为各时间间隔分段的中心角，也就是各等效脉冲的中心角，$\beta_i = \frac{2\pi i}{N} - \frac{\pi}{N}$，$i = 1$，2，

3，…，$N$。

式（6-3）表明，由能量等效法得出的等效脉冲宽度 $\delta$ 与分段中心角 $\beta_i$ 的正弦值成正比。

小型 UPS 常用的正弦脉宽调制电路如图 6-9 所示。三角波电压加到比较器的反相端（－），正弦波电压加到比较器的同相端（＋）。当正弦波电压幅值大于三角波的电压时，比较器输出正脉冲。该脉冲的脉宽等于正弦波电压大于三角波电压的时间。假设三角波的频率 $f_\Delta$ 与正弦波的频率 $f$ 之比为 $f_\Delta/f=N$（$N$ 称为载波比），为了使输出方波满足奇函数，$N$ 应为偶数。

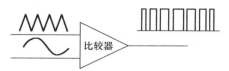

图 6-9　正弦脉宽调制法调制电路

正弦脉宽调制法调制波形如图 6-10 所示。可以看出，由于 $\Delta abg$ 与 $\Delta cdg$ 相似，脉冲宽度 $\delta_i$ 可表示为

$$\delta_i = 2\frac{U_m}{U_{\Delta m}}\sin\left(\frac{2\pi i}{N}-\frac{\pi}{N}\right) \quad N\geqslant 20 \tag{6-4}$$

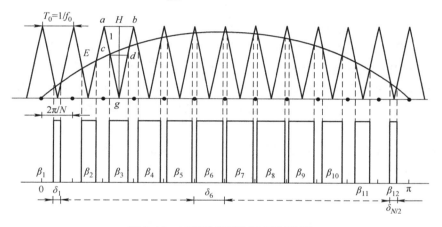

图 6-10　正弦脉宽调制法调制波形

式（6-4）说明，当载波比 $N$ 固定且 $N\geqslant 20$ 时，比较器输出矩形脉冲的宽度正比于正弦波的幅值与三角波幅值之比，也正比于分段中心角 $\beta_i$ 的正弦值。脉冲调制波中高次谐波的幅值为

$$U_{m(n)} = \frac{4E}{n\pi}\sum_{k=1}^{N/2}(-1)^{(k+1)}2\cos\beta_i\cos\frac{\beta_i}{2} \tag{6-5}$$

当 $n=1$ 时，有

$$U_{m(1)} = \frac{4E}{n\pi}\sum_{k=1}^{N/2}(-1)^{(k+1)}2\cos\beta_i\cos\frac{\beta_i}{2} \tag{6-6}$$

基波 $U_{m(1)}$ 及各次谐波的幅值 $U_{m(n)}$ 与脉冲宽度 $\delta$ 有关，而脉宽 $\delta$ 又与调幅比 $\frac{U_m}{U_{\Delta m}}$ 有关。因此，只要适当地调节输入到比较器同相端的正弦波电压幅值就可以调节逆变器的电压。

$N=20$ 时 $U_{m(n)}/U_{m(1),\max}$（各次谐波的幅值与基波最大值之比）与 $\frac{U_m}{U_{\Delta m}}$ 的关系如图 6-11

所示。

如图 6-11 中，当正弦波的幅值小于三角波的幅值（即 $0 \leqslant \dfrac{U_{\mathrm{m}}}{U_{\Delta\mathrm{m}}} \leqslant 1$）时，逆变器输出电压的基波分量随调幅比 $\dfrac{U_{\mathrm{m}}}{U_{\Delta\mathrm{m}}}$ 线性变化。当正弦波幅值等于三角波幅值时，逆变器输出电压的基波分量大约等于 $0.8U_{\mathrm{m}(1),\max}$。若继续增大正弦波的幅值，即 $U_{\mathrm{m}} > U_{\mathrm{m}(1),\max}$ 时，逆变器输出脉宽调制的正弦分布特性将遭到破坏，这时，$U_{\mathrm{m}(n)}/U_{\mathrm{m}(1),\max}$ 与调幅比 $\dfrac{U_{\mathrm{m}}}{U_{\Delta\mathrm{m}}}$ 之间失去线性关系，开始呈现非线性特性。这种正弦脉宽调制方式的一个重要特点是在正弦

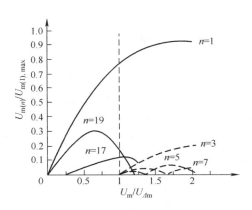

图 6-11 正弦脉宽调制法 $N = 20$ 时 $U_{\mathrm{m}(n)}/U_{\mathrm{m}(1),\max}$ 与 $U_{\mathrm{m}}/U_{\Delta\mathrm{m}}$ 的关系曲线

波幅值小于三角波幅值范围内，输出波形中不包含 3、5、7 次低次谐波分量；在脉宽调制输出波形中只有与三角波工作频率相近的高次谐波。

对于载波比 $N \geqslant 0$ 的正弦脉宽调制波形来说，高次谐波分量为 17、19 次谐波分量。实际使用的中小型 UPS 中，正弦波工作频率为 50Hz，三角波工作频率为 8 ~ 40kHz，因此，逆变器输出电压波形中基本不包含低次谐波分量，最低谐波分量的频率都在几千赫兹以上。因此，正弦波输出逆变器所需的滤波器尺寸可以大大减小。中小型 UPS 一般都利用输出电源变压器的漏电感再并联 1 个 8 ~ 10μF 的滤波电容组成逆变器的输出滤波器。

（2）逆变器电路

在线式 UPS 的单相桥式逆变电路由直流电源 $E$、输出变压器 $T$ 及场效应晶体管 $VT_1$ ~ $VT_4$ 组成，如图 6-12 所示。

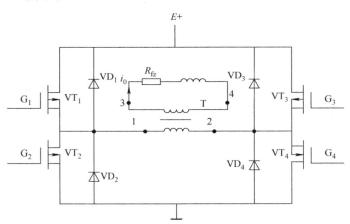

图 6-12 单相桥式逆变电路

单相桥式逆变电路按工作方式可分为同频逆变电路和倍频逆变电路。

1）同频逆变电路。在同频逆变电路中，场效应晶体管 $VT_1$、$VT_2$、$VT_3$、$VT_4$ 的栅级 $G_1$、$G_2$、$G_3$ 及 $G_4$ 分别加上正弦脉宽触发信号，如图 6-13 所示。

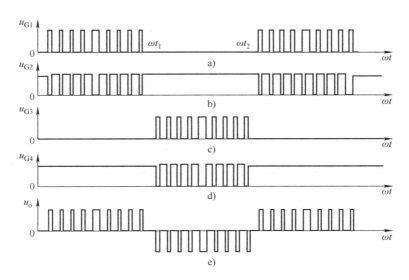

图 6-13　同频逆变电路的主要波形

在 $\omega t_0 \sim \omega t_1$ 期间，$u_{G1}$ 与 $u_{G2}$ 为一组相位相反的脉冲，$u_{G3} = 0$，$u_{G4}$ 为高电位；在 $\omega t_1 \sim \omega t_2$ 期间，$u_{G3}$ 与 $u_{G4}$ 为一组相位相反的脉冲，$u_{G1} = 0$，$u_{G2}$ 为高电位。

VT$_1$ 栅极出现第 1 个脉冲时，VT$_2$ 栅极脉冲消失，于是 VT$_1$ 和 VT$_4$ 导通、VT$_2$ 和 VT$_3$ 截止。输出变压器一次电流 $i_1$ 沿着 $E+ \to$ 变压器一次侧 $\to$ VT$_4$ $\to E-$ 流动。由于 VT$_1$ 和 VT$_4$ 导通，电源电压几乎全部加在变压器一次侧两端，即

$$u_{12} = L \frac{\mathrm{d}i_1}{\mathrm{d}t} \tag{6-7}$$

电源的能量转换到变压器，变压器二次感应电压为

$$U_0 = U_{34} = M \frac{\mathrm{d}i_1}{\mathrm{d}t} \tag{6-8}$$

在该电压作用下，变压器二次电流 $i_0$ 沿 $3 \to R_{fz} \to L_{fz} \to 4$ 路径流动。变压器储存的能量一部分消耗在负载电阻上，另一部分储存在负载电感中。

VT$_1$ 栅极第 1 个脉冲消失后，VT$_2$ 栅极出现第 2 个脉冲，VT$_1$ 截止。$i_0$ 不能突变，仍按原来的路径流动，负载电感中的能量一部分消耗在负载电阻上，另一部分储存在变压器中。电流 $i_1$ 也不能突变，$i_1$ 沿 $2 \to$ VT$_4 \to$ VD$_2 \to 1$ 路径流动，变压器储存的能量消耗在回路电阻上，$i_1$ 也沿着 $2 \to$ VD$_3 \to E \to$ VD$_2 \to 1$ 路径流动，变压器能量反馈给电源，由于 VT4、VD2 导通，变压器一次侧被短路，$u_{12} \approx 0$，$u_0 \approx 0$，因此，不会出现反向尖脉冲。变压器中的能量释放完后，VT$_2$、VD$_3$ 截止。

输出电压 $u_0$ 的波形如图 6-13e 所示。可以看出，$u_0$ 是正弦脉宽调制电压，并且 $u_0$ 中脉冲频率与驱动信号（$u_{G1} \sim u_{G4}$）的脉冲频率相同，所以这种逆变电路称为同频逆变电路。

2）倍频逆变电路。倍频逆变电路中，场效应晶体管的栅极 VT$_1$、VT$_2$、VT$_3$、VT$_4$ 的栅极 G$_1$、G$_2$、G$_3$ 及 G$_4$ 分别加入如图 6-14 所示的正弦脉宽触发信号，图中 $u_{G1}$ 与 $u_{G2}$、$u_{G3}$ 与 $u_{G4}$ 相位相反。

① $t_0 \sim t_1$ 期间，$u_{G1} > 0$、$u_{G2} = 0$、$u_{G3} = 0$、$u_{G4} > 0$，VT$_1$ 导通，VT$_2$、VT$_3$ 截止。变压器

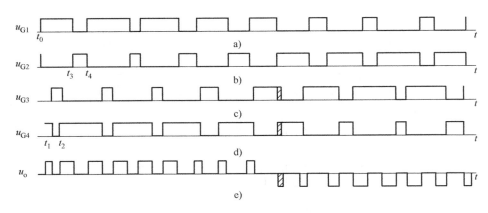

图 6-14　倍频逆变电路的主要波形

一次电流 $i_1$ 沿 $E+\rightarrow VT_1\rightarrow$变压器一次侧$\rightarrow VT_4\rightarrow E-$ 路径流动。由于 $VT_1$ 和 $VT_4$ 导通，所以有

$$u_{12} = L\frac{\mathrm{d}i_1}{\mathrm{d}t} \tag{6-9}$$

电流流到变压器一次侧时，变压器一次感应电压为

$$u_0 = u_{34} = M\frac{\mathrm{d}i_1}{\mathrm{d}t} \tag{6-10}$$

变压器一次感应电流 $i_0$ 沿 $3\rightarrow R_{fz}\rightarrow L_{fz}\rightarrow 4$ 路径流动。变压器中能量的一部分消耗在负载电阻上，另一部分储存在负载电感中，$u_0$ 的波形如图 6-14e 所示。

②　$t_1\sim t_2$ 期间，$u_{G1}>0$、$u_{G2}=0$、$u_{G3}>0$、$u_{G4}=0$，$VT_4$ 截止。$i_0$ 不能突变，继续按原来的方向流动，负载电感中能量的一部分消耗在负载电阻上，另一部分储存在变压器中。$i_0$ 也不能突变，沿 $2\rightarrow VD_3\rightarrow VT_1\rightarrow 1$ 路径流动，变压器中的能量消耗在回路电阻上。$i_1$ 沿 $2\rightarrow VD_3\rightarrow E\rightarrow VD_2\rightarrow 1$ 路径流动，变压器中的能量反馈给电源。由于 $VD_3$、$VT_1$ 导通，$u_{21}\approx0$，$u_0\approx0$ 不会出现尖脉冲。变压器中的能量释放完毕后，$VD_3$ 自动截止。

③　$t_2\sim t_3$ 期间，$u_{G1}>0$、$u_{G2}=0$、$u_{G3}=0$、$u_{G4}>0$，$VT_1$ 和 $VT_4$ 导通，$VT_2$ 和 $VT_3$ 截止。$i_1$ 沿 $E+\rightarrow VT_1\rightarrow$变压器一次侧$\rightarrow VT_4\rightarrow E-$ 路径流动。由于 $VT_1$ 和 $VT_4$ 导通，所以有

$$u_{12} = L\frac{\mathrm{d}i_1}{\mathrm{d}t} \tag{6-11}$$

$$u_0 = U_{34} = M\frac{\mathrm{d}i_1}{\mathrm{d}t} \tag{6-12}$$

$i_0$ 沿 $3\rightarrow R_{fz}\rightarrow L_{fz}\rightarrow 4$ 路径流动。

④　$t_3\sim t_4$ 期间，$u_{G1}=0$、$u_{G2}>0$、$u_{G3}=0$、$u_{G4}>0$，$VT_1$ 截止，$i_0$ 继续沿原来的路径流动，负载电感中能量的一部分消耗在负载电阻上，另一部分储存在变压器中。$i_1$ 沿着 $2\rightarrow VT_4\rightarrow VD_3\rightarrow 1$ 路径流动，变压器中的能量消耗在回路电阻上。$i_1$ 沿着 $2\rightarrow VD_3\rightarrow E\rightarrow VD_2\rightarrow 1$ 流动，变压器中的能量反馈给电源。由于 $VD_2$、$VT_4$ 导通，$u_{21}\approx0$，$u_0\approx0$ 不会出现尖脉冲。变压器中的能量释放完毕后，$VD_2$ 和 $VD_3$ 自动截止。

从输出电压 $U_0$ 的波形可以看出，输出电压 $U_0$ 也是正弦脉宽调制电压，而且输出电压 $U_0$ 中的脉冲频率是驱动脉冲频率的 2 倍，因此这种逆变电路称为倍频逆变电路。

### 6.2.3　在线式正弦波输出 UPS 的主要特点

1）在线式 UPS 无论是在市电供电正常，还是在市电供电中断时，均由机内蓄电池向逆变器供电，在此期间，对负载（微型计算机等）的供电均由 UPS 的逆变器提供，基本上消除了来自市电电网的电压波动和干扰对负载工作的影响，实现了对负载的无干扰稳压供电。

目前，市场上销售的在线式正弦波输出 UPS 均能实现对负载的稳压供电，当市电电压变化范围为 180～250V 时，其输出电压稳定度可达（220±6.6）V。

2）在线式正弦波输出 UPS 的波形失真系数较小。目前，一般市售产品的波形失真系数小于 3%。

3）市电供电中断时，在线式正弦波输出 UPS 可实现对负载的真正不间断供电。这是由于只要机内蓄电池能向逆变器提供能量，当市电供电中断时，在线式正弦波输出 UPS 如同市电供电正常时一样，都由逆变器向负载供电。因此，市电供电中断与否，在 UPS 内部并没有产生任何转换动作。所以，在从市电供电到市电中断的过程中，UPS 对负载供电的转换时间为零。

4）在线式正弦波输出 UPS 同后备式 UPS 相比，具有优良的输出电压瞬变特性。一般在满载到空载变换时，其输出电压变化范围为 4%。

5）在线式正弦波输出 UPS 一般都采用脉冲宽度调制（PWM）技术工作，所以其噪声都比较小。

## 6.3　UPS 的选用、使用与维护

### 6.3.1　UPS 的选用

用户在选用 UPS 时，应根据自己的要求和条件来确定选用标准，一般来说用户应该考虑三个因素：产品的技术性能、可维护性和价格。

1）在考虑产品技术性能时，用户一般都会关注以下指标：输出功率、输出电压波形、波形失真系数、输出电压稳定度、蓄电池可供电时间的长短等，而往往忽视产品输出电压的瞬态响应特性。因为就目前的电子技术水平而言，保证 UPS 交流输出电压的静态稳定度没有技术难度。但对有的 UPS 而言，其电压输出瞬态响应特性却很差，表现在当负载突然加载或突然减载时，UPS 的输出电压波动较大，当负载突变时，有的 UPS 根本不能工作。除了 UPS 的瞬态响应特性之外，用户还需关注 Tills 的负载特性（指 UPS 的某些技术参数是负载电流大小的函数）和承受瞬间过载的能力等性能参数，应该特别指出，准方波输出 UPS 不能带任何超前功率因数的负载。

2）用户在购买 UPS 时，还应该注意产品的可维护性。这就要求用户在购买 UPS 时，应注意 UPS 是否有完善的自动保护系统及性能优良的充电电路。完善的保护系统是 UPS 得以安全运行的基础。完善的充电电路是提高 UPS 蓄电池使用寿命及保证蓄电池实际可供使用的容量尽可能地接近产品额定值的重要保证。

3）价格是用户挑选 UPS 时考虑的一个重要因素。目前在 UPS 的整个生产成本中，蓄电池所占的比例相当高，因此用户在比较 UPS 产品价格时，必须要关注 UPS 配备的蓄电池的

容量大小。比较方法是看蓄电池的两个技术性能指标：一是蓄电池的性能价格比，也就是 UPS 所配备的蓄电池平均每安时容量的电池价格；二是蓄电池的放电效率比，也就是 UPS 所配备的蓄电池平均每安时能维持 UPS 工作多长时间，显然，维持时间越长，蓄电池的利用效率也就越高。另外还要注意 UPS 机内配置的蓄电池类型（包括生产厂家）。

### 6.3.2 UPS 的使用与维护

1. UPS 供电系统的配置形式

并机包含两层含义：冗余，目的是增加可靠性；并联，目的是增加容量。根据冗余式配置方案，有主机—从机型热备份 UPS 供电方式、直接并机冗余 UPS 供电方式和双总线冗余供电方式。

（1）主机—从机型热备份 UPS 供电方式

主机—从机型热备份 UPS 供电方式是基于 UPS 的锁相同步控制技术还未完善到足以保证多台 UPS 的逆变器电源总是处于同相、同频的跟踪技术下常采用的方案。图 6-15 中，UPS2 中的逆变器电源 2 一直处于空载状态，只有当 UPS1 故障时，UPS2 才承担供电业务。

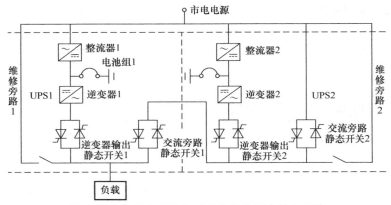

图 6-15 由两台 UPS 构成的热备份冗余供电系统

图 6-15 配置方式的缺陷在于 UPS2 长期处于空载状态，其电池寿命会缩短、容量会下降，且 UPS2 必须具有阶跃性负载承载能力，无扩容能力。为提高性价比，可采用如图 6-16 所示的配置形式。UPS1、UPS2 作为主机使用，而 UPS3 作为二者的从机。

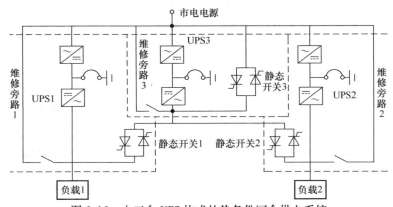

图 6-16 由三台 UPS 构成的热备份冗余供电系统

（2）直接并机冗余供电方式

为克服主机—从机型热备份 UPS 供电方式的缺陷，随着 UPS 控制技术的进步，具有相同额定输出功率的 UPS 可直接并联而形成冗余供电系统。为保证高质量的并机系统，各电源间必须保持同频、同相且各机均流。

1）$n+1$ 型并联冗余供电系统应有的控制功能如下：

① 锁相同步调节功能：使相位差尽可能趋于零，以防止并联系统出现环流。

② 均流调节：保持多台 UPS 电流输出的均衡度。

③ 选择性脱机跳闸功能：应正确判断出哪台 UPS 单机出现故障，并进行自动操作。

④ 非冗余工作状况告警：若系统处于非冗余状况，应发出告警，及时排除故障，恢复冗余供电状态。

⑤ 环流监控。

2）直接并机方案的类型。

① 简单的直接并机方案：各台 UPS 只实行与市电的跟踪同步，相互间对相位、电压不进行调节，因此易发生故障。

② 主动式直接并机方案：各台 UPS 只实行与市电的跟踪同步，相互间对相位、电压不进行调整，分为"1+1"型直接并机方案和导航型 UPS 直接并机方案，如图 6-17、图 6-18 所示。

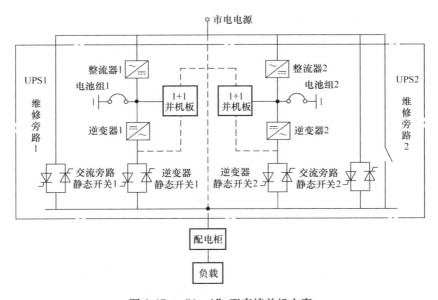

图 6-17　"1+1"型直接并机方案

③ 热同步并机方案：两台 UPS 在执行并机操作时，无须捕捉相互的实时参数，而达到互锁及均流的目的，如图 6-19 所示。

④ 采用并机柜的并机方案：用一个专门的并机柜来代替原分散交流旁路供电通道，解决了各个分散交流旁路上的静态开关的不均流带载问题，如图 6-20 所示。

（3）双总线冗余供电方式

由于在 UPS 供电系统中，输出端与负载间装有配电柜、断路器等，若遇到检修或产生

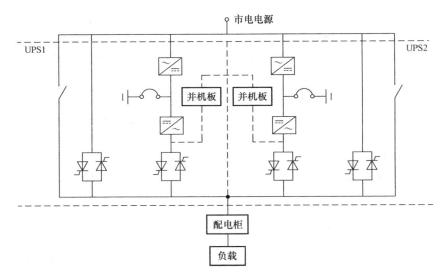

图 6-18　导航型 UPS 直接并机方案

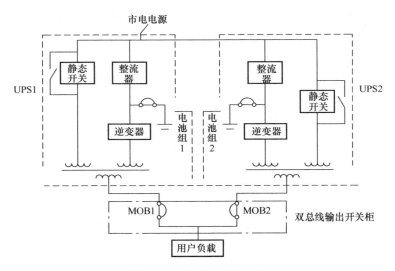

图 6-19　热同步并机方案

故障等，以上几种 UPS 供电系统的配置形式将引起负载停电，也即系统的故障率虽然降低了，但可维护性问题并没有彻底解决。采用双总线冗余配置方案，可以很好地解决这个问题。双总线冗余供电方式配有两套静态开关 STS1、STS2，构成了一套能自动执行、安全可靠的具有零切换时间的系统，如图 6-21 所示。

2. UPS 的日常维护

UPS 的周期维护内容较少，只需要保证环境条件和清洁，必须进行周期记录，用于检查和预防，目的是使 UPS 保持最佳的性能，消除故障隐患。

UPS 的日常维护按维护的周期可分为日检、周检、年检。

日检的主要内容：检查控制面板，确认所有指示正常，所有指示参数正常，面板上没有

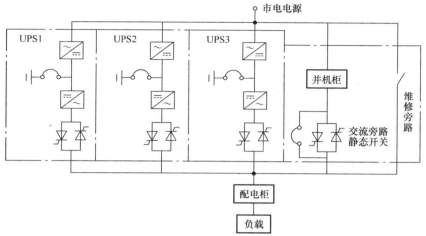

图 6-20　采用并机柜的并机方案

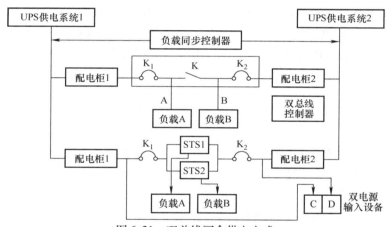

图 6-21　双总线冗余供电方式

告警；检查有无明显的高温、有无异常噪声；确信通风栅无阻塞；调出测量的参数，观察有无与正常值不符等。

　　周检的主要内容：测量并记录蓄电池充电电压、充电电流、UPS 三相输出电压、UPS 输出线电流。如果测量值与以前的记录值明显不同，应记录下新增负载的大小、种类和位置等，一旦发生故障，有利于故障分析。

　　年检的主要内容：在 UPS 系统竣工验收时需要对蓄电池进行全容量的放电测试。UPS投运后，在前两年需进行 30% 的核对性容量试验，从第 3 年开始每年一次进行全容量的放电试验。此外建议安排半年度的 UPS 巡检计划，包含春季巡检和秋季巡检。春季巡检是为了保障设备在潮湿的雨季和雷季中的运行安全，对设备接地系统状况、耐压参数与防雷部件等作检查。秋季巡检是为了保证设备在干燥的冬季特别是春节期间保持良好的运行状态，对设备的性能指标、负荷能力、电池容量、供电安全、机房安全等作检查。不论是春季巡检还是秋季巡检，都需要检查的项目包括机房温度、湿度、设备防尘、电线电缆状况、连接点状态等。

　　在 UPS 的日常维护中，有一些需要引起重视的地方，如 UPS 的复位。有些 UPS 带有

EPO（紧急关机），若因某种故障 UPS 使用了 EPO，待故障清除后，要使 UPS 恢复正常工作状态，需要复位操作。如 UPS 由于逆变器过温、过载，直流母线过电压等原因而关闭时，故障清除后，需要采用复位操作，才能将 UPS 从旁路切换到逆变器带载工作，可能还需要手动闭合电池开关。

另外，UPS 设备的选位及对环境的要求也很重要。UPS 应安装在一个凉爽、干燥、清洁的环境中，应装排气扇，加速环境空气流通，在尘埃较多的环境中，应加空气过滤装置。

电池的环境将直接影响电池的容量和寿命。电池的标准工作温度为 20℃，高于 20℃ 的环境温度将缩短电池的寿命，低于 20℃ 将降低电池的容量。通常情况下，电池容许的环境温度为 15~20℃。电池所处的环境温度应保持恒定，远离热源和风口。

要实现逆变器与旁路电源间的无中断切换，应先闭合静态旁路开关，由旁路电源向负载供电，再断开 UPS 交流输入接触器。当负载从旁路切换回逆变器，首先要闭合 UPS 交流输入接触器，再断开静态旁路开关。在正常运行状况下，上述操作的实现必须是逆变器输出与旁路电源完全同步。当旁路电源频率在同步窗口时，逆变器控制电路总是使逆变器频率跟踪旁路电源频率。当逆变器输出频率与旁路电源不同步时一般会显示告警信息。

大中型 UPS 在通信站中的应用越来越广泛，其作用也越来越显著，理解 UPS 的基本原理就显得尤为重要。在 UPS 的日常维护过程中，对一些故障的判断分析，特别是对一线紧急情况的处理，清晰的思路和丰富的经验是 UPS 可靠运行的最重要的保证。

## 小结

1）UPS 主要由整流器、逆变器、蓄电池组和输出转换开关四部分构成。
2）UPS 可分为后备式、双变换在线式、在线互动式和三端式四类。
3）后备式 UPS 的特点。
4）在线式 UPS 的充电电路原理和逆变电路原理。
5）在线式 UPS 的特点。
6）UPS 并机包含两层含义：冗余，目的是增加可靠性；并联，目的是增容。
7）为保证高质量的并机系统，各电源间必须保持同频、同相且各机均流。
8）UPS 并机冗余式配置方案有主机—从机型热备份、直接并机冗余、双总线冗余供电方式。

 思 考 题

1. 为什么说通信电源系统中 UPS 的作用和地位越来越重要？结合实际谈谈你对这个观点的看法。
2. 比较后备式、双变换在线式、在线互动式 UPS 在工作方式上的不同，说明各自的优缺点。
3. 某网管监控中心要单独配置一套 UPS，假设 UPS 输出功率因数为 0.7，有 50 台计算机终端，每台功耗按 300W 估算，如何选用 UPS？
4. 选择 UPS 时需要考虑哪些因素？
5. UPS 并机工作的目的是什么？
6. 画一个"1+1"型直接并机方案图。

# 第 7 章

## 接地与防雷

## 7.1 接地系统概要

在通信局（站）中，接地占有很重要的地位，它不仅关系到设备和维护人员的安全，同时还直接影响着通信的质量。因此，理解掌握接地的基本知识，正确选择和维护接地设备具有很重要的意义

### 7.1.1 接地系统的组成

1. 接地的概念

通信局（站）中接地装置或接地系统中所指的"地"和一般所指的大地的"地"是同一个概念，即一般的土壤，具有导电的特性，并具有无限大的电容量，可以作为良好的参考零电位。所谓接地，就是为了工作或保护的目的，将电气设备或通信设备中的接地端子，通过接地装置与大地进行良好的电气连接，并将该部位的电荷注入大地，达到降低危险电压和防止电磁干扰的目的。

2. 接地系统

所有接地体与接地引线组成的装置称为接地装置，把接地装置通过接地线与设备的接地端子连接起来就构成了接地系统，如图 7-1 所示。

### 7.1.2 接地电阻的组成及影响因素

1. 接地电阻的组成

接地体对地电阻和接地引线电阻的总和，称为接地装置的接地电阻。接地电阻的数值，等于接地装置对地电压与通过接地装置流入大地电流的比值。

接地装置的接地电阻，一般是由接地引线电阻、接地体本身电阻、接地体与土壤的接触电阻以及接地体周围呈现电流区域内的散流电阻四部分组成。

在上述决定接地电阻大小的四个因素中，接地引线一般是有相应截面的良导体，故其电阻值很小。而绝大部分的接地体采用钢管、角钢、扁钢或钢筋等金属材料，其电阻值也很小。接地体与土壤的接触电阻取决于土壤的湿度、松紧程度及接触面积的大小，土壤的湿度

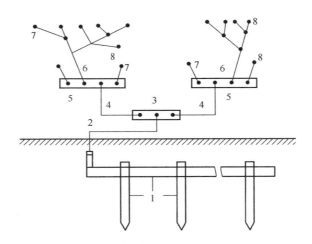

图 7-1　接地系统示意图

1—接地体　2—接地引线　3—接地线排　4—接地线　5—配电屏地线排
6—去通信机房汇流排　7—接地分支线　8—设备接地端子

越高、接触越紧、接触面积越大，则接触电阻越小，反之，接触电阻越大。电流由接地体向土壤四周扩散时，越靠近接地体，电流密度越大，散流电流所遇到的阻力越大，呈现出的电阻值也越大。可以看出，电流对接地电阻的影响最大，所以接地电阻主要由接触电阻和散流电阻构成。

2. 影响接地电阻的因素

上面已经分析了接地电阻主要由接触电阻和散流电阻构成，所以分析影响接地电阻的因素主要考虑影响接触电阻和散流电阻的因素。

接触电阻指接地体与土壤接触时所呈现的电阻，其影响因素上文已经进行了描述。下面重点讨论散流电阻的影响因素。

散流电阻是电流由接地体向土壤四周扩散时所遇到的阻力。散流电阻和两个因素有关：一是接地体之间的疏密程度，考虑到保护电流刚从接地体向大地扩散时，其有限的空间电流密度很大，所以在实际工程设计时不能将各接地体之间埋设得过于紧密，一般埋设垂直接地体之间的间距是其长度的 2 倍以上；二是和土壤本身的电阻有关，衡量土壤电阻大小的物理量是土壤电阻率。

土壤电阻率的定义为电流通过体积为 $1m^3$ 土壤的这一面到另一面的电阻值，用符号 $\rho$ 表示，单位为 $\Omega \cdot m$ 或 $\Omega \cdot cm$，$1\Omega \cdot m = 100\Omega \cdot cm$。土壤电阻率的大小与以下主要因素有关：

（1）土壤的性质

土壤的性质对土壤电阻率的影响最大，表 7-1 列出了几种土壤的电阻率平均值。可以看出，不同性质的土壤，它们的土壤电阻率差别很大。一般来讲，土壤含有化学物质（包括酸、碱以及腐烂物质等）较多时，其土壤电阻率较小；同一块土壤，大地表面部分土壤电阻率较大，距离地面越深，电阻率越小，而且有稳定的趋势。所以在实际工作中，应根据实际情况的不同选择好接地装置的位置，尽量将接地体埋设在较理想的土壤中。表 7-1 只是一个平均参考值，具体数值应参考当地土壤的实际资料。

表 7-1　几种土壤的电阻率平均值

| 类别 | 名称 | 电阻率/Ω·m |
|---|---|---|
| 岩石 | 花岗岩 | 200000 |
| | 多岩山石 | 5000 |
| | 砾石、碎石 | 5000 |
| 砂 | 沙砾 | 1000 |
| | 表层土类石、下层砾石 | 600 |
| 土壤 | 红色风化黏土 | 500 |
| | 多石土壤 | 400 |
| | 含砂黏土 | 300 |
| | 黄土 | 200 |
| | 砂质黏土 | 100 |
| | 黑土、陶土 | 50 |
| | 捣碎的木炭 | 40 |
| | 沼泽地 | 20 |
| | 陶黏土 | 10 |

（2）土壤的温度

当土壤的温度在0℃以上时，随着土壤温度的升高，土壤电阻率减小，但不明显。当土壤温度上升到100℃时，由于土壤中水分的蒸发反而使土壤电阻率有所增加。当土壤的温度在0℃以下时，土壤中水分结冰，土壤电阻率急剧上升，而且当温度继续下降时，土壤电阻率增加十分明显。因此，在实际工程设计施工时，应将接地体埋设在冻土层以下，以避免产生很大的接地电阻。

同时，应该考虑到同一接地系统在一年中的不同季节里，其接地电阻不同，这里面有土壤温度的因素，还有湿度的因素。

（3）土壤的湿度

土壤电阻率随着土壤湿度的变化有着明显的差别。一般来讲，湿度增加会使土壤电阻率明显减小。所以，一方面接地体的埋设应尽量选择地势低洼、水分较大之处；另一方面，平时在测量系统接地电阻时，应选择在干季测量，以保证在一年中接地电阻最大的时间里系统的接地电阻仍然能够满足要求。

（4）土壤的密度

土壤的密度即土壤的紧密程度。土壤受到的压力越大，其内部颗粒越紧密，电阻率就会减小。因此，在接地体的埋设方法上，不用采取挖掘土壤后再埋入接地体的方法，可以采用直接打入接地体的方法，既施工简单，又可以使接地电阻下降。

（5）土壤的化学成分

土壤中含有酸、碱、盐等化学成分时，其电阻率会明显减小。在实际工作中，可以采用在土壤中渗入食盐的方法降低土壤电阻率，也可以用其他的化学降阻剂来达到降低土壤电阻率的目的。

3. 人工降低接地电阻的方法

有的通信局（站）的土壤电阻率较高，而要求接地电阻值较低；或土壤电阻率虽不高，但受到场地限制，需要采用人工降低接地电阻的方法，以减少接地体数目，可采用以下几种方法：

（1）换土法

在接地体周围 1 ~ 4m 范围内，将所挖出的质量差的砂土运走，换上比原来土壤电阻率小得多的土壤，可以是黏土、泥炭、黑土等，必要时也可以便用焦炭粉和碎木炭。换土后，接地电阻可以减小到原来的 2/5 ~ 2/3。使用换土法的土壤电阻率受外界压力和温度的影响变化较大。换土法在地下水位高、水分流散多的地区使用效果较好，但在石质地层则难以取得较满意的效果。

（2）层叠法

层叠法是在每根接地体的周围挖一个坑，然后在上面交替地铺上 6 ~ 8 层土壤（可混入焦炭、木炭等）及食盐。每层土壤厚约 10cm，食盐厚约 2 ~ 3cm，每层均浇水夯实。每公斤食盐可用水 1 ~ 2L，每根管形接地体约用食盐 30 ~ 40kg。这种方法用在砂质土壤中可以降低接地电阻到原来的 1/6 ~ 1/8；如在砂粒土中可以降低接地到原来的 2/5 ~ 1/3。采用食盐对改善土壤电阻率的效果较明显，食盐价格低廉，但由于盐溶化而逐渐消失，不易持久，而且会加速接地体的锈蚀，减少接地体的使用年限，故一般不宜轻易采用加食盐的方法，而采用电阻加化学降阻剂的方法。

（3）化学降阻剂法

化学降阻剂由几种物质配制而成。化学降阻剂敷在接地电极和自然土壤之间，相当于增大了接地体的几何尺寸，扩大了电极与良导体的总接触面积，减小了接触电阻，从而使接地电阻显著减小。而且化学降阻剂能保持土里的水分、增加土里的盐分，能使土壤电阻率下降到原来的 30% ~ 50%，降阻效果保持长久，不会水解溶化。同时，化学降阻剂耗钢材量少、延缓钢材腐蚀速度、施工方法简单、占地面积小、对水质和土壤不会造成污染，所以应用广泛。

化学降阻剂的种类很多，可以分为两大类：高分子树脂类和无机化合物类。

高分子树脂类是一种电解质与树脂材料结合组成的凝胶状导电物质。降阻剂具有高导电性，电阻率为 $0.1\Omega \cdot m$，并且可以长期保持导电性能。但高分子树脂类往往要求较严的配比，而且要加温稀释或有一定的刺激性，价格偏高，因此不受青睐。

无机化合物是使用水泥、石膏、水玻璃、石灰等能胶结的材料用水调制后固结而成的固体导电物质。国际上对降阻剂的研究倾向于无机化合物。

使用化学降阻剂时，接地体通常采用棒状和板状两种形式。对于棒状接地体，首先用钻机或铲挖出直径 0.1 ~ 0.15m、深约 3m 的圆柱形孔，将接地体放在孔的中央，压紧放直，然后将搅拌好的降阻剂倒入洞内，待降阻剂硬化后填土夯实。对于板状接地体，首先在坑底平敷 50mm 厚降阻剂，放入铜板，再敷 50mm 厚降阻剂，最后填土夯实。

4. 接地电阻的测量

接地电阻的测量，一般采用三极测试法和卡钳法。三极测试法按使用仪器又分为电流表—电压表法和接地电阻测量仪测试法。卡钳法采用专用接地电阻测量仪进行测量。

现在测量接地电阻一般都采用专用接地电阻测量仪。

（1）三极测试法

三极测试法不论采用电流表—电压表法还是采用接地电阻测量仪测试，其基本工作原理都是相同的。在测量时都要敷设两个辅助接地体，一个用来测量被测接地体（E）与零电位间的电压，称为电压接地体（P）；而另一个用来构成流过被测接地体的电流回路，称为电流接地体（C），如图 7-2 所示。

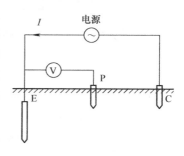

图 7-2　三极测试法

电流表—电压表法使用的仪器有交流电流表、交流电压表各一只，一个能输出足够大电流的交流电源，一般采用电焊变压器作为电源。为了防止土壤产生极化现象，测量时必须采用交流电源。

接地电阻阻值是电压表和电流表测量到的数值之比，即 $R = U/I$。

电流表—电压表法能测量 $0.1 \sim 100\Omega$ 的接地电阻，尤其是对于小接地电阻，其测量精度比其他方法都高。

使用三极测试法的接地电阻测量仪种类较多，但接线方式一致，如图 7-2 所示。常见有 701 型接地电阻测量仪，ZC – 8 型接地电阻测量仪、K – 7 型接地电阻测量仪等。

在三极测试法中，被测接地体和两组辅助接地体之间的距离不同，对测量结果影响很大。如被测接地体 E、电压接地极 P 和电流极 C 均为单管，且 E、P、C 三点在一直线上，则 EP 间最小距离应为 20m，EC 间最小距离为 40m。

（2）卡钳法

三极测试法必须在离被测接地体足够远的距离处打两根辅助接地极，实施测量不太方便。

钳形电阻测量仪解决了传统接地电阻测试需要与负载隔离、需要打辅助接地极等弊端。目前使用的钳形电阻测量仪有 GEOX 感应式电子接地电阻测量仪、CA6411、CP6413 等。有的钳形电阻测量仪测量时需要有辅助接地极，有的测量时不需要辅助接地极。钳形接地电阻测量仪有单钳口和双钳口两种。

双钳口钳形接地电阻测量仪的工作原理是在电压钳口产生一个一定频率的电压信号 $U(f)$，感应到与地网连接的地线，形成感应电流，电流钳口接收感应电流 $I(f)$，则接地电阻 $R \propto U(f)/I(f)$，从而测出接地电阻值。

使用双钳口形接地电阻测量仪测量联合接地系统的接地电阻，测量方法如图 7-3 所示。

GEOX 新型双钳口接地电阻测量仪既可以模拟普通绝缘电阻表打辅助接地极，更具有无须打辅助接地极，直接用双钳口测量的功能。当使用不打辅助接地极功能时，双钳口相距 10cm，按测试键即可测出接地电阻值，以数字形式显示。同时，它可实现在线测量接地电阻，所以特别适合接地引线不能与接地排或设备断开等场合。

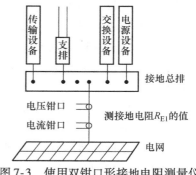

图 7-3　使用双钳口形接地电阻测量仪
测量联合接地系统的接地电阻

### 7.1.3　接地中的电压概念

在接地系统中，由于会有电荷注入大地，势必会有电压的存在。很好地理解接地系统中几个重要的电压概念，对于人身和设备的安全具有很重要的意义。

1. 接地的对地电压

电气设备的接地部分，如接地外壳、接地线或接地体等与大地之间的电位差，称为接地的对地电压 $U_d$ 的，这里的大地指零电位点。

正常情况下，电气设备的接地部分是不带电的，所以其对地电压为0V。

当有较强电流通过接地体注入大地时（如粗线碰壳），电流通过接地体向周围土壤呈半球形扩散，并在接地点周围地面产生一个相当大的电场，电场强度随着距离的增加迅速下降。试验表明，距离接地体20m处，对地电压（该处与无穷远处大地的电位差）仅为最大对地电压的2%，在工程应用上可以认为是零电位点，从接地体到零电位点之间的区域，称为该接地装置的接地电流扩散区，若用曲线表示接地体及其周围各点的对地电压，则呈典型的双曲线形状，如图7-4所示。

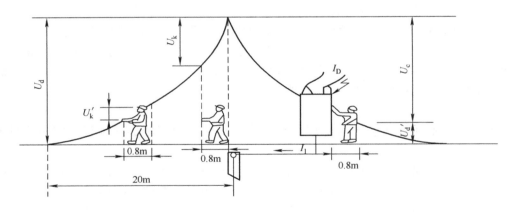

图 7-4　对地电压、接触电压和跨步电压

2. 接触电压

在接地电阻回路上，一个人同时触及的两点间所呈现的电位差，称为接触电压。图7-4中，当设备外壳带电而人触及机壳时，所遭受的接触电压 $U_c$ 等于电气设备外壳的对地电压 $U_d$ 和脚所站位置的对地电压 $U_d'$ 之差，即 $U_c = U_d - U_d'$。显然人所在的位置离接地体处越近，接触电压越小；离接地体越远，则接触电压越大，在距离接地体处约20m以外的地方，接触电压最大。这也是一般情况要求设备就近接地的原因。

3. 跨步电压

在电场作用范围内（以接地点为圆心、20m为半径的圆周），人体如双脚分开站立，则施加于两脚的电位不同而导致两脚间存在电位差，此电位差称为跨步电压 $U_k$。跨步电压的大小，随着与接地体或碰地处之间的距离而变化。距离接地体或碰地处越近，跨步电压越大，反之则小，如图7-4所示 $U_k$ 和 $U_k'$。

### 7.1.4　接地系统的分类及作用

通信电源接地系统按带电性质可分为交流接地系统和直流接地系统两大类，按用途可分为工作接地系统、保护接地系统和防雷接地系统。而防雷接地系统又可分为设备防雷和建筑防雷。下面分别来讨论交流接地和直流接地两大系统。

1. 交流接地系统

交流接地系统分为工作接地和保护接地。

所谓工作接地，是指在低压交流电网中将三相电源中的中性点直接接地，如配电变压器二次绕组、交流发电机电枢绕组等的中性点接地，如图 7-5 所示。交流工作接地的作用是将三相交流负载不平衡引起的在中性线上的不平衡电流泄放于地，以及减小中性点电位的偏移，保证各相设备的正常运行。接地以后的中性线称为零点。

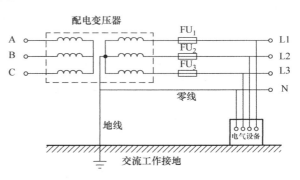

图 7-5　交流工作接地

所谓保护接地，就是将受电设备在正常情况下与带电部分绝缘的金属部分（即所谓导电但不带电的部分）与接地装置进行良好的电气连接，达到防止设备因绝缘损坏而遭受触电危险的目的。

如图 7-6 所示，当设备机壳与 A 相输入接触，则 A 相电流很快会以图中粗黑线所示路径构成回路，由于回路电阻很小（接地电阻应该足够小），A 相电流很大，在很短的时间内熔断器 $FU_1$ 熔断保护，从而避免了人身伤亡和设备安全。

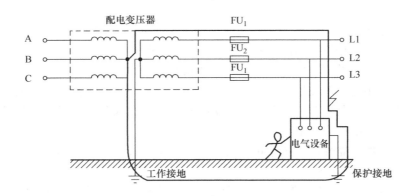

图 7-6　交流保护接地

根据《低压电网系统接地形式分类、基本技术要求和选用导则》的规定，低压电网系统接地的保护方式可分为接零系统（TN 系统）、接地系统（TT 系统）和不接地系统（IT 系统）三类。

TN 系统是指受电设备外露导电部分（在正常情况下与带电部分绝缘的金属外壳部分）

通过保护线与电源系统的直接接地点（即交流工作接地）相连。TT 系统是指受电设备外露导电部分通过保护线与单独的保护接地装置相连，与电源系统的直接接地点不相关。IT 系统是指受电设备外露导电部分通过保护线与保护接地装置相连，而该电源系统无直接接地点。下面仅介绍 TN 系统的几种接地保护方案。

（1）TN – C 系统

TN – C 系统为三相电源中性线直接接地的系统，通常称为三相四线制电源系统，其中性线与保护线是合一的，如图 7-7a 所示。TN – C 系统没有专设 PE 线（保护地线），所以受电设备外露的导电部分直接与 N 线连接，这样也能起到保护作用。

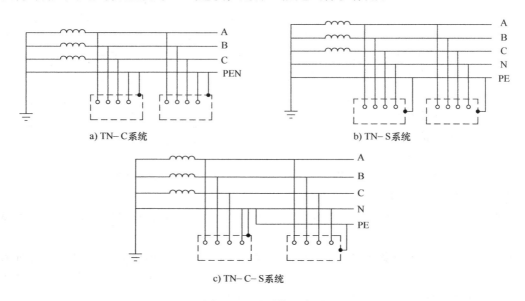

图 7-7　TN 系统示意图

（2）TN – S 系统

TN – S 系统即为三相五线制配电系统，如图 7-7b 所示。TN – S 系统是目前通信电源交流供电系统中普遍采用的低压配电网中性点直接接地系统。

TN – S 系统采用与电源接地点直接相连的专用 PE 线（交流保护线或称无流零线，该线上不允许串接任何保护装置与电气设备），设备的外露导电部分均与 PE 线并联，从而将整个系统的工作线与保护线完全隔离。

TN – S 系统工作可靠性高，抗干扰能力强，安全保护性能好，应用范围广。TN – S 系统与 TN – C 系统相比具有以下优点：

1）一旦中性线断线，不会像 TN – C 系统那样，使断点后的受电设备外露导电部分可能带上危险的相电压。

2）在各相电源正常工作时，PE 线上无电流（只有当设备外露导电部分发生搭电时 PE 线上会有短时间的保护电流），而所有设备外露导电的部分都经各自的 PE 线接地，所有各自 PE 线上无电磁干扰。而 N 线由于正常工作时经常有三相不平衡电流经 N 线泄放于地，TN – C 系统不可避免地在电源系统内会存在相互的电磁干扰。

另外，TN – S 系统应注意的问题有：

1）TN－S 系统中的 N 线必须与受电设备的外露导电部分和建筑物钢筋严格绝缘布放。

2）实际上，从电源直接接地点引出的 PE 线与受电设备外露导电部分相连时，通常必须进行重复接地，防止 PE 线断开时，断点后面发生碰电的设备有外壳带电的危险（事实上在 N 线和 PE 线合一的三相四线制电源系统中重复接地保护尤其重要。）

在通信电源系统中需要进行接零保护（实际上是重复接地保护）的有配电变电器、油机发电机组、交直流电动机的金属外壳，整流器、配电屏与控制屏的框架，仪表用互感器二次绕组和铁心，交流电力电缆接头盒、金属护套、穿线钢管等。

（3）TN－C－S 系统

TN－C－C 系统由 TN－C 系统和 TN－S 系统组合而成，如图 7-7c 所示，整个系统中有一部分中性线和保护线是合一的。TN－C－S 系统多用于环境条件较差的场合。

2. 直流接地系统

按照性质和用途的不同，直接接地系统可分为工作接地和保护接地两种。工作接地用于保护通信设备和直流通信电源设备的正常工作；保护接地则用于保护人身和设备的安全。

在通信电源的直流供电系统中，为了保护通信设备的正常运行、保障通信质量而设置的电池一极接地，称为直流工作接地，如 －48V、－24V 电源的正极接地等。

直流工作接地的作用主要有以下几点：

1）利用大地作为良好的参考零电位，保证各通信设备间甚至各局（站）间的参考电位没有差异，从而保证通信设备的正常工作。

2）减少用户线路对地绝缘不良时引起的通信回路间的串扰。

在通信系统中，将直流设备的金属外壳和电缆金属护套等部分接地，称为直流保护接地。其作用主要有以下几点：

1）防止直流设备绝缘损坏时发生触电危险，保证维护人员的人身安全。

2）减小设备和线路中的电磁感应，保持一个稳定的电位，达到屏蔽的目的，减小噪声干扰，以及防止静电的发生。

通常情况下，直流工作接地和保护接地是合二为一的，但随着通信设备向高频、高速处理方向发展，对设备的屏蔽、防静电要求越来越高。

直流接地需连接的有蓄电池组的一极、通信设备的机架或总配线的铁架、通信电缆金属隔离层或通信线路保安器、通信机房防静电地面等。

直流电源通常采用正极接地，原因主要是大规模集成电路所组成的通信设备的元器件要求直流电源正极接地，同时也为了减小由于电缆金属外壳或继电器线圈等绝缘不良，对电缆芯线、继电器和其他电器造成的电蚀作用。

另外，在通信电源的接地系统中还专门设置了用来检查、测试通信设备工作接地而埋设的辅助接地，称为测量接地。由于在进行接地电阻测量时，可能会将干扰引入电源系统，同时接地系统又不能和电源系统脱离，因此专门设置了测量接地，它平时与直流工作接地装置并联使用，当需要测量工作接地的接地电阻时，将其引线与地线系统脱离，这时测量接地代替工作接地运行。所以说，测量接地的要求与工作接地的要求是一样的。

3. 防雷接地

在通信局（站）中，通常有两种防雷接地，一种是为保护建筑物或天线不受雷击而专设的避雷针防雷接地装置，由建筑部门设计安装；另一种是为了防止雷击过电压对通信设备或电源设备的破坏需安装避雷器而埋设的防雷接地装置，如高压避雷器的下接线端汇接后接到接地装置。

关于通信电源系统的防雷保护，见7.3节。

# 7.2 联合接地系统

考虑到各接地系统（交流工作接地、直流工作接地和保护接地）在电流入地时可能相互影响，传统做法是将各接地系统在距离上分开20m以上，称为分设接地系统。但是随着外界电磁场干扰的日趋增大，分设接地系统的缺点日益明显。从20世纪90年代开始，国内外出现了联合接地系统。

## 7.2.1 联合接地系统的优点

为了说明联合接地系统的优点，首先介绍分设接地系统。

1. 分设接地系统

分设接地系统是指工作接地、保护接地和防雷接地等各种单设接地装置，并要求彼此相距20m。这种方式是我国20世纪50~70年代末通信局（站）采用的传统接地方式，具有以下缺点：

1）侵入的雷浪涌电流在这些分离的接地系统间产生电位差，使装置设备产生过电压。

2）由于外界电磁场干扰日趋增大，如强电进城、大功率发射台增多、电气化铁道的兴建，以及高频变流器件的应用等，使地下杂散电流发生串扰，其结果是增大了对通信和电源设备的电磁耦合影响。而现代通信设备由于集成化程度高、接收灵敏度高，因而提高了环境电磁兼容的标准。分设接地系统显然无法满足通信的发展对防雷以及提高了的电磁兼容标准的要求。

3）接地装置数量过多，受场地限制而导致打入土壤的接地体过密排列，不能保证相互间所需的安全间隔，易造成接地系统间的相互干扰。

4）配线复杂、施工困难。在实际施工中，由于走线架、建筑物内钢筋等导电体的存在，很难把各接地系统真正分开，达不到分设的目的。

2. 联合接地系统

目前，美国、日本和德国等国家的通信大楼均采用联合接地系统。我国在YD/T 1051—2018《通信局（站）电源系统总技术要求》中明确地规定了采用联合接地的技术要求。联合接地系统由接地体、接地引入线、接地汇集线和接地线组成，如图7-8所示。

图7-8中由数根镀锌钢管或角铁强行环绕垂直打入土壤，构成垂直接地体。然后用扁钢以水平状与钢管逐一焊接，使之组成水平电极，两者构成环形电极（称地网）。采用联合接地方式的接地体还包含建筑物基础部分混凝土内的钢筋。

接地汇集线是指通信大楼内分布设置且与各机房接地线相连的接地干线。接地汇集线又分垂直接地总汇集线和水平接地分汇集线两种，前者是垂直贯穿于建筑体各层楼的接地用主干线，后者是各层通信设备的接地线与就近水平接地进行分汇集的互连线。

接地引入线是接地体与总汇集线之间的连接线。

接地线是各层需要进行接地的设备，与水平接地分汇集线之间的连线。

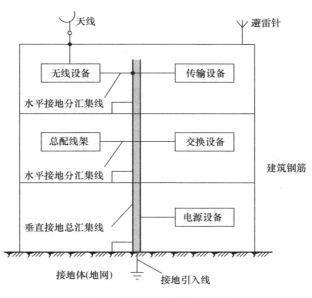

图 7-8　联合接地系统示意图

采用联合接地方式，在技术上使整个通信大楼内的所有接地系统联合组成低接地电阻值的均压网，具有以下优点：

1）地电位均衡，同层各地线系统电位大体相等，消除了危及设备的电位差。

2）公共接地母线为全局建立了基准零电位点。全局按一点接地原理用一个接地系统，当发生地电位上升时，各处的地电位一齐上升，在任何时候基本上不存在电位差。

3）消除了地线系统的干扰。通常依据各种不同电特性设计出多种地线系统，彼此间存在相互影响，而采用一个接地系统之后，使地线系统做到了无干扰。

4）电磁兼容性能变好。对于强、弱电，高频及低频电都等电位，又采用了分屏蔽设备及分支地线等方法，所以提高了电磁兼容性能。

## 7.2.2　联合接地系统的组成

理想的联合接地系统是在外界干扰影响时仍然处于等电位状态，因此要求接地体地网任意两点之间的电位差小到近似为零。

1. 接地体地网

如图 7-9 所示为接地体地网示意图。

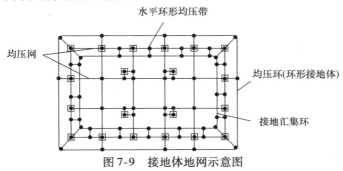

图 7-9　接地体地网示意图

接地总汇集线有接地汇集环与汇集排两种形式，前者安装于大楼底层，后者安装于电气室内，接地汇集环与水平环形均压带逐段相互连接，环形接地体又与均压网相连，构成均衡电位的接地体。再加上基础部分混凝土内的钢筋互相焊接成一个整体，组成低接地电阻的地网。

接地线网络有树干形接地地线网、多点接地地线网和一点接地地线网。一点接地地线网是由接地电极系统的一点呈放射形接至各主干线，再连接各个用电设备系统。

2. 接地母线

在联合接地系统中，垂直接地总汇集线贯穿于通信大楼各层的接地用主干线，也可在建筑物底层安装环形汇集线，然后垂直引至各机房水平接地分汇集线上，这种垂直接地总汇集线称为接地母线。

3. 对通信大楼建筑与双层地面的要求

要求建筑物混凝土内采用钢框架与钢筋互连，并连接联合地线焊接成法拉第笼形封闭体，才能使封闭导体的表面电位变化形成等位面（其内部场强为零），这样各层接地点电位同时升高或降低变化，不会产生层间电位差，也避免了内部电磁场强度的变化，如图 7-10 所示。

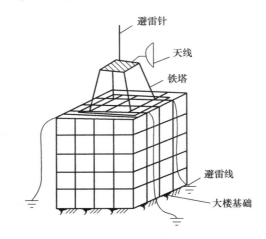

图 7-10　通信大楼钢骨架钢筋与联合接地线焊接成笼形封闭体

# 7.3　通信电源系统的防雷保护

随着电力电子技术的发展，电子电源设备对浪涌高脉冲的承受能力和耐噪声能力不断下降，使电力线路或电源设备受雷电过电压冲击的事故常有发生。目前通信电源系统的防雷已经成为重要的课题，开展防雷技术研讨十分重要。

## 7.3.1　雷电的分类及危害

雷电的产生原因目前学术界仍有争论，普遍的解释是地面湿度很大的气体受热上升与冷空气相遇形成积云，由于云层的负电荷吸附效应，在运动中聚集大量的电荷。当不同电荷的积云靠近时，或带电积云对大地的静电感应而产生异性电荷时，宇宙间将发生巨大的电脉冲放电，这种现象称为雷电。

1. 雷电流

试验表明，雷电过电压产生的雷电冲击波幅值可高达 1 亿伏，其电流幅值也高达几十万安。

雷电流波形如图 7-11a 所示，形如锯齿波。图中在 0 点通过 $C$ 点（电流峰值的 10% 处）和 $B$ 点（电流峰值的 90% 处）画一条直线与横轴相交。$T_1$ 称为波前时间，即 0 点到 $E$ 点（$1.25T$ 处）的时间间隔。$T_2$ 称为半峰值时间，即由 0 点到电流峰值再到峰值下降至一半的时间间隔。如较常见的 $8/20\mu s$ 模拟雷电流波形（在很多避雷元件上均标有 $8/20\mu s$ 或

$10/350\mu s$ 等），指该雷电流波形为 $T_1 = 8$（$1 \pm 20\%$）$\mu s$、$T_2 = 20$（$1 \pm 20\%$）$\mu s$ 的典型雷电流。

　　雷击分为两种形式，即感应雷与直击雷。感应雷是感应或电磁感应所产生的雷击；直击雷是雷电直接击中电气设备或线路，造成强大的雷电流通过击中的物体泄放入地。

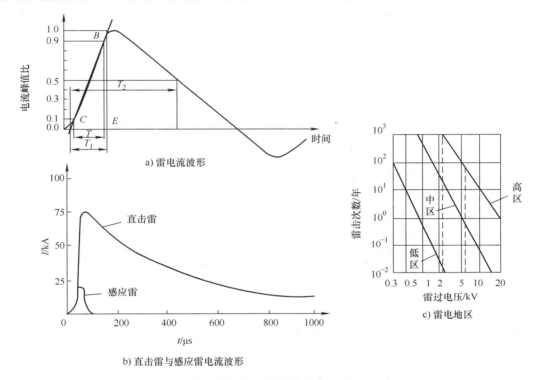

a) 雷电流波形

b) 直击雷与感应雷电流波形

c) 雷电地区

图 7-11　雷电流波形及雷电地区

　　直击雷与感应雷电流波形如图 7-11b 所示。由图可见，直击雷峰值电流可达 75kA 以上，所以破坏性很大。大部分雷击为感应雷，其峰值电流较小，一般在 15kA 以内。依据雷电活动的日期，将发生雷闪或雷声的时间称为雷暴日。年平均雷暴日小于 15 天的地区称为少雷区，超过 40 天的地区称为多雷区。又依据雷电过电压大小及每年平均发生雷电过电压的次数，可将雷电地区分为高、中、低区。

　　由图 7-11c 可见，以 6kV 雷电过电压而论，在低雷区每年不发生这种过电压雷击，而在中雷区每年平均发生 1～2 次，在高雷区每年平均有 70 次。说明同一雷电过电压情况下，高雷区雷击次数最多。

　　2. 雷电流的危害

　　雷电流在放电瞬间浪涌电流高达 1～100kA，上升时间不到 1μs，能量巨大，可损坏建筑物，中断通信，危害人身安全。但因遭受直接雷击范围小，故在造成的破坏中不是主要的危险，而其间接危害则不容忽视。

　　1）产生强大的感应电流或高压直击雷浪涌电流，若使天线带电，就会产生强大的电磁场，使附近线路和导电设备出现闪电的特征。这种电磁辐射作用破坏性很严重。

　　2）地面雷浪涌电流使地电位上升，依据地面电阻率与地面电流强度的不同，地面电压上升程度不一。但由于地面过电压的不断扩散，会对周围电子系统中的设备造成干扰，甚至被过电压损坏。

3）静电场增加，接近带电云团处周围静电场强度可升至 50kV/m，置于这种环境的空中线路电动势会骤增。而空气中的放电火花也会产生高速电磁脉冲，对电子设备造成干扰。

目前微电子设备的应用已十分普及，由于雷浪涌电流的影响而使设备耐过电压、耐过电流水平下降，并已在某些场合造成了雷电灾害。

3. 雷电流干扰

1）直击雷对通信大楼的环境影响。现代通信大楼采用了钢框架及钢筋互连结构，同时采用了常规防雷措施，如楼房顶上设有天线铁塔时，在铁塔上安装避雷针，而且避雷针由引线与接地装置互连；在大楼顶层安装避雷带和避雷网，并用连线与地相连。因此现代通信大楼已几乎不再发生直接雷击。但是环境恶劣的移动通信站、程控交换模块局、无人值守网路终端单元，均可遭受到直击雷。

资料表明，具有钢框架及钢筋互连结构的通信大楼，倘若发生直击雷电，其雷浪涌电流也不可以低估，这种电流从雷击点侵入，流至大楼的墙、柱、梁、地面的钢框架和钢筋中。而经避雷针流入的电流不多，绝大部分电流集中从外墙流入（也有少量从立柱中流入）。同时，在大楼内的雷浪涌电流几乎都从纵向立柱中侵入，而通过横向梁侵入的电流十分少。

若大楼外墙为混凝土钢筋结构，则由雷浪涌电流产生的楼层间电位差很小，如峰值为 200kV、波长为 12μs 的雷浪涌电流层间电位差仅为 0.8kV。在相同条件下若大楼外墙无钢筋结构，则层间电位差高达 8.2kV。此外，在雷浪涌电流入侵的柱子附近，还存在着很强的磁场（柱子与柱子之间的磁场有所削弱）。

从过去遭受直击雷的实例来看，当大楼的钢框架或钢筋侵入雷浪涌电流时，会使设在同一大楼内的各种电气设备之间产生电位差，同时还会出现很强的磁场。另外还会引起地电位上升，对大楼内通信装置或电源设备及其馈线路造成很大干扰。

2）雷击对电力电缆的影响。直击雷的冲击波作用于电力电缆附近大地时，雷电流会使雷击点周围土壤电离，并产生电弧，由于电弧形成的热效应、机械效应及磁效应等综合作用而使电缆压扁，并可导致电缆的内外金属粘连短路。另外，雷击电缆附近树木时，雷电流又可经树根向电缆附近土壤放电，也可使电缆损坏。

感应雷可在电缆表层与内部的导体间产生过电压，也会使电缆内部遭受破坏。因为雷电流在电缆附近放电入地时，电缆周围位置将形成很强的磁场，进而使电缆的内外产生很大的感应电压，造成电缆外层击穿和周围绝缘层烧坏。

## 7.3.2 常见的防雷元器件

防雷的基本方法可归纳为"抗"和"泄"。所谓"抗"指各种电器设备应具有一定的绝缘水平，以提高其抵抗雷电破坏的能力；所谓"泄"指使用足够的避雷元器件，将雷电引向自身从而泄入大地，以削弱雷电的破坏力。实际的防雷往往是两者结合，从而有效地减小雷电造成的危害。

常见的防雷元器件有接闪器、消雷器和避雷器三类。其中接闪器是专门用来接收直击雷的金属物体。接闪的金属杆称为避雷针，接闪的金属线称为避雷线，接闪的金属带金属网称为避雷带或避雷网。所有接闪器必须接有接地引下线与接地装置良好连接。接闪器一般用于建筑防雷。

　　消雷器是一种新型的主动抗雷设备。它由离子化发射装置、地电吸收装置及连接线组成，如图 7-12 所示。其工作机理是基于金属针状电极的尖端放电原理。当雷云出现在被保护物上方时，将在被保护物周围的大地中感应出大量的与雷云带电极性相反的异性电荷，地电吸收装置将这些异性感应电荷收集起来通过连接线引向针状电极（离子化发射装置）而发射出去，向雷云方向运动并与其所带电荷中和，使雷场减弱，从而起到了防雷的效果。实践证明，使用消雷器后可有效地防止雷害的发生，并具有取代普通避雷针的趋势。

　　避雷器通常是指防护由于雷电过电压沿线路入侵损害被保护设备的防雷元件，它与被保护设备输入端并联，如图 7-13 所示。

　　常见的避雷器有阀式避雷器、排气式避雷器、金属氧化物避雷器和气体放电管等。

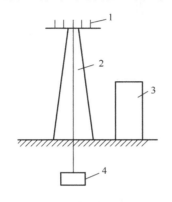

图 7-12　消雷器结构示意图
1—离子化发射装置　2—连接线　3—被保护物　4—地电吸收装置

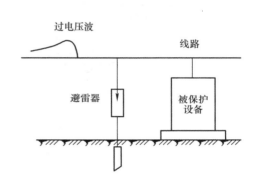

图 7-13　避雷器的连接

### 1. 阀式避雷器

　　阀式避雷器由火花间隙和阀片组成，装在密封的磁套管内。火花间隙用铜片冲制而成，每对间隙用厚为 0.5 ~ 1mm 的云母垫圈隔开，如图 7-14 所示。正常情况下，火花间隙阻止线路工频电流通过，但在雷电过电压作用下，火花间隙被击穿放电。紧挨着火花间隙的阀片是由陶料粘

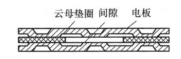

图 7-14　阀式避雷器的火花间隙结构

固起来的电工用金刚砂组成，具有非线性特性，正常电压时阀片电阻很大，过电压时阀片电阻变得很小，因此阀式避雷器在线路上出现过电压时，其火花间隙击穿，阀片能使雷电流顺畅地向大地泄放。当过电压一消失、线路上恢复工频电压时，阀片呈现很大的电阻，使火花间隙绝缘迅速恢复而切断工频续流，从而保护线路恢复正常运行。必须注意：雷电流流过阀电阻时要形成电压降，这就是残余的过电压，称为残压。残压要加在被保护设备上，因此残压不能超过设备绝缘允许的耐压值，否则设备绝缘仍要被击穿。

　　阀式避雷器中火花间隙和阀片的多少与工作电压的高低成比例。如图 7-15a 和图 7-15b 所示分别为国产 FS4 - 10 型高压阀式避雷器和 FS - 0.38 型低压阀式避雷器的结构示意图。

### 2. 排气式避雷器

　　排气式避雷器通称管型避雷器，由产气管、内部间隙和外部间隙等部分组成，如

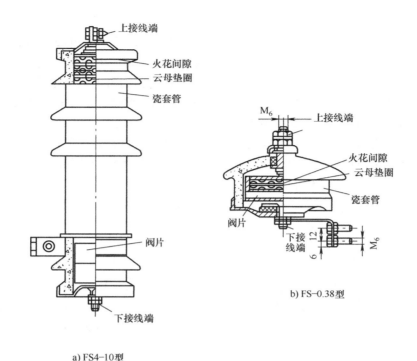

a) FS4–10型

图 7-15 高低压阀式避雷器结构示意图

图 7-16所示。内部间隙装在产气管内,一个电极为棒形,另一个电极为环形。

当线路上遭到雷击或感应雷时,过电压使排气式避雷器的外部间隙和内部间隙被击穿,强大的雷电流通过接地装置入地。随之通过避雷器的是供电系统的工频续流,雷电流和工频续流在管子内部间隙发生强烈电弧,使管子内壁的材料燃烧,产生大量灭弧气体。由于管子容积很小,这些气体的压力很大,因而从管口喷出,强烈吹弧,在电流第一次过零时,电弧即可熄灭,全部灭弧时间至多 0.01s。这时外部间隙的空气恢复绝缘,使避雷器与系统隔离,恢复系统的正常运行。排气式避雷器具有残压小的突出优点,且简单经

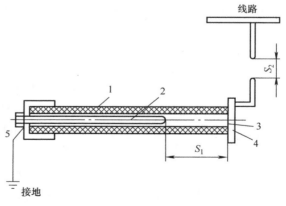

图 7-16 排气式避雷器
1—产气管 2—内部电极 3—排气口 4—外部电极
5—接地极 $S_1$—内部间隙 $S_2$—外部间隙

济,但动作时有气体吹出,因此只用于室外线路,变配电所内一般采用阀式避雷器。

3. 金属氧化物避雷器 (MOA)

金属氧化物避雷器又称压敏电阻避雷器,是一种没有火花间隙,只有压敏电阻片的新型避雷器。压敏电阻片是由氧化锌或氧化铋等金属氧化物烧结而成的多晶半导体陶瓷元件,具有理想的阀阻特性。在工频电压下,它呈现出极大的电阻,能迅速有效地抑制工频续流。因

此无须火花间隙来熄灭由工频续流引起的电弧；而在过电压情况下，其电阻又变得很小，能很好地泄放雷电流。目前，金属氧化物避雷器已广泛用作低压设备的防雷保护。随着其制造成本的降低，它在高压系统中也开始获得推广应用。

金属氧化物避雷器的主要技术指标有：

1）压敏电压（$U_{1mA}$）。压敏电压是指通流电流为 1mA 时的电压。

2）流通容量。流通容量是指采用可提供短路电流波形（如 8/20μs）的冲击发生器，所测量的允许通过的电流值。

3）残压比。浪涌电流通过压敏电阻时所产生的降压称为残压，残压比是指能流 100A 时的残压与压敏电压的比值，即 $U_{100A}/U_{1mA}$，有时也可取 $U_{3kA}/U_{1mA}$。

4）泄漏电流。泄漏电流是在小于压敏电压（如 $0.75U_{1mA}$）的低电压作用下，压敏电阻中流过的电流。泄漏值越小越好，一般不得大于 30μA。

5）响应时间。响应时间是指压敏电阻两端加上压敏电压到阀片完全导通所需要的时间。一般响应时间不大于 50ms，对于同一电压等级的压敏电阻，用相同模拟雷电冲击电流，响应时间越短，残压越低。

6）额定运行电压。额定运行电压是指允许长期连续施加在压敏电阻两端的工频电压有效值（或直流电压值）。压敏电阻在吸收暂态过电压能量后自身温度升高，在此电压作用下能正常冷却，不会发生热击穿。

将额定运行电压记为 $U_c$，一般压敏电压与额定运行电压的关系为

$$U_{1mA} = 1.1 \times \sqrt{2}U_c \tag{7-1}$$

压敏电压的选择原则是经常施加的电压峰值小于压敏电压，使压敏电阻的长期温升小，处于安全状态。考虑到电网电压的波动、压敏电阻标称电压误差 ±10%、长期运行后压敏电阻老化压敏电压会降低 10% 左右等因素，通常取

$$U_{1mA} = (2.2 \sim 2.4)U \tag{7-2}$$

式中，$U$ 为交流额定电压有效值。

4. 气体放电管

气体放电管是一种密封于放电介质中的一个或一个以上放电间隙组成的器件。它密封在玻璃管或陶瓷外壳内，管内充入电气性能稳定的惰性气体（如氩气或氖气），体积较小。气体放电管用于低压弱电设备防雷。其工作原理是气体放电，当极间的电场强度超过气体的击穿强度时，引起间隙放电，气体放电管从原来的高阻抗状态立即变成低电阻状态，大量过电流通过间隙旁路到大地，从而限制了气体放电管两端的电压，使与它并联的设备得到保护。当过电压消除后，气体放电管立即恢复到高阻抗状态。

气体放电管极间绝缘电阻大、寄生电容很小，对高频电子线路的雷电防护具有明显优势，不足之处在于其放电延时较大，动作灵敏度不够理想，对于波头上升陡度较大的雷电波难以有效抑制。

常用的气体放电管有二极放电管和三极放电管，其封装外壳材料多为陶瓷，故称为陶瓷放电管。

### 7.3.3 通信电源系统的防雷保护措施

1. 防雷区

由于防护环境遭受直击雷或间接雷破坏的严重程度不同，因此应分别采取相应措施进行防护。防雷区是依据电磁场环境有明显改变的交界处而划分的，通称为第一级、第二级、第三级和第四级防雷区。

第一级防雷区指直击雷区，此区内各导电物体一旦遭到雷击，雷浪涌电流将经过此物体流向大地，在环境中形成很强的电磁场。

第二级防雷区指间接感应雷区，此区内各导电物体可以流经感应雷浪涌电流，该电流小于直击雷浪涌电流，但在环境中仍然存在强电磁场。

第三级防雷区内各导电物体可能流经的感应雷浪涌电流比第二级防雷区小，环境中磁场已很弱。

当需进一步减小雷电流和电磁场时，应引入第四级防雷区。

2. 防雷器的安装与配合原则

依据 IEC 1313—31996 文件要求，将建筑物内外的电力配电系统和电子设备运行系统划分为 12 个防雷区，并将几个防雷区的设备一并连接至等电位连接带上。

由于各防雷区对保护设备的损坏程度不一，因此对各区所安装的防雷器的数量和分断能力要求也不同。必须合理选择各通信局（站）防雷保护装置，且彼此间应很好配合。配合原则如下：

1）借助限压型防雷器具有的稳压限流特性，不加任何去耦元件（如电感 $L$）。

2）采用电感或电阻作为去耦元件（可分立或利用防雷区设备间的电缆具有的电阻和电感），电感用于电源系统，电阻用于通信系统。

在通信局（站），防雷保护系统的防雷器配合方案为：前级防雷器具有不连续电流/电压特性，后级防雷器具有防压特性。前级放电间隙出现火花放电，使后级防雷浪涌电流波形改变，因此后级防雷器的放电只存在低残压的放电。

3. 几种防雷保护

直击雷的最大浪涌电流为 75 ~ 80kA，所以防雷器最大放电电流定为 80kA。而间接保护又分主级保护和次级保护两大类，主级保护防雷器经受一次雷击而不遭受破坏时所能承受的最大放电电流值，以 $8/20\mu s$ 波为例，典型值定为 40kA；次级防雷器为主级防雷器后续防雷器，典型值定为 10kA。依据 NFC17 – 102 标准，绝大多数直接雷击的放电电流幅值低于 50kA，所以 40kA 分断一级防雷器是合适的。

1）电力变压器的防雷保护。电力变压器的低压侧都应装防雷器。在低压侧采用压敏电阻避雷器，两者均做 Y 联结，它们的汇集点与变压器外壳接地点一起组合就近接地，如图 7-17 所示。

2）通信局（站）交流配电系统的防雷保护。为了消除直击雷浪涌电流与电网电压的波动影响，依据负载的性质采用分级衰减雷击残压或能量的方法来抑制雷电的侵犯。

YD/T 1051—2018 中规定，出、入局电力电缆两端的芯线应加氧化锌避雷器，变压器高低压相线也应分别加氧化锌避雷器。因此将通信电源交流系统低压电缆进线作为第一级防雷，交流配电屏作为第二级防雷，整流器输入端口作为第三级防雷，如图 7-18a 所示。

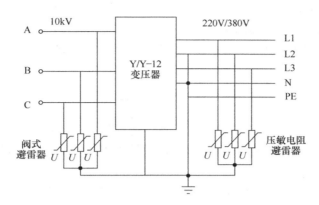

图 7-17　电力变压器的防雷保护

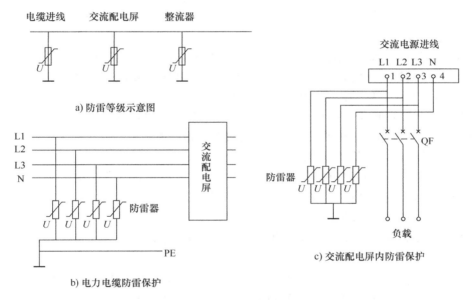

图 7-18　通信局（站）交流配电系统的防雷保护

3）电力电缆防雷保护。在电力电缆馈电至交流配电屏之前约 12m 处，设置避雷装置作为第一级防雷保护。如图 7-18b 所示。L1、L2、L3 每相对地之间分别装设一个防雷器，N 线至地之间也装设一个防雷器，防雷器公共点和 PE 线相连。

第一级防雷保护系统中的防雷器应具备 80kA 每级通流量，以达到防直接雷击的电气要求。

4）交流配电屏内防雷保护。由于在前面已设有第一级防雷保护，故交流配电屏只承受感应雷击，每级通流量小于 15kA，以及 1300～1500V 残压侵入。这一级为第二级防雷保护，如图 7-18c 所示。

防雷器接在断路器 QF 之前，以防断路器受雷击。防雷电路是在相线与 PE 线之间接压敏电阻，同时在中性线与地之间也接压敏电阻，以防雷击可能从中性线侵入。

5）整流器防雷保护。在整流器的输入电源设置的防雷器为第三级防雷保护，防雷器装在交流输入断路器之前，每级通流量小于5kA，相线间只需承受500～600V残压侵入。

有些整流器在输出滤波电路前接有压敏电阻，或在直流输出端接有电压抑制二极管。它们除了作为第四级防雷保护外，还可抑制直流输出端有时会出现的操作过电压。

## 小结

1）所谓接地，就是为了工作或保护的目的，将电气设备或通信设备中的接地端子，通过接地装置与大地进行良好的电气连接，并将该部位的电荷注入大地，达到降低危险电压和防止电磁干扰的目的。

2）接地装置的接地电阻一般由接地引线电阻、接地体本身电阻、接地体与土壤的接触电阻以及接地体周围呈现电流区域内的散流电阻四部分组成。其中影响最大的是接触电阻和散流电阻。

3）影响土壤电阻率的因素主要有土壤的性质、土壤的温度、土壤的湿度、土壤的密度和土壤的化学成分。

4）距离接地体越远，接地的对地电压越小、接触电压越大、跨步电压越小。

5）通信电源接地系统按带电性质可分为交流接地系统和直流接地系统两大类。按用途可分为工作接地系统、保护接地系统和防雷接地系统。

6）随着外界电磁场干扰的日趋增大，分设接地系统的缺点日趋明显。目前普遍采用联合接地系统，由接地体、接地引入、接地汇集线和接地线组成，并使整个大楼内的所有接地系统联合组成低接地电阻值的均压网。

7）雷电的危害越来越被重视，雷击分为两种形式：感应雷与直击雷。常见的防雷元器件有接闪器、消雷器和避雷器三类，其中金属氧化物避雷器（MOA）由于其理想的阀阻特性和防雷性能已被广泛用作低压设备的防雷保护。

8）根据遭受直击雷或间接雷破坏的严重程度，将防雷区划分为第一级、第二级、第三级和第四级防雷区。

9）通信防雷保护系统的防雷器配合方案为：前级防雷器具有不连续电流/电压特性，后级防雷器具有防压特性。前级放电间隙出现火花放电，使后级防雷浪涌电流波形改变，因此后级防雷器的放电只存在低残压的放电。

思 考 题

1. 接地系统由哪些装置组成？
2. 影响土壤电阻率的因素有哪些？
3. 为什么设备保护接地要求就近接地？
4. 试用图示交流工作接地的接法，并说明交流工作接地的作用。
5. 画一个TN-S系统示意图，并说明A相搭壳后的保护过程，及PE线和N线严格绝缘布放的原因。
6. 直流工作接地的作用有哪些？通常正极接地的原因是什么？
7. 联合接地系统与分设接地系统相比有哪些优点？
8. 通信电源接地的分类、定义和各自目的是什么？

# 第8章

# 电气安全

08

电气安全十分重要，它涉及的面比较宽，如电源机房应按有关规定满足防火、抗震等防灾害要求，工作人员应严格遵守操作规程，安全生产管理应常抓不懈等。就通信电源系统本身而言，为了保证人身、设备和供电的安全，应满足以下要求：首先，通信局（站）电源系统应具有完善的接地与防雷设施，具备可靠的过电压和雷击防护功能，电源设备的金属壳体应可靠地保护接地；其次，通信电源设备及电源线应具有良好的电气绝缘，包括有足够大的绝缘电阻和足够高的绝缘强度；最后，通信电源设备应具有保护与告警性能。

## 8.1 电气安全与专用工具

### 8.1.1 安全方针与安全措施

在实际工作中，造成人身触电伤亡事故的原因主要有：

（1）违章操作

1）违反停电检修安全工作制度，因误合电闸造成维修人员触电。

2）违反带电作业安全操作规程，使操作人员触及电器的带电部位。

3）带电移动电器设备。

4）用水冲洗或用湿布擦拭电器设备。

5）违章救护他人触电，造成救护者一起触电。

6）酒后进行带电作业。

7）对有高压电容的线路检修时未进行放电处理，导致触电。

（2）施工不规范

1）误将电源保护地线与零线连接，且插座相线、零线位置接反使机壳带电。

2）插头接线不合格，造成电源线外露，导致触电。

3）插座安装过低，使人体触及插座造成触电。

4）照明电路的中性线接线不良或安装熔断器装置，中性线断开导致线路电压异常变化。

5）照明线路敷设不符合规范，造成搭接物带电。

6）随意加大熔丝的规格，失去短路保护作用，导致电器破坏。

7）施工中未对电器设备进行接地保护处理。

（3）产品质量不合格

1）电器产品缺少保护设施，造成电器在非常情况下的损坏和触电。

2）带电作业时，使用不合格的工具或绝缘设施造成维修人员触电。

3）产品使用劣质材料，使绝缘等级、抗老化能力很低，容易造成触电。

4）生产工艺粗制滥造。

5）电热器具使用塑料电源线。

（4）其他偶然事件因素的作用

某些偶然事件也可能造成触电事故，如狂风吹断树枝将电线砸断使行人触电；雨水浸入电器设备而使机壳漏电等。

为了防止电气事故的发生，日常操作和使用电器设备时应采取必要的安全措施，具体的安全措施主要包括：

1）各种电器设备的金属外壳必须加装良好的保护接地措施。

2）随时检查电器内部电路与外壳间的绝缘电阻，凡是绝缘电阻不符合要求的，应立即停止使用。使用电器前要仔细查看电源线及插头。

3）室内线路及临时线路的横截面积应符合载流量的要求，使用的导线种类及敷设工艺应符合规范要求。

4）各种电器设备的安装必须按照规定的高度和距离施工，相线与零线的接线位置要符合用电规范。

5）刀开关的电源进线必须接静触头，保证拉闸后线路不带电。刀开关需垂直安装，并使静触头在上方，以免拉闸后自动闭合造成意外。

6）低压电路应采取停电检修安全工作方式，检修前在相线上装好临时接地线，或在拉闸处挂上警告牌，或是拔去熔丝上盖并随身带走，防止误合闸。操作时应视同带电操作。

7）带电维修时，必须严格执行带电操作安全规程，做好对地绝缘，进行单线操作。使用的工具必须具有良好的绝缘手柄。

8）熔丝的更换不得擅自加级，更不能用铜线代替。

9）发生电器火灾时，应先切断电源，不要轻易用水去灭火。

10）危险的带电设备应外加防护网，以防与人体接触。

11）加强安全用电宣传和安全用电知识的普及。

## 8.1.2 电气安全基本知识

人体触电时，电流对人体会造成两种伤害，即电击和电伤。

电击是指电流通过人体，使人体组织受到损伤，这种伤害会造成身体发麻、肌肉抽搐、神经麻痹，引起心颤、昏迷、窒息和死亡。

电伤是指电流对人体外部造成的局部伤害，它是由于在电流的热效应、化学效应、机械效应及电流本身的作用下，使熔化和蒸发的金属微粒侵入人体，使局部皮肤受到灼伤、烙伤和皮肤金属化损伤等，严重的也能致人死亡。

触电对人体的伤害程度与人体电阻、通过的电流强度、触电电压、电流频率、电流路径、持续的时间等因素有关。

（1）人体电阻

人体电阻因人而异，通常在 1500～2000Ω 之间。触电面积越大，靠得越近，人体电阻越小。因此在相同情况下，不同的人受到的触电伤害也不同。在触电安全的有关计算中，通常认定人体电阻平均值为 2000Ω，计算时一般取下限值 1700Ω。

在测量电阻值时，不能两只手同时接触电阻引脚，否则会将人体电阻并联在被测电阻上，影响测量精度。

（2）电流强度

人体通过 1mA 工频交流电或 5mA 直流电时，会有麻、痛的感觉；通过 20mA 工频交流电或 30mA 直流电时，会感到麻木、剧痛，且失去摆脱电源的能力，如果持续时间过长，会引起昏迷而死亡；通过 100mA 工频交流电时，会引起呼吸窒息、心跳停止、很快死亡。因此，漏电保护电流通常设定为 20mA。

人体通过不同强度电流时的生理反应见表 8-1。

表 8-1　人体通过不同强度电流时的生理反应

| 触电电流类别 | 触电时人体的生理反应 | 电流值（工频，有效值）/mA |
| --- | --- | --- |
| 最小感知电流 | 人体感受到触电的刺激 | 1～2 |
| 痛苦电流 | 感觉痛苦，但能自我克制 | 2～8 |
| 自由电流 | 这是触电后人体靠自身的力量能安全摆脱的最大允许电流 | 8～15 |
| 不自由电流 | 人体受到电击，靠自身的力量不能摆脱，这时人体的肌肉剧烈地收缩 | 15～50 |
| 心室颤动电流 | 电流流过人体，会使心脏停止跳动，即使脱离电流，人在数分钟内也可能死亡 | 50～100 |

据表 8-1 可确定安全电流值的大小。安全电流是人体触电后最大的摆脱电流。我国规定的安全电流值为 30mA（50Hz 交流），这是触电时间不超过 1s 的电流值，因此安全电流值也称为 30mA·s。

（3）电流频率

实践证明，40～60Hz 的交流电对人体最危险。随着频率的增加，危险性将降低。高频电流不仅不伤害人体，还可以用于医疗保健。不同频率的触电电流对人体的生理影响是不同的，见表 8-2。

表 8-2　不同频率的触电电流对人体的生理影响

| 触电时人体的生理影响 | 流经人体的电流/mA | | |
| --- | --- | --- | --- |
| | 直流 | 工频 | 1000Hz |
| 感知电流 | 5 | 1 | 10 |
| 伴随痛苦，但能自行摆脱 | 60 以下 | 10 以下 | 70 以下 |
| 痉挛痛苦，不能自行摆脱 | 60～65 | 10～15 | 70～75 |
| 强烈痉挛，剧烈痛苦 | 90 | 25 | 95 |

（4）电流持续时间

通过人体的电流持续的时间越长，人体电阻因出汗等原因会变得越小，导致通过人体的电流增加，触电的危险亦随之增加。

（5）电流路径

电流通过人体头部可使人昏迷；通过脊髓可能导致瘫痪；通过心脏会导致精神失常、心跳停止、血液循环中断，危险性最大。不同通电路径影响心室颤动极限电流值的试验结果表明，电流从右手到左脚的路径是最危险的。

（6）电压

从安全角度看，确定对人体而言的电气安全条件通常采用安全电压的概念，因为影响电流变化的因素很多，而电力系统的电压却较为恒定。

当人体接触电压后，随着电压的升高，人体电阻会有所降低。若人体接触了高电压，则因皮肤受损破裂而会使人体电阻下降，通过人体的电流也会随之增大。在高电压情况下，即使不接触，接近时也会受到感应电流的影响，因而是很危险的。试验证实，触电电压高低对人体的影响及允许接近的最小安全距离见表 8-3。

表 8-3 触电电压高低对人体的影响及允许接近的最小安全距离

| 触电电压高低对人体的影响 | | 允许接近的安全距离 | |
|---|---|---|---|
| 电压/V | 对人体的影响 | 电压/kV | 设备不停电时的安全距离/m |
| 10 | 全身在水中时跨步电压界限为 10V/m | 10 及以下 | 0.7 |
| 20 | 湿手的安全界限 | 20~35 | 1.0 |
| 30 | 干燥手的安全界限 | 44 | 1.2 |
| 50 | 对人的生命无危险界限 | 60~110 | 1.5 |
| 100~200 | 危险性急剧增大 | 154 | 2.0 |
| 200 以上 | 对人的生命有危险 | 220 | 3.0 |
| 3000 | 被带电体吸引 | 330 | 4.0 |
| 10000 以上 | 有被弹开而脱离的可能 | 500 | 5.0 |

触电电压越高，通过人体的电流就越大，对人体也就越危险。应根据使用环境、使用人员和使用方式等因素选择电气设备的安全电压等级。我国国家标准规定的安全电压等级主要有 48V、36V、24V、12V、6V 等。

人体触电的形式如下：

（1）单相触电

人体的一部分与一根带电相线接触，另一部分又同时与大地（或中性线）接触而造成的触电称为单相触电，其危险程度根据电压的高低、绝缘情况、电网的中性点是否接地以及每相对地电容量的大小等决定。单相触电是最常见的一类触电事故。

（2）两相触电

人体的不同部位同时接触两根带电相线时的触电称为两相触电。这种触电的电压高（人体承受的是线电压），危险性更大。单相触电和两相触电如图 8-1 所示。

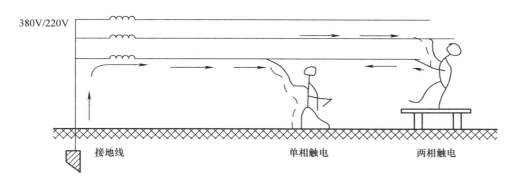

图 8-1 单相触电和两相触电

（3）跨步电压触电

电力线落地后会在导线周围形成一个电场，电位的分布是以接地点为圆心逐步降低。当有人跨入这个区域，两脚之间的电位差会使人触电，这个电压称为跨步电压，如图 8-2 所示。通常高压线形成的跨步电压对人体有较大危险。如果误入接地点附近，应采取双脚并拢或单脚跳出危险区。一般在 20m 以外，跨步电压就降为零了。

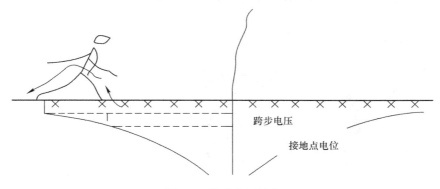

图 8-2 跨步电压触电

## 8.1.3 电气安全用具

为了防止电气工作人员在工作中发生触电、电弧烧伤、电灼伤、高空坠落摔跌以及煤气中毒等事故，从事电气运行和施工的单位必须配备充足、合格的电气安全用具，同时电气工作人员必须学会并正确使用各类相应的电气安全用具，以保障电气工作人员的人身安全及电力网的安全运行。

在电力系统、电力网以及用户的供配电系统和各类用电环节中，对电气设备或电气设施的安装施工、检修试验、运行操作及巡视维护等，都必须使用相应的电气安全用具。正确并恰当地使用电气安全用具，是保障电工作业（包括运行）人员人身安全及相应设备（乃至电力网）安全运行的基本条件之一。

电气安全用具分绝缘安全用具和防护安全用具两大类。

属于防护安全用具的有安全带、安全帽、安全照明灯具、防毒面具、护目眼镜、标示牌和临时遮拦等，可分为人体防护用具、安全技术防护用具及登高作业安全用具三类。

属于绝缘安全用具的有绝缘棒、绝缘夹钳、绝缘台、绝缘手套、绝缘靴（鞋）、绝缘垫、验电器（笔）、携带型接地线等。绝缘安全用具又可分为以下两类：

1）基本安全用具。基本安全用具的绝缘强度大，能长时间承受电气设备的工作电压，并能在该电压等级产生内过电压时保证工作人员的人身安全，如绝缘棒、绝缘夹钳及验电器等。

2）辅助安全用具。辅助安全用具的绝缘强度小，不能承受电气设备的工作电压，只是用来加强基本安全用具的保安作用，能防止接触电压、跨步电压和电弧对操作人员的伤害，如绝缘台、绝缘手套、绝缘靴（鞋）及绝缘垫等。

1. 基本安全用具

高压绝缘安全用具中的基本安全用具有绝缘棒、绝缘夹钳、验电器、高压核相器、钳形电流表等。

（1）绝缘棒

绝缘棒又称绝缘杆、操作杆、令克棒，主要用于合上或断开高压隔离开关（如图 8-3 所示）、跌落式熔断器，安装和拆除携带型接地线（如图 8-4 所示）以及进行带电测量和试验等工作。带电作业时要使用各种专用的绝缘棒，要求绝缘棒具有良好的绝缘性能和足够的机械强度。

绝缘棒由工作部分、绝缘部分和握手部分三部分组成，结构如图 8-5 所示。

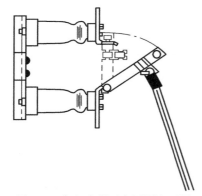  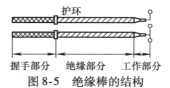

图 8-3　合上或断开高压隔离开关　　图 8-4　安装和拆卸携带型接地线　　图 8-5　绝缘棒的结构

绝缘棒工作部分一般用金属制成。根据工作的需要，工作部分可做成不同的样式，其长度在满足工作需要的情况下，应尽量缩短，一般为 5～8cm，以避免由于过长而在操作时造成相间或接地短路。

绝缘部分和握手部分由护环隔开，由环氧玻璃布管制成。绝缘部分和握手部分的最小长度根据电压等级、使用场所的不同而确定，一般参数见表 8-4，其中绝缘部分的长度不包括与金属部分衔接的那一部分长度。

表 8-4　绝缘棒绝缘部分和握手部分的最小长度

| 电压等级/kV | 10 | 35 | 110 | 220 | 500 |
| --- | --- | --- | --- | --- | --- |
| 绝缘部分最小长度/m | 0.7 | 0.9 | 1.3 | 2.1 | 4.0 |
| 握手部分最小长度/m | 0.3 | 0.6 | 0.9 | 1.1 | 4.0 |

（2）绝缘夹钳

绝缘夹钳主要在 35kV 及以下电气设备上带电装拆熔断器等工作时使用。

绝缘夹钳由工作部分、绝缘部分和握手部分三部分组成，如图 8-6 所示，各部分所用材料与绝缘棒相同。

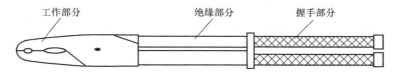

图 8-6　绝缘夹钳的结构

绝缘夹钳的钳口要保证夹紧熔断器，绝缘部分和握手部分的最小长度不应小于表 8-5 中的数值。

表 8-5　绝缘夹钳绝缘部分和握手部分的最小长度

| 电压等级/kV | 户内设备用 | | 户外设备用 | |
|---|---|---|---|---|
| | 绝缘部分/m | 握手部分/m | 绝缘部分/m | 握手部分/m |
| 10 | 0.45 | 0.15 | 0.75 | 0.20 |
| 35 | 0.75 | 0.20 | 1.20 | 0.20 |

（3）验电器

验电器分为高、低压两类，主要用途是检查电气设备或线路是否带有电压，高压验电器还可用于测定是否存在高频电场。

1）高压验电器。高压验电器作为高压设备、导线验电的一种专用安全器具，在装设接地线前必须用高压验电器进行验电以确认无电。

高压验电器由指示部分、绝缘部分和握把部分三部分组成，如图 8-7 所示。

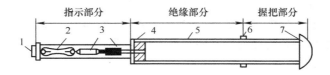

图 8-7　高压验电器的结构

1—工作触头　2—氖灯　3—电容器　4—接地螺钉　5—绝缘筒　6—隔离护环　7—握柄

指示部分包括金属接触电极和指示器。绝缘部分和握把部分一般用环氧玻璃布管制成，中间装有明显的标志或装设护环，两者的最小长度见表 8-6。

表 8-6　高压验电器的绝缘部分和握把部分的最小长度

| 电压等级/kV | 10 | 35 | 110 | 220 | 500 |
|---|---|---|---|---|---|
| 绝缘部分最小长度/m | 0.7 | 0.9 | 1.3 | 2.1 | 4.0 |
| 握把部分最小长度/m | 0.12 | 0.15 | 0.3 | 0.5 | 0.8 |

目前常用的高压验电器主要有声、光型和回转带声、光型两种。

声、光型高压验电器的特点是当验电器的金属电极接触带电体时，验电器流过的电容电流会发出声、光告警信号。

回转带声、光型验电器的特点是利用带电导体尖端放电产生的电风来驱使指示器叶片旋转，同时发出声、光告警信号。

2）低压验电器。低压验电器（俗称验电笔）是检验低压电气设备或线路是否带电的专用测量工具。

低压验电器的结构如图8-8所示，由一个高值电阻、氖管、弹簧、金属触头和器身组成。为了工作方便，低压验电器常被做成钢笔式或螺钉旋具式。

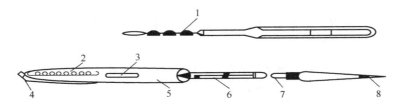

图8-8　低压验电器的结构

1—绝缘套筒　2—弹簧　3—小窗　4—笔尾的金属体（笔卡）　5—笔身　6—氖管　7—电阻　8—笔尖的金属体

当用低压验电器测试带电体时，便由带电体经试电笔、人体到大地形成了回路（即使穿了绝缘鞋或站在绝缘物上，也同样是形成了回路。因绝缘物的泄漏电流和人体与大地之间的电容电流足以使氖泡起辉）。只要带电体和大地间的电位差超过一定数值（通常约40～60V）；低压验电器就会发出辉光。

（4）高压核相器

高压核相器用于额定电压相同的两个系统的核相定相，以使两个系统具备并列运行的条件。

高压核相器由长度与内部结构基本相同的两根测量杆、带切换开关的检流计组成。测量杆用环氧玻璃布管制成，分为工作部分、绝缘部分和握柄部分三部分，其有效绝缘长度与绝缘棒相同。握柄与绝缘部分交接处应有明显标志或装设护环。

（5）低压钳形电流表

低压钳形电流表是利用电磁感应原理，在不断开导线的情况下测量导线电流的工具。

低压钳形电流表由可以开合的钳形铁心互感器和绝缘部分组成，上面装有可以变更量程的电流表，如图8-9所示。

2. 辅助安全用具

辅助安全用具有绝缘手套、绝缘靴、绝缘垫、绝缘台、绝缘毯、绝缘隔板、绝缘绳、绝缘罩等。辅助安全用具的绝缘强度不能承受电气设备或线路的工作电压，只能加强基本安全用具的保护作用，用来防止接触电压、跨步电压、电弧灼伤对操作人员的危害。必须注意，不能用辅助安全用具直接接触高压电气设备的带电部分。

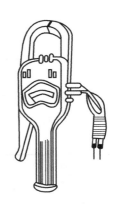

图8-9　低压钳形电流表

（1）绝缘手套

绝缘手套是在高压电气设备上操作时使用的辅助安全用具，在低压带电设备或线路上操作时又可作为基本安全用具。操作高压隔离开关、高压跌落式熔断器以及装、拆接地线时均应戴绝缘手套。

绝缘手套由特种橡胶制成，一般分为 12kV 和 5kV 两种（以试验电压分类），长度一般不应小于 30～40cm，戴上后至少应超出手腕 10cm。

（2）绝缘靴（鞋）

绝缘靴（鞋）的作用是方便人体与地面绝缘。绝缘靴在进行高压操作时作为与地绝缘的辅助安全用具，也可作为防止跨步电压的基本安全用具；绝缘鞋则仅能在低电压场合下使用。

绝缘靴（鞋）由特种橡胶制成。绝缘靴通常不上漆，它与涂有光泽黑漆的橡胶雨靴在外观上有所不同。

绝缘靴的规格为：37 号 ~ 41 号，靴筒高（230 ± 10）mm；41 号 ~ 43 号，靴筒高（250 ± 10）mm。绝缘鞋的规格为 35 号 ~ 45 号。

（3）绝缘垫

绝缘垫一般铺在配电室的地面上以及控制屏、保护屏和发电机、调相机的励磁机两侧，其作用与绝缘靴基本相同。当进行带电操作开关时，绝缘垫可增强操作人员的对地绝缘，避免或减轻发生单相接地或电气设备绝缘损坏时接触电压与跨步电压对人体的伤害。在 1kV 以下低压配电室地面上铺绝缘垫，可作为基本安全用具起到绝缘作用（万一接触带电部位时也不致发生重大伤害）；而在 1kV 以上时，绝缘垫仅作为辅助安全用具。

绝缘垫由特种橡胶制成，表面有防滑条纹或压花，其厚度不应小于 4mm，有 6mm、8mm、10mm 及 12mm 共 5 种规格，宽度为 1m，长度为 5m。

（4）绝缘隔板

绝缘隔板的作用如下：

1）当停电检修设备时，如果邻近有带电设备，应在两者之间放置绝缘隔板，以防止检修人员接近带电设备。

2）在母线带电时，若分路断路器停电检修，则在该开关的母线侧隔离开关闸口之间放置绝缘隔板，以防止刀开关由于机械故障或自重而自由下落，导致向停电检修部分误送电。

3）在断开的 6~10kV 隔离开关的动、静触头之间放置绝缘隔板，以防止检修设备突然来电。

绝缘隔板一般用环氧玻璃布板制成，用于 10kV 电压等级的绝缘隔板厚度应不小于 3mm，用于 35kV 电压等级的绝缘隔板厚度应不小于 4mm。绝缘隔板的大小应满足一定的安全要求。

绝缘隔板的安装使用有两种，一种是绝缘隔板和带电设备直接接触（如刀开关动、静触头间），在放绝缘隔板时，应使带电体到绝缘隔板边缘的距离不小于 20cm。操作中，操作人员不得和绝缘隔板接触。这种安装使用方式只限于 35kV 以下。另一种是绝缘隔板和带电导体保持一定的安全距离，具体见表 8-7，此时绝缘隔板的大小应根据带电体的外围尺寸和操作人员的活动范围而定，以保证操作人员在操作中不会造成对带电体的危害靠近。

表 8-7　带电体到绝缘隔板边缘的最小距离

| 电压等级/kV | 最小距离/m |
|---|---|
| 10 及以下 | 0.70 |
| 35 | 0.90 |

（5）绝缘罩

当操作人员与带电部分之间的安全距离达不到要求时，为了防止操作人员触电，可将绝缘罩放置在带电体上。

绝缘罩一般用环氧树脂玻璃丝布板制成。

（6）绝缘台

绝缘台是在任何电压等级的电力装置中作为带电工作时使用的辅助安全用具。绝缘台的台面用干燥的、漆过绝缘漆的木板或木条做成，四角用绝缘瓷瓶作为台脚，如图 8-10 所示。

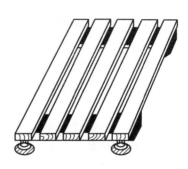

图 8-10　绝缘台

绝缘台面的最小尺寸为 0.80m × 0.80m。为便于移动、消扫和检查，台面不要做得太大，一般不超过 1.5m × 1.0m。台面条板间的距离不得大于 2.5cm，以免鞋跟陷入。台面的边缘不得伸出支持绝缘瓷瓶的边缘以外，以免操作人员站立在台面边缘时发生倾倒。绝缘瓷瓶的高度不小于 10cm。

3. 防护安全用具

防护安全用具本身没有绝缘性能，但却可以起到保护操作人员以避免受到伤害的作用。如前所述，防护安全用具根据其具体作用的不同，可分为人体防护用具、安全技术防护用具和登高作业安全用具三类。

人体防护用具的作用就是对人体本身进行直接防护，避免遭到外来物的伤害，包括安全帽、护目镜、防护工作服及防毒面具等。

安全技术防护用具是为实现保障安全的技术措施而制作的，通过这些用具的设立或使用，起到诸如防止走错间隔、防止突然来电、保证与带电体的安全距离等作用。这类安全用具有各种标示牌、携带型接地线、临时遮拦及安全照明灯具等。

登高作业安全用具是在进行登高作业时使用的专用安全用具。如绝缘（竹、木）梯、脚扣、升降板、安全带、安全绳、安全网等。

（1）安全帽

安全帽是对人体头部受外力伤害起防护作用的安全用具。在变配电构架、架空线路等电气设施的安装或检修现场，以及在可能有上空落物的工作场所，都必须戴上安全帽，以免落物打伤头部。

安全帽的防护作用大体分为：

1）对飞来物体击向头部时的防护。

2）万一从 2m 及以上高处坠落时对头部的防护。

3）在沟道内行走，头部碰到障碍物时的防护，或从交通工具上甩出时对头部的防护。

4）对操作人员头部触电或电击时的防护。

（2）护目镜

护目镜是在操作、维护和检修电气设备时，用来保护眼睛使其免受电弧灼伤及防止脏物落入眼内的安全用具。

护目镜应是封闭型的，镜片玻璃要能够耐热并能在一般机械力作用下不致破碎。根据防护对象的不同，护目镜可分为防碎屑打击、防有害物体飞溅、防烟雾灰尘及防辐射线等几种。

（3）标示牌

悬挂标示牌可警告作业人员不得接近设备的带电部分，提醒作业人员在工作地点应采取相应的安全措施，指明应检修的工作地点，警示值班人员禁止向某设备合闸送电等。因此，悬挂标示牌是保障电气工作人员安全的重要技术措施之一。

标示牌由安全色、几何图形和图形符号组成，用以表达特定的安全信息。

标示牌根据其用途可分为警告类、允许类、提示类和禁止类等四类，共六种。警告类如"止步、高压危险！"；允许类如"在此工作！""由此上下！"；提示类如"已接地！"；禁止类如"禁止合闸，有人工作！""禁止合闸，线路有人工作！""禁止攀登，高压危险！"。

（4）携带型接地线

携带型接地线是用来防止工作地点突然来电（如错误合闸送电），消除停电设备或线路可能产生的感应电压以及汇放停电设备或线路的剩余电荷的重要安全用具。

携带型接地线也称三相短路接地线，如图 8-11 所示，即挂接地线时，既要使三相接地，同时又要使三相短路。因为三相不接地或三相分别单独接地都是不可靠的，若在三相短路不接地的情况下发生单相电源侵入，如一相带电导体意外地接触了停电设备的导电部分，或者由于邻近带电设备或平行线路因电磁感应产生的感应电压，由于没有接地保护，这个电压（指对大地而言）就成为工作人员所承受的接触电压，导致严重的触电事故。

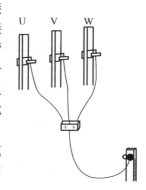

图 8-11　携带型接地线

若采用三相分别接地，当单相电源侵入时，在检修设备（或线路）的三相导电部分上，则不可避免地会出现由于接地电流即短路电流引起的对地电压。

可见，携带型接地线采用三相短路共同接地，是保护工作人员免遭意外电伤害的最简便、最有效的措施。

（5）升降板

升降板是一种攀登电杆的安全工具，又称踏脚板或登高板。升降板与脚扣相比，登高过程较麻烦，但在高空作业时，脚踩在上面比较舒适，可以较长时间工作。

（6）安全带

安全带是预防高空作业人员坠落伤亡最有效的防护用品，特别是对登杆作业的人员，只有在系好安全带后，两只手才能同时进行作业。否则工作既不方便，危险性又大，极可能会引发高空坠落事故。

凡在离地面 2m 及以上处进行的工作，都应视为高处作业。《电业安全工作规程》中还规定，凡高度超过 1.5m、在没有采取其他防止坠落的措施时，都必须使用安全带。

安全带由腰带、护腰带、围杆带、绳子和金属配件组成。安全带根据工作性质的不同，其结构形式也有所不同，主要有高空作业用锦纶安全带与电工作业用锦纶安全带两类；而后者又分围杆作业安全带和悬挂作业安全带两种。

# 8.2　电气安全工作制度

## 8.2.1　电气值班制度

（1）值班人员的岗位责任制

值班人员的岗位责任制是做好工作的一项基本制度。它有利于增强工作人员的责任感，有利于使每个人做好本职工作，并便于检查评比、开展技能竞赛。

各类工作人员的岗位责任如下：

1）值班长：本班的值班负责人。在部门长的领导下负责处理本班的一切业务工作。

2）值班员：在值班长领导下，完成本班的设备巡视、倒闸操作、事故处理、监视各种仪表和保护装置，填好运行记录。

（2）对值班人员的要求

值班人员必须熟悉现场规程和电气设备，并经培训合格、具备资格。单独值班人员或负责值班人应具有一定的实际工作经验。

（3）高压设备单人值班的条件

高压设备符合下列条件者，方可由单人值班：

1）室内高压设备的隔离室装设了遮拦，而遮拦的高度又在 1.7m 以上，且安装牢固并加锁者。

2）室内高压断路器（开关）的操动机构用墙或金属板与该断路器（开关）隔离，或装有远方操动机构者。

单人值班时不得单独从事修理工作。

（4）值班人员的安全

不论高压设备是否带电，值班人员不得单独移开或越过遮拦进行工作；若必须移开遮拦时，应有监护人在场，并符合以下安全距离规定：10kV 及以下，0.7m；20～35kV，1.0m；60～110kV，1.5m；220kV，3.0m。

（5）认真做好交接班工作

交接班制度是保证工作连续性的一项重要措施。交接班时值班人员要认真执行以下各项：

1）接班人员应提前做好接班工作。若接班人员因故未到，交班人员应坚守岗位，并立即报告有关领导，做好安排。

2）交班前，值班长应组织全体人员进行工作小结并将交班事项写在值班日记中。交班时应详细介绍设备运行方式及变更或异常情况，工具仪表、备用物件是否齐全完整，设备清洁、环境卫生和通风设备情况。

3）交班时应尽量避免倒闸操作。交接班过程中发生事故或异常情况时，原则上应由交班人员负责处理。

## 8.2.2　电气安全作业制度

低压配电线路和设备的检修一般应采用停电检修方式。只有在特殊环境和特殊场合，方可进行带电维修，但必须严格遵守安全操作规程。

1. 停电检修的工作规程

1）低压线路和设备的维修应在停电后进行。

2）必须把所检修的线路和设备的任何可能接入的电源全部切断，在切断处应有明显的断开点，如拉断刀开关或拔去熔断器的插盖等。

3）在切断点挂上"禁止合闸，有人工作"的标示牌，必要时可由专人看守。

4）为防止意外输入电源，可以将维修线路的相线相互短路并接地。

5）为确保安全，虽然是断电检修也应视同带电操作，即操作时，按带电作业安全规程进行。

2. 恢复送电的工作规程

1）检修完毕应仔细清点工具的数量，检查器材是否遗留在线路或设备上。

2）拆除临时接地等安全装置，撤离工作人员。

3）摘除电源断点上的标示牌。

4）先合上隔离开关或熔断器上盖，然后合闸，恢复送电。

3. 带电作业的安全操作规程

1）操作者应无精神病、心脏病、严重高血压等疾病。

2）操作者必须穿长袖、长裤的工作服，同时穿绝缘胶鞋，戴手套和工作帽。使用的工具必须有良好的绝缘手柄。

3）操作时应站在可靠绝缘物体上，如干燥的木板、长凳、木梯或带橡皮垫的铝合金梯子上，确保人体与大地之间可靠绝缘。

4）维修时必须单线操作，即必须一根线一根线地进行操作。在同一时刻，绝不允许人体触及两个带电体。对邻近的带电体，应加装可靠的临时遮拦。

5）带电检修用电设备时，应切断控制回路的电源；检修控制回路时，应切断设备的主回路电源。

6）需切断带电导线时，应先切断相线，再切断零钱（中性线）；当需要进行分支连接时，应先将分支线连接好后再接入带电导线。接入时先剥开相线外皮，接好一根分支线并做好绝缘，然后再进行中性线连接。

## 8.2.3　安全检查与用具保管制度

1. 电气安全检查制度

1）查组织落实。各单位及其主管部门应有人负责抓好本单位的电气安全工作，部门、班组应配备经验丰富、熟悉安全规程的电气人员担任安全员。

2）定期组织安全检查。每年至少组织两次安全大检查，一般性检查每季度进行一次。特别应该注意事故多发季节及雨季和节假日前后的安全检查。

3）查用电安全制度和安全操作规程。对已制订的安全制度和安全操作规程要检查其是否完善及有无不妥之处并做出修改；对于尚未制订的安全制度和安全操作规程，要限期制订。

4）查电气工作人员是否严格按照安全制度和操作规程办事、有无违章现象；查工作日志和值班记录等。

5）查变配电所的电气模拟图是否与实物相符；全厂供配电系统图及负荷分配是否正确与恰当，对新增或改造的电气设备是否已在图上做了相应的更改与补充。

6）查保护接零或保护接地装置。凡电业安全规程内规定的应接零或接地电气设备和用电器具，不准存在应接未接、连接不可靠等现象；应定期测量接地装置的接地电阻，保护接地的接地电阻不得大于 $4\Omega$，一般每年测量一次，最长不得超过 3 年。

7）查防雷装置。各种防雷装置均应保证性能可靠，每年雷雨季节前是否已对阀型避雷器进行了试验并合格；测试避雷装置的接地电阻且不得大于 $10\Omega$；检查避雷针、避雷线、接地极是否完好。

8）查变配电所继电保护是否完善、整定值是否正确。低压配电屏及各主要用电设备的过载和短路保护是否存在应装而未装或者漏装的情况。

9）查保护元件选用是否得当。如熔件规格及断路器的过电流脱扣器是否与设备相配套；热继电器的调整是否正确等。

10）查变配电所内各电气设备是否正常。有无存在的缺陷、隐患或事故苗头；有无漏油渗油现象；灭弧罩是否齐全等。

11）查高低压配电屏上的仪表是否指示正确，有无缺损或指示异常等情况。

12）查变配电所的四防一通。即查其防雷、防火、防漏（防雨雪）、防小动物和通风状况如何。

13）查设备的绝缘性能。对高压电气设备的绝缘测试和要求应按有关规定进行；对低压系统的线路、设备及电器，其绝缘电阻（使用 500V 绝缘电阻表）要求一般为：凡人体不易触及的线路与设备，相与相之间应不低于 $0.38M\Omega$，相与地之间应不低于 $0.22M\Omega$；凡人体容易触及的线路装置、电气设备或用电器具，应不低于 $0.5M\Omega$。

14）查电气设备的带电部分是否有可靠的防护措施，容易触及的外露传动部分是否有防护罩。

15）查电气安全用具和电气灭火器材是否齐全、保管是否妥善。

16）查携带型用电器具、电动工具、行灯、电风扇等是否完好，有无破损及缺陷，电源导线及电具绝缘是否合乎要求。

17）查室内外线路是否符合安全要求，尤其是在有火灾或爆炸危险的场所，敷设的电气线路是否合乎防火防爆要求；架空导线的弧垂是否正常，导线对地和对建筑物的距离是否符合规定要求；电杆拉线及杆基是否坚实。

18）查电缆沟内的导线有无被鼠咬伤，沟内有无鼠窝，有无积水及腐蚀性介质。

19）查新装设备的安装质量，严格按电气设备的安装标准验收，并应一丝不苟。

20）查电气机台设备的完好率。各主管部门要事先根据自身特点和实际情况，制定电气机台设备完好（以 100 分为满分）的条件及其扣分标准，并认真检查与打分，计算完好率。

2. 电气安全用具保管制度

1）电气安全专用工具按电压高低及作用主次可分为高压安全用具、低压安全用具和辅助安全用具三类。其中高压安全用具包括绝缘棒、验电器、绝缘夹钳等；低压安全用具包括绝缘手套、有绝缘柄的工具、验电笔等；辅助安全用具包括绝缘手套、绝缘鞋（靴）、绝缘垫、绝缘台等。

各类电气安全用具应设专人保管，经常检查其是否齐全与完好。

2）存放电气安全用具的场所，应有明显标志并对号入座，做到存取方便。存放场所要干净、通风良好、无任何杂物堆放。

3）凡橡胶制品的电气安全用具，不可与石油类的油脂接触。存放环境不能过冷或过热，也不可与锐器、铁丝等存放在一起。

4）绝缘手套、绝缘靴、绝缘夹钳等应存放在柜内，要与其他安全用具分开，使用中应防止受潮、受污或损伤。

5）绝缘棒应垂直存放，且架在支架上或吊挂在室内，注意不可与墙壁接触。

6）绝缘台的瓷瓶应完好、无裂纹与破损，木质台则要保持干燥。

7）验电器用过后应存放于匣内并置于干燥处。

8）对绝缘手套、靴、垫、毯等，不允许有外伤、裂纹、气泡或毛刺等。发现有问题时，应立即更换。如果绝缘工具遭受表面损伤或者已经受潮，则应及时进行处理或使之干燥，并经试验合格后方可继续使用。

9）无论任何情况，电气安全用具均不可作为他用；对安全用具应进行定期试验，各试验项目均应合乎标准与要求。

10）对安全带（绳）、升降板、脚扣及竹（木）梯等登高安全工具，应正确使用，妥善存放和保管。同时应进行定期检查与试验。登高、起重工具试验标准见表 8-8。

表 8-8　登高、起重工具试验标准

| 分类 | 名称 | 试验静重（允许工作倍数） | 试验周期 | 外表检查周期 | 试荷时间 /min | 试验静拉力/N |
|---|---|---|---|---|---|---|
| 登高工具 | 安全带 | | 半年一次 | 每月一次 | 5 | 2205 |
| | 安全腰绳 | | 半年一次 | 每月一次 | 5 | 2205 |
| | 升降板 | | 半年一次 | 每月一次 | 5 | 2205 |
| | 脚扣 | | 半年一次 | 每月一次 | 5 | 980 |
| | 竹梯 | | 半年一次 | 每月一次 | 5 | 试验荷重 1765 |
| 起重工具 | 白棕绳 | 2 | 每年一次 | 每月一次 | 10 | |
| | 钢丝绳 | 2 | 每年一次 | 每月一次 | 10 | |
| | 铁链 | 2 | 每年一次 | 每月一次 | 10 | |
| | 葫芦及滑车 | 1.25 | 每年一次 | 每月一次 | 10 | |
| | 扒杆 | 2 | 每年一次 | 每月一次 | 10 | |
| | 夹头及卡 | 2 | 每年一次 | 每月一次 | 10 | |
| | 钓钩 | 1.25 | 每年一次 | 每月一次 | 10 | |
| | 绞磨 | 1.25 | 每年一次 | 每月一次 | 10 | |

常用电气绝缘工具试验表见表 8-9。

表 8-9　常用电气绝缘工具试验表

| 序号 | 名称 | 电压等级/kV | 测试周期 | 交流耐压/kV | 时间/min | 泄漏电流/mA | 备注 |
|---|---|---|---|---|---|---|---|
| 1 | 绝缘棒 | 6～10 | 6个月 | 40 | 5 | | |
| | | 0.5 | | 10 | | | |
| 2 | 验电笔 | 6～10 | | 40 | 5 | | 发光电压不高于额定电压的25% |
| | | 0.5 | | 4 | 1 | | |
| 3 | 绝缘手套 | 低压 | 6个月 | 2.5 | 1 | <2.5 | |
| 4 | 橡胶绝缘鞋 | 低压 | | 2.5 | 1 | <2.5 | |
| 5 | 绝缘绳 | 低压 | | 105/0.5m | 5 | | |

# 8.3　电气防火与防爆

## 8.3.1　电气火灾与防爆

由电力线路和电器设备引发的火灾称为电气火灾。电气火灾发生时通常是带电燃烧，给扑救工作带来一定的困难。

引起电气火灾的主要原因如下：

（1）各种短路事故

各种短路事故是引起电气火灾的主要原因。造成短路事故的原因大致有：绝缘老化造成局部短路；设备安装不当导致绝缘受损；接线错误和操作错误；雨天线路遭到雷击；昆虫、鸟类或鼠类钻入电器内部啃破电线造成短路等。

当发生短路时，线路或局部线路中的电流急剧增大，使局部导线迅速升温，如果温度达到可燃物的燃点，或短路瞬间产生的火花落到可燃物上时就会引起火灾。

（2）电器设备长期过载

电器设备长期过载是引发电器火灾的重大隐患。主要表现：线路设计不合理或没有考虑足够的用电裕量而引起过载；使用不合理，超过设计能力而引起过载；设备带故障运行或设备故障引起火灾。

（3）电气接触不良，散热不好

电力线路与电器设备接触不良、散热不好、线损过大也会引起电气火灾。如某办公楼配电箱发生火灾，其原因是刀开关接线柱因长期过载而严重氧化，使接线柱在正常使用时变成暗红色，引起电力线绝缘皮的燃烧。

（4）电器设备使用不当

电热器具和照明器具使用不当也可引发火灾。如碘钨灯距桌面距离过近，电熨斗长时间放置在衣物上等。

（5）电火花和电弧

电气线路和电气设备发生短路或接地故障、绝缘子闪络、接头松脱、过电压放电、熔断器熔体熔断、开关操作以及继电器触点开闭等都会产生电火花和电弧。

电火花和电弧不仅可以直接引燃或引爆易燃易爆物质，电弧还会导致金属融化、飞溅而构成引燃可燃物品的火源。所以，在有火灾危险的场所，尤其在有爆炸危险的场所，电火花和电弧是引起爆炸和火灾的十分重要的因素。

（6）静电放电

静电是普遍存在的物理现象。两物体之间互相摩擦可产生静电（即摩擦起电）；处在电场内的金属物体上会感应静电（即静电感应）；施加过电压的绝缘体中会残留静电。有时对地绝缘的导体或绝缘体上会积累大量的电荷而具有数千伏乃至数万伏的高电位，足以击穿气体间隙而发生火花放电。所以，静电放电所引起的火灾实质上也属于电火花类起因，将其单列为一种起因，乃着眼于静电发生的特殊性。静电场的能量不大，瞬间电击对人体一般无直接致命危险，但可造成人体痉挛跌伤的二次事故；在一些场合，静电场还会影响精密仪器的正常工作，但静电最严重的危害是其放电火花可能引起火灾或爆炸。

## 8.3.2　电气设备防火防爆措施

电气设备防火防爆的主要措施如下：

1）根据现场特点，按照场所的分类标准和要求，选取适当形式的电器设备。使用防爆型、密封型电器设备可以有效地预防火灾的发生。

2）保持电器设备的正常运行，避免电器设备过载运行。设备运行时的电压、电流、温升等参数均不应超过规定的允许值，特别是应避免三相异步电动机的断相运行。

3）严格按照安装施工标准铺设线路、安装电器设备，确保所用电器产品的质量。

4）严格遵守各种规程，特别是消防法规。严禁违章操作，违章堆放物品。定期对电器设备线路进行检修，对用电场所的环境和使用情况进行检查，消除电气火灾隐患。

5）按照消防法规要求，在重要的用电场所安装火灾告警设备、自动喷淋设备和防火墙等。

6）定期举行灭火器使用的训练，加强消防知识和安全用电知识的普及教育工作。

## 8.3.3　火灾扑救与消防用具

1. 火灾扑救

（1）防火灭火的原则与方法

1）火灾的分类。火灾分类是根据国际标准规定进行的，即按燃烧物质的种类划分，可将火灾分为以下四类（电气火灾尚不单独作为一类），对它们应分别采用相应的灭火器进行灭火：

一类：普通固体可燃物质，如木材、纸张等（燃烧后为炭）的火灾。水是这类火灾最好的灭火剂，可采用新产品清水灭火器（北方冬季易冻）或一般泡沫灭火器灭火。

二类：易燃液体和液化固体，如各种油类、溶剂、石油制品、油漆等的火灾。最好使用1211灭火器灭火，其次是使用二氧化碳、泡沫、干粉灭火器灭火。

三类：气体，如煤气、液化气等的火灾。应使用1211、干粉、二氧化碳灭火器灭火。

四类：可燃金属，如钾、钠等的火灾。应使用专用的轻金属灭火器灭火。

2）着火燃烧的必要条件。着火燃烧是可燃物进行剧烈的氧化反应。它必须同时具备以下条件：

①  有可燃物存在。凡能与空气中的氧或其他氧化剂起化学反应的物质，都称可燃物，如木材、汽油、纸、煤、乙炔等。可燃物是进行燃烧必不可少的物质基础，去掉可燃物质后，燃烧就会停止。

②  有助燃物存在。凡是能帮助燃烧的物质，都称为助燃物，也称氧化剂。一般燃烧的助燃物是空气中的氧。空气中含氧量约21%，如果使空气中的含氧量降低到16%以下，燃烧就会停止。利用蒸汽、二氧化碳、空气泡沫等进行灭火，就是通过这些物质冲淡或隔绝空气，使燃烧得不到足够氧气助燃而熄灭。

③  有着火源存在。凡能引起可燃物燃烧的热能源称为火源，如明火及电火花等。各种物质燃烧时所需温度都不一样，如纸张只要加热到130℃就能着火；无烟煤要加热到280～500℃才会着火燃烧；油气只要有一个火星就足以引起爆炸或燃烧。用水灭火，就是使可燃物温度下降到着火点以下，火会因冷却而熄灭。

只有在上述三个基本条件都具备时，着火燃烧才能得以产生和维持下去。可燃气体在正常状态下就具备了燃烧条件，它比可燃液体和固体都易于燃烧。就燃烧速度而言，气体最快，液体次之，固体最慢。可燃物质在燃烧时，火焰的温度（即燃烧温度）大都在1000～2000℃之间。

3）防火与灭火的基本方法。防火的基本原则是一切防火措施都是为了不使燃烧条件形成，从而达到防火的目的。防火的基本方法有以下四种：

①  控制可燃物。限制易燃物品的储存量；加强通风，降低可燃气体、蒸气和粉尘的浓度，使它们的浓度控制在爆炸下限以下；用防火漆涂料浸涂可燃材料，提高其耐火极限；及时清除洒漏在地面或沾染在设备上的可燃物等。

②  隔绝空气。密闭有可燃物质的容器或设备；变压器充惰性气体进行防火保护；将钠存放在煤油中，黄磷存放于水中，镍储存在酒精中，二硫化碳用水封存等。

③  消除着火源。在有着火危险的场所使用防爆电气设备，禁止吸烟和穿带钉子的鞋；防止电气回路短路，装设熔断器和保护装置；接地防静电；安装避雷针等。

④  阻止火势、爆炸波的蔓延。在可燃气体管路上装设阻火器和安全水封；给机车、轮船、汽车、推土机的排烟、排气系统戴上防火帽；有压力的容器、设备加装防爆膜、安全阀；在建筑物之间留防火间距、构筑防火墙等。

灭火的基本原则是一切灭火措施都是为了破坏已经产生的燃烧条件。其基本方法有以下四种：

①  隔离法。隔离法就是使燃烧物和未燃烧物隔离，从而限制火灾范围。常用的隔离法灭火措施有拆除毗连燃烧处的建筑、设备，断绝燃烧的气体、液体的来源；搬走未燃烧的物质；堵截流散的燃烧液体等。

②  窒息法。窒息法就是减少燃烧区的氧量，隔绝新鲜空气进入燃烧区，从而使燃烧熄灭。常用的措施有往燃烧物上喷射氮气、二氧化碳；往着火的空间充灌惰性气体、水蒸气等；用砂土埋没燃烧物；用石棉被、湿麻袋、湿棉被等捂盖燃烧物；封闭已着火的设备孔洞等。

③  冷却法。冷却法就是降低燃烧物的温度于燃点之下。常用的冷却法灭火措施有用水直接喷射燃烧物；往火源附近的未燃烧物体淋水；喷射二氧化碳与泡沫等。

④  抑制法。抑制法就是中断燃烧的联锁反应。常用的抑制法灭火措施是往燃烧物上喷

射 1211 干粉灭火剂以覆盖火焰，从而中断燃烧。

（2）灭火安全技术和消防组织

1）扑灭火灾的安全技术。灭火是一场战斗。扑灭火灾时的安全技术及注意事项如下：

① 电气设备发生火灾时，首先要立即切断电源，然后进行灭火；无法切断电源时，要采取带电灭火方法及其保护措施以保证灭火人员的安全和防止火势蔓延扩大。

② 灭火过程中要防止中断必要的电源（如水塔、水泵电源等），以免给灭火工作带来困难。若火灾发生在夜间，则还应准备足够的照明和消防用电。

③ 室内着火时，千万不要急于打开门窗，以防止空气流通而加大火势。只有在做好充分灭火准备后，才能有选择地打开门窗。

④ 当火焰蹿上屋顶时要特别注意防止屋顶上的可燃物（沥青、油毡等）着火后落下而烧着设备和人员。

⑤ 灭火人员应尽可能站在上风位置进行灭火。当发现有毒烟气（如电缆或电容器着火燃烧等）威胁人员生命时，应戴上防毒面具。

⑥ 凡转动设备和电气设备或器件着火时，不准使用泡沫灭火器和砂土灭火。

⑦ 当灭火人员身上着火时，可就地打滚或撕脱衣服。不能用灭火器直接向灭火人员身上喷射，而应用湿麻袋、石棉布、棉被等将灭火人员覆盖。

⑧ 在灭火现场如发现有灭火人员或其他人员受伤时，要立即送往医院进行抢救。

灭火技术的培养与提高，应经过有组织的训练与演习方能实现。所以，无论城市或农村，以及各厂矿企事业单位都应建立相应的消防组织。

2）消防组织的建立和任务。为了贯彻执行"以防为主，以消为辅"的方针，为能认真做好防火灭火工作，必须先要落实与建立严密的消防组织。

在各类岗位上各级领导对消防工作负有直接领导责任。根据规模大小，均要组织有适当人数的专业消防组织，以及每个班（组）设 1～2 名义务消防人员。切不要误以为消防组织只是在万一发生火灾后才发挥作用，而平日里却似乎无事可做便忽视其重要性。消防组织建立后，应认真做好下列各项工作：

① 贯彻执行《中华人民共和国消防法》以及各项与消防有关的方针、政策和规章制度。

② 制订消防工作计划，组织消防人员及全厂职工学习消防知识。

③ 定期举行消防演习，定期组织对厂区范围内（尤其是重点部位）的防火检查。

④ 管理好消防器材，对全厂性消防水系统及灭火器材等进行定期检查、保养和试验。

⑤ 对具有爆炸与火灾危险的地带、仓库及工程项目要制订防火制度，经常进行检查。

⑥ 对易燃易爆物品要规定保管、领用、发放等办法并严格执行。

⑦ 制订防火防爆安全责任制，定期清扫引火物品。

（3）扑灭电气火灾前的电源处理

无论是什么部门，一旦发生了电气火灾，由于通常是带电燃烧，蔓延很快，故扑救较为困难且危害极大。为了能尽快扑灭电气火灾，必须了解电气火灾的特点及熟悉切断电源的方法，平时要严格执行好消防安全制度，努力做到常备不懈。

电气火灾与一般性火灾相比，有两个突出特点：

1）着火后电气装置可能仍然带电，且因电气绝缘损坏或带电导线断落等接地短路事故发生时，在一定范围内存在着危险的接触电压和跨步电压，灭火时若未注意或未预先采取适当安全措施，便会引发触电伤亡事故。

2）充油电气设备（如变压器、油开关、电容器等）受热后有可能发生喷油，甚至爆炸，造成火灾蔓延并危及相关人员包括救火人员的安全。所以扑灭电气火灾，要根据起火场所和电气装置的具体情况，针对性（即符合其特殊要求）地进行有效扑救。

发生电气火灾时，应尽可能先切断电源，而后再采用相应的灭火器材进行灭火，以加强灭火效果和防止救火人员在灭火时发生触电。切断电源的方法及注意事项如下：

1）切断电源（停电）时切不可慌张，不能盲目乱拉开关；应按规定程序进行操作，严防带负荷拉刀开关，引起闪弧造成事故扩大；火场内的开关和刀开关由于烟熏火烤绝缘会降低或破坏，故操作时应戴绝缘手套、穿绝缘靴并使用相应电压等级的绝缘用具。

2）切断带电线路导线时，切断点应选择在电源侧的支持物附近，以防导线断落地上造成接地短路或触电事故。切断低压多股绞合线时，应分相一根一根地剪断，各相电线要在不同部位剪断，且应使用有绝缘手柄的电工钳或戴上干燥完好的手套进行。

3）切断电源（停电）的范围要选择适当，以防断电后影响灭火工作；若夜间发生电气火灾，切断电源时应考虑临时照明问题，以利扑救。

4）需要电力部门切断电源时，应迅速用电话联系并说清楚地点与情况。对切断电源后的电气火灾，多数情况下可以按一般性火灾进行扑救。

（4）带电灭火及其注意事项

如果处于无法或不允许切断电源、时间紧迫来不及断电或不能肯定确已断电的情况下应实行带电灭火。带电灭火是带有一定危险性的不得已做法，带电灭火时必须注意：

1）应使用二氧化碳、四氯化碳、1211、干粉灭火器。这类灭火器的灭火剂不导电，可供带电灭火；泡沫灭火器的灭火剂有一定导电性，切不可用来带电灭火。

2）灭火器嘴及人体与带电体之间应保持足够的安全距离，对带电体的最小允许距离规定为：35kV，60cm；10kV，40cm。对低压带电设备也不可距离太近。

3）若高压电气设备或线路导线断落地面发生接地时，应划出一定警戒范围以防止跨步电压触电；室内带电灭火时，扑救人员不得进入距故障点4m以内；室外带电灭火时，不得进入距故障点8m以内。若必须进入上述范围内时，必须穿绝缘靴，接触设备外壳和构架时应戴绝缘手套。

4）用水枪灭火时宜采用喷雾水枪，同时必须采取安全措施，如戴绝缘手套、穿绝缘靴或穿均压服等进行操作。水枪喷嘴应可靠接地。接地线可采用横截面积为 $2.5 \sim 6mm^2$、长 $20 \sim 30m$ 的编织软导线，接地极可用临时打入地下的长 1m 左右的角钢、钢管或铁棒。

5）用四氯化碳灭火时，灭火人员应站在上风侧，以防中毒，灭火后要注意通风；扑救架空线路火灾时，人体与带电导线间的仰角应不大于 45° 并站在其外侧，以防导线断落引起触电；未穿绝缘靴的扑救人员，要注意防止地面的水渍导电而发生触电。

6）若遇到变压器、油断路器、电容器等油箱破裂、火势很猛时，一定要立即切除电源并将绝缘油导入储油坑。坑内的油火可采用干砂和泡沫灭火剂等扑灭；地面的油火则不准用水喷射，以防止油火飘浮水面而扩大。此外，还要防止燃烧着的油流入电缆沟内引起火势蔓延。

7）工作着的电动机着火时，为防止设备的轴和轴承变形，应使其慢速转动并用喷雾水枪扑救，使其能均匀地冷却。也可采用二氧化碳、四氯化碳、1211 灭火器扑救，但不可使用干粉、砂子或泥土等灭火，以免造成电动机的绝缘和轴承受损。

（5）常用灭火剂的性能与特点

水是一种最常用灭火剂，它有较大的比热容，在标准大气压下，每 1kg 水沸腾蒸发要吸收 $2.26 \times 10^6$ J 的热量，因此水有很好的冷却效果。纯净的水不导电，但一般水中由于含有各种盐类等杂质，故具导电性。在未采取防止人身触电的有关措施前，不能用水来带电灭火。此外，水也不能对相对密度较小的油类物质进行灭火，以防油火漂浮水面蔓延扩大。

干砂的作用是覆盖燃烧物、吸热降温并使燃烧物与空气隔离，特别适合扑灭油类和其他易燃液体火灾，但禁止用于旋转电动机灭火，以免损坏电气绝缘和轴承。

泡沫灭火剂是利用硫酸或硫酸铝与碳酸氢钠作用放出二氧化碳的原理制成的。其中加入甘草根汁等化学药品造成泡沫，浮在固体和液体燃烧物表面，可隔热、隔氧、使燃烧停止。因上述物质导电，故不可用来带电灭火。扑灭油类火灾时，应先喷射边缘后喷射中心，以免油火蔓延。

二氧化碳不导电，灭火剂为简装液态，极易挥发气化。液态喷射时体积会扩大 400～700 倍，强烈吸热冷凝为霜状干冰，在燃烧区又直接变为气体，吸热降温并使燃烧物隔离空气。当气体二氧化碳占空气浓度的 30%～35% 时，即可使燃烧迅速熄灭。因它易使人窒息，使用时应站在上风侧且防止接触干冰而造成冻伤。

干粉灭火剂主要由钾或钠的碳酸盐类加入滑石粉、硅藻土等掺和而成，也不导电。干粉灭火剂在火区覆盖燃烧物并受热产生二氧化碳和水蒸气，因其有隔热、吸热和阻隔空气作用，故使燃烧熄灭，适合扑灭可燃气体、液体、油类、忌水物质（如电石等）及除旋转电动机外其他电气设备的初起火灾。干粉灭火剂分人工投掷和压缩气体喷射两种。

四氯化碳是一种无色透明、易挥发的有毒液体，不自燃、不助燃、不导电。当液态四氯化碳喷射到火区时会迅速吸热气化，蒸气笼罩燃烧物，隔绝氧气而停止燃烧。空气中四氯化碳蒸气的浓度达 10%～14% 时，即可有效灭火，故适合扑灭可燃液体、油类和电气设备的火灾，但不能用于扑灭电石、乙炔气体和部分金属的火灾。

二氟一氯一溴甲烷（简称 1211）是一种具有高效、低毒、腐蚀性小、灭火后不留痕迹、不导电、使用安全、贮存期长的新型优良灭火剂。其灭火作用在于阻止燃烧联锁反应并有一定的冷却和隔离效果，特别适合扑灭油类、电气设备、精密仪器仪表及一般有机溶剂的火灾。

2. 各类消防用具的使用与保养

（1）泡沫灭火器

泡沫灭火器的外壳是铁皮制成的，内装碳酸氢钠与发沫剂的混合溶液，另有一玻璃瓶内胆，装有硫酸铝水溶液。如图 8-12 所示，普通手提式泡沫灭火器使用时将筒身颠倒过来，碳酸氢钠和硫酸铝溶液混合后发生化学作用，产生二氧化碳气体泡沫，体积扩大 7～10 倍，一般能喷射 10m 左右。由于泡沫的相对密度小，能覆盖在易燃液体表面上，降低了液面温度，使液体蒸发速度降低；又形成隔绝层隔断氧气与液面接触，火就被扑灭。故使用泡沫灭火器扑灭油类火灾效果最好，其有效射程为 8～10m。

推车式泡沫灭火器的构造与普通手提式泡沫灭火器相同，只是盖上有一个压簧，用时把它打开，然后颠倒器身即可，如图 8-13 所示。它是一种大型泡沫灭火器，结构如图 8-14 所示，泡沫量较多，灭火效能与普通手提式泡沫灭火器类同，只是装硫酸铝溶液的玻璃瓶口有一保险装置，平时瓶口盖着，无论平放或倾斜，两种溶液都不能混合。使用时打开保险装置，泡沫即可由喷嘴喷出，其有效射程为 15～18m。

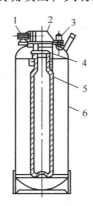

图 8-12　普通手提式泡沫灭火器的结构
1—喷嘴　2—筒盖　3—螺钉　4—瓶胆盖　5—瓶胆　6—筒身

图 8-13　泡沫灭火器的使用方法

泡沫灭火器不能用于带电灭火，也不能用来扑灭遇水能燃烧的化学药品，如钾、镁粉、铝粉、电石等的火灾。

泡沫灭火器平时只能立放，不能倒置或倾斜。为防止喷嘴被灰尘堵塞，可在喷嘴上加套或使用前先用铁丝将喷嘴探通，以防使用时筒身爆破伤人。

泡沫灭火器中的溶液在温度低于 0℃ 时容易结冰，故冬季要注意保温，防止冻结。筒内溶液一般每年更换一次。

（2）二氧化碳灭火器

二氧化碳灭火器由器桶（钢瓶）、启闭阀门、喷筒、虹吸管等组成，如图 8-15 所示。二氧化碳灭火器有两种：一种是带鸭嘴式开关的，另一种是带手轮式开关的。使用手轮式二氧化碳灭火器时，一手拿喷筒对准着火物，一手拧开梅花轮，气体即可喷出。使用鸭嘴式二氧化碳灭火器时，一手拿喷筒对准着火物，一手紧握鸭舌，气体即可喷出，如图 8-16 所示。使用二氧化碳灭火器时必须注意风向，逆向使用时灭火效能降低，且不要用手摸金属导管，也不要把喷筒对人，以防伤人。二氧化碳灭火器的有效射程为：手轮式，1.2～2m；鸭嘴式，4.6～5m。

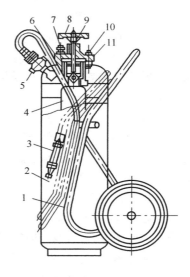

图 8-14　推车式泡沫灭火器的结构
1—筒架　2—筒身　3—喷射管枪
4—瓶胆　5—阀门手柄　6—密封垫圈
7—安全阀　8—手轮　9—丝杠
10—螺母　11—筒盖

二氧化碳是电的不良导体，可用于带电灭火，但超过 600V 时，必须先停电后灭火。二氧化碳无腐蚀性，可用于珍贵仪器设备的灭火，扑灭油类火灾也有较好效果，但不适用于扑灭某些化工产品（如钾、钠等）的火灾，因为它们会夺取二氧化碳中的氧起化学反应而继续燃烧。

二氧化碳灭火器不怕冻但怕高热，故不能放在火源和热源附近；存放地点温度不得超过 42℃（温度升高后内压增大，会使安全膜破裂导致灭火器失效），也不能放在潮湿处以免生锈。

钢瓶内的二氧化碳重量每隔 3 个月检查一次，如二氧化碳重量比其额定重量减少 1/10 时，应进行灌装。

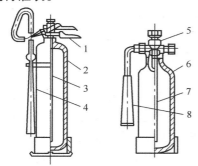

a) 鸭嘴式二氧化碳灭火器　b) 手轮二氧化碳灭火器

图 8-15　二氧化碳灭火器的结构　　　　　图 8-16　二氧化碳灭火器的使用方法

1、5—启闭阀门　2、6—器桶　3、7—虹吸管　4、8—喷筒

（3）干粉灭火器

干粉灭火器是一种新型高效灭火器，由盛装粉末的粉桶、储存二氧化碳气的钢瓶、装有进气管和出粉管的器头以及输送粉末的喷粉管组成，如图 8-17 所示。它是一种微细粉末与二氧化碳联合使用的灭火装置，依靠二氧化碳气体作为动力，将粉末喷出扑灭火灾。干粉灭火器可分为手提式和推车式两种。

使用手提式干粉灭火器时，先把干粉灭火器拿到距离火区 3～4m 处，然后拔去保险销，一手紧握喷嘴对准火焰根部，另一手紧握导杆提环，将顶针压下，这时干粉灭火器内就会喷出大量干粉气流，如图 8-18 所示。对准火焰使干粉气流由近及远反复横扫，至火熄灭。如遇多处火堆时，可以扑灭一处，然后松开导管提环，再跑至另一处，继续灭火。

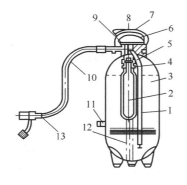

图 8-17　干粉灭火器的结构　　　　　图 8-18　手提式干粉灭火器的使用方法

1—出粉管　2—钢瓶　3—粉桶　4—接头　5—密封芯
6—保险箱　7—压把　8—器头　9—导杆　10—喷粉管
11—卡子　12—进气管　13—喷嘴

使用干粉灭火器时要先打开二氧化碳气瓶开关，保持 15～20s 后（粉桶内压力升至 $1.47 \times 10^6 \sim 1.96 \times 10^6 Pa$），再扳动喷枪扳手，将喷嘴对准火焰根部喷射即可灭火。其有效射程为：手提式，3～5m；推车式，8～13m。

干粉灭火器无毒也无腐蚀作用，可用于扑灭燃烧液体、珍贵仪器、油类、可燃气体的火灾，且灭火效果较好，一般经 7~8s 即可将火扑灭。由于干粉不导电，故可以用于扑灭带电设备的火灾。

干粉灭火器应保持干燥、密封、防干粉受潮结块，还要避免日光暴晒，以防止气瓶中的二氧化碳气因受热膨胀而发生漏气现象。每半年检查一次罐内干粉是否结块，3 个月检查一次二氧化碳气瓶的气量是否充足。干粉灭火器的有效期一般为 4~5 年。

（4）1211 灭火器

1211 灭火器采用一种液化气体灭火剂，其灭火效能是二氧化碳灭火剂的数倍。1211 灭火剂的沸点是 −4℃，在常温常压下是无色的气体，封装在密闭的钢瓶中，充压后便呈液态。如图 8-19 所示，手提式 1211 灭火器灭火时，灭火剂接触火焰后，受热产生的溴离子与燃烧产生的氢基化合，使燃烧的联锁反应停止。使用 1211 灭火器扑灭油类、易燃液体、气体、贵重电子设备等初起的火灾最为有效，在变配电所中常用于大中型电力变压器的灭火。

如图 8-20 所示，1211 自动灭火装置的钢瓶 1 内充满液体 1211 灭火剂，钢瓶 2 内充满氮气，由空气压缩机给钢瓶 2 内充压，并升压到 $7.85 \times 10^6 \sim 9.8 \times 10^6$Pa。氮气钢瓶通过减压阀 6 与 1211 灭火剂钢瓶相通，并维持氮气的压力，喷头管子 10 的出口压力不低于 $8.83 \times 10^5$Pa。减压阀 5 的作用是在正常情况下保持尼龙探测管 9 中的压力。一旦发生火警（油罐起火）尼龙探测管 9 就被破坏，管内压力消失。控制阀 8 自动开启，1211 灭火剂便从喷头喷出，实现自动灭火。

图 8-19　手提式 1211 灭火器

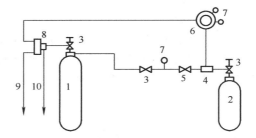

图 8-20　1211 自动灭火装置的结构示意图

1—1211 灭火剂钢瓶　2—氮气钢瓶　3—阀门　4—三通阀
5、6—减压阀　7—压力表　8—自动控制阀　9—尼龙探测管
10—1211 灭火剂喷头管子

使用手提式 1211 灭火器时将灭火器提起，拔掉保险用的红圈，用力将手把压下，灭火剂即从喷嘴喷出，其有效射程为 2~3m。松开手把时喷射中止，如图 8-21 所示。灭火时应将喷嘴对准火焰根部由近及远反复横扫，直到火焰完全熄灭为止。

使用推车式 1211 灭火器时，将灭火器推到现场，取出喷管，伸展胶管，按逆时针方向转动钢瓶上的手轮至开尽的位置，双手紧握喷管，人在上风位置，用手压开喷射开关，将喷管对准火焰根部由近及远反复横扫。其有效射程为 5~6m。火焰完全熄灭后，如有余药，应将钢瓶手轮关紧，并将喷射开关压开，使胶管内余药喷尽。经称重和测压后，瓶内药量用去不超过 50%、气压在 $1.47 \times 10^5$Pa 以上时，仍可继续使用，否则要重新加药充氮。

图 8-21　手提式 1211 灭火器的使用方法

手提式 1211 灭火器要定期检查重量，若重量没有减轻可继续使用。如减轻超过 10% 时，需要经过处理后才能使用。推车式灭火器要定期检查氮气压力，若低于 $1.47 \times 10^5 \mathrm{Pa}$ 时则应充氮。

（5）四氯化碳灭火器

四氯化碳灭火器的筒身是铁制的，筒内装四氯化碳液体。四氯化碳液体落入火区会迅速蒸发。1L 四氯化碳液体可形成 145L 蒸气，覆盖在燃烧物上能隔绝空气、阻止燃烧。四氯化碳灭火器有储压式和高压式两种。

储压式四氯化碳的结构如图 8-22 所示。使用时将喷嘴对准着火物，拧开梅花手轮，四氯化碳液体受筒内气压作用

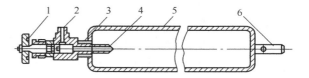

图 8-22 储压式四氯化碳灭火器的结构
1—手轮 2—喷嘴 3—阀门 4—滤网 5—筒身 6—提把

会从喷嘴喷出，一般能喷射 7m 左右。四氯化碳不导电，适于扑灭 10kV 及以下电气设备的火灾。

四氯化碳有毒，人体吸入每升含有 150～200mg 四氯化碳的空气时，就会有生命危险。因此使用四氯化碳灭火器时要戴上防毒面具并站在上风侧或较高的地方。由于四氯化碳毒性大，这种灭火器现已很少使用。

四氯化碳灭火器的保养工作就是要定期检查灭火器筒、阀门、喷嘴有无损坏、漏气、腐蚀或堵塞现象；气压不足时要打气，药液减少时应补充；灭火器不要放在高温的地方。

（6）烟雾自动灭火器

烟雾自动灭火器的灭火原理是当油罐起火后，罐内温度上升，发烟器盖头上的低熔点金属引火头会自动脱落，导火索被火焰引燃，使烟雾剂产生燃烧发烟反应，当产生的烟雾达到一定压力时通过喷孔冲破密封薄膜，喷射到油面上方，切断和覆盖燃烧区，使火熄灭。

烟雾自动灭火器的最大特点是能够自动灭火且灭火速度快（自油罐起火至灭火时间仅需 60～120s，最多 150s），最适合作为电业或工矿企业中油罐等类设备的消防灭火器材。

3. 消防工具的作用和使用方法

（1）消防栓

消防栓也称消火栓，是连接消防供水系统的阀门装置，打开消防栓便可大量而连续地供给灭火用水。室外消火栓多数安装在地面下，也有的安装在地面上，如图 8-23 所示；室内消火栓则大多安装在墙壁上，如图 8-24 所示。其出水口径一般为 65mm 或 50mm。接口大都是内扣式，也有压簧式。使用消防栓时，打开消防栓的门，卸下出水口的堵头，接出水带，拧开闸门，

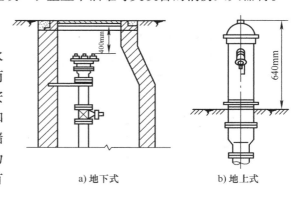

a）地下式    b）地上式

图 8-23 室外消防栓

水即经水带输送到火场。关闭时，首先关紧闸门停止水的输送，然后再把水带分解开，卸下接口并把堵头安好。如果是地下消火栓，还要打开回水门，等水放净后再将闸门关闭，最后盖上井盖。

（2）水龙带

常用的水龙带有内扣式和压簧式两种，其口径一般为60mm、50mm两种。水龙带平时卷好存放在通风、干燥的地方，防止腐烂。使用水龙带时要铺好，不要拧麻花、拐死弯，接口要衔接好。水龙带每次使用后要冲洗干净，晒干后再卷好，以保证完好备用。

（3）消防水枪

常用的消防水枪有直流水枪和开花水枪，如图 8-25 所示。水枪接口有内扣式和压簧式两种，水枪口径一般有13mm、16mm、19mm、32mm四种。开花水枪除与直流水枪

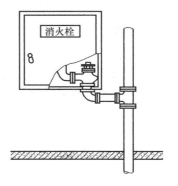

图 8-24　室内消火栓

有相同作用外，还可根据灭火的需要喷射开花水，用来冷却容器外壁、阻隔辐射热、掩护灭火员靠近火点。直流水枪上装一个开关后即为开关水枪，使用时可根据火势控制射水量，对于扑灭室内火灾和零星火堆更为适用。在直流水枪上装一只双级离心喷雾头后，便构成喷雾水枪。使用时可将水泵送来的压力水经喷雾水枪离心力的作用形成雾状，用来扑灭油类火灾及变压器、油开关等电气设备的火灾。

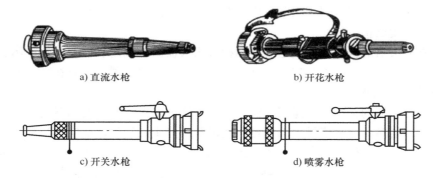

a) 直流水枪　　　　　　　　　　　　b) 开花水枪

c) 开关水枪　　　　　　　　　　　　d) 喷雾水枪

图 8-25　消防水枪

（4）破拆工具

破拆工具主要是在灭火时用来破拆建（构）筑物、门窗、地板、屋顶等，以便打开通道进行灭火、救人、疏散物资或防止火势蔓延。常用的破拆工具有消防斧、铁铤、消防钩等，如图 8-26、图 8-27 所示。

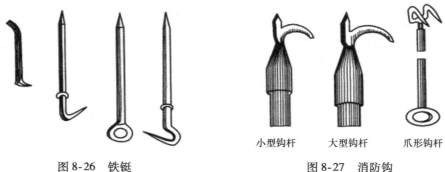

小型钩杆　　大型钩杆　　爪形钩杆

图 8-26　铁铤　　　　　　　　图 8-27　消防钩

## 8.4　触电急救与外伤救治

### 8.4.1　典型触电事故示例

触电事故给人们带来了惨重的灾难，给国家、集体、家庭和个人造成了巨大的损失。下面通过介绍在生产建设与日常生活中所不幸发生的 30 例典型触电事故，提醒广大电工务必认真思考、经常学习并掌握好电气安全技术和触电急救方法，务必牢牢记取这些血的教训！

1. 缺乏电气安全常识的事故示例

（1）跨步电压触电

1980 年 6 月，某县郊电杆上的电线被大风刮断掉在水田中。早晨有一小学生把一群鸭子赶进水田，当鸭子游到断线落地处附近时，一只只死去，小学生便下田去拾死鸭子，未跨几步即被电击倒。随后哥哥赶到田边并下田去拉弟弟，也被电击倒。爷爷赶到田边急忙跳入水田拉孙子，又被电击倒。小学生的父亲闻讯赶到，见鸭死人亡，急忙下田抢救，也被电击倒。一家 3 代 4 人，均被电击而惨死在水田中！

主要原因：①低压线（农田的 380V/220V 系统）一相断落碰地形成单相接地短路，尤其是在水田中，落地处 1m 附近的跨步电压即已很高；②缺乏电气安全常识，又未能立即切断电源，从而造成多人触电死亡的恶性事故。

（2）无保护装置触电

1982 年 7 月某天炎热的中午，有 5 个小学生来到某化肥厂的工业循环水池游泳。水池长 40m、宽 10m、深 5m。露天下安装了一台水泵，配用一台 17kW 交流电动机，从水池内日夜抽水供循环水系统用水。当他们游到进水管附近时，竟全部触电死亡！

主要原因：①对学生的电气安全教育不够，儿童缺乏电气安全常识；②在穿有输电线的保护钢管内有电线接头，因雨水长期浸湿而松动脱落，其裸线接头触及钢管，然后使水泵、电动机座、电动机外壳、水泵外壳、水管及其附近的水面均带电；③电动机未采取相应的保护措施。

（3）外壳带电触电

1985 年 8 月 22 日 3 时 20 分，某供销社豆制品厂一职工（男，47 岁）在磨豆腐时，因磨豆粉机的电动机外壳带电而触电死亡；1986 年 8 月 22 日 11 时分，某县商业总店一营业员（女，41 岁），在豆腐店使用电磨加工米粉时，由于 380V 电磨外壳带电而触电死亡。

主要原因：①管理混乱，设备陈旧，未定期检修；②缺乏电气安全常识；③电气设备外壳未采取保护接零或保护接地措施。

（4）违章带电作业触电

1989 年 8 月 3 日 15 时左右，某工厂机动科一电工（男，26 岁）和另一人安装荧光灯。他站在七档人字梯的最高档，带电接荧光灯电源线。当拆开相线上的绝缘胶布时，不慎碰上附近的接地线铁丝引起触电，并从 2.3m 高处的梯子上摔下，头部后脑着地，经抢救无效于当日死亡。

主要原因：①低压带电作业未采取相应安全措施；②缺乏高处作业的安全常识，也未使用安全带；③对周围环境未仔细观察，误碰接地线铁丝，形成单相经人体接地短路故障。

（5）安全距离不够触电

1984 年 1 月 31 日下午 4 点，某县 3 名职工在四楼平台上安装电视机室外天线时，金属天线不慎倾倒在附近的 10kV 高压线上，3 人同时触电摔倒。经抢救，两人脱险，一人死亡。

主要原因：①缺乏电气安全常识；②装设电视机室外天线时，未考虑到万一倾倒时天线可能碰触架空线；③高压线距楼台建筑距离仅 1.5m，不符合安全距离规定。

（6）线路老化触电

1985 年 9 月 7 日 15 时 10 分，某市建筑工程公司一混凝土工（男，39 岁），在操纵蛙式打夯机时，因开关处电线破损漏电而触电死亡。

主要原因：①橡皮电缆软线陈旧老化，没有定期检查更换且施工用电混乱；②开关上未采取保护接零或保护接地措施，又未采用漏电保护装置；③非电工人员缺乏电气安全常识。

（7）静电火花触电

某工厂用管道输送高压液化石油气时，发现漏气，检修时发生了爆炸事故，并导致 5 人死亡！

主要原因：①缺乏静电与安全知识；②检修时泵内残留的 $137.3 \times 10^4 Pa$ 压力的液化气高速喷出，产生了高压静电，并由静电火花引起爆炸及人员伤亡。

2. 电气安装不合要求的事故示例

（1）相线外露触电

1988 年 6 月，某厂男浴室内，淋浴的几个工人感到脚麻、胸闷，池内的工人惊叫"有电！"池边的几个工人跑到外面大声呼救，待切断电源时两名工人因触电严重，无力走动，浸泡在水池中而触电身亡！

主要原因：①浴室北端的一个灯头相线外露，并有烧焦痕迹，与暗管线的钢管距离很近，浴室内水蒸气弥漫，因潮湿使钢管及与其相连的钢筋和混凝土均带电；②暗管线的钢管未进行接地处理；③浴室照明未采用密封防潮灯具。

（2）带电移动电器触电

1986 年 8 月 25 日 9 时 40 分，某县水利建筑安装公司实习电工两人，在某工地帮助打夯时，由于打夯机移位，电缆线被压破，打夯机外壳带电，致使两人均触电。经抢救，结果一人获救，一人死亡。

主要原因：①电气安装不合要求，设备外壳没有采取接地或接零措施，且未装设漏电保护装置；②施工现场管理混乱；③带电移动电器未注意安全工作事项。

（3）晒衣铁丝传电触电

1986 年 9 月的一天早晨，某通信站一位守机员，执勤后在狂风暴雨中归来，将湿衣服往门外晒衣服的铁丝上搭去。由于铁丝与被大风刮断的电线相接，顿时被电击倒，呼吸停止，心脏也停止了跳动，幸亏及时而正确地采取了触电急救措施，并坚持进行抢救取得了成效，挽救了触电假死者的生命。

主要原因：①电力线路安装不合要求；②晒衣铁丝离得过近，又未装设漏电保护装置。

（4）未装避雷器触电

1995 年 7 月，某县一青年将收音机天线挂在 20m 高的大树上。有一天忽然雷声大作，正在天线引下线处收衣服的女青年当场被击死，且雷电沿引线进入室内将收音机击毁，墙边的水缸打穿，天线也随即熔化。

主要原因：①未安装避雷器，引线对地也未留放电间隙；②天线过高，超出常规；③雷雨期间，天线未与地线相连（此措施只防感应雷，对直击雷仍不安全）。

（5）三孔插座接错线触电

1982 年 5 月，某厂一女工买来 400mm 台扇，插上电源试运转。当手触碰电扇底座时，竟惨叫一声随即倒地，并将风扇从桌上带甩下来，且压在自身胸部，造成触电死亡。

主要原因：①电源相线误接在三孔插座内的保护接零柱头上，从而使外壳带有 220V 相电压；②未装设漏电保护器；③未施行触电急救。

（6）错误接零触电

1998 年 8 月 14 日，某厂装配车间一工人使用单相手电钻作业。当他把四孔插头插向中央配电箱的四孔插座后，刚拿起电钻竟触电身亡。

主要原因：①保护接零的零线错误地接在四孔插座已松动的固定螺钉上；②单相手电钻错误地使用了四孔插头，从而使电源从插头经手电钻绕组，再通过保护接零到外壳，然后经过人体入地，构成了触电回路。

（7）零线烧红

1984 年 12 月，某厂变电所值班电工正在值班。忽然室内照明熄灭，接着外面有人叫喊："变压器起火！变压器起火！"当值班电工奔出来时，只见变压器（10kV/0.4kV）平台上一片烟火；燃烧不停，酿成了电气火灾。

主要原因：①电气设备漏油；②发生事故时断路器过电流脱扣保护装置失灵，使短路电流得以持续而导致零线烧红；③烧红的零线又燃着了漏油，酿成了电气火灾。

（8）零线断线

某厂因外部电源停电，便使用自备柴油发电机发电，各车间与部门相继合闸用电。每开一盏灯，灯泡或灯管只闪烁一下便烧毁，30min 内共烧毁 16 盏荧光灯，82 盏白炽灯，损坏数占全部灯具的 60% 以上。

主要原因：①零线安装不合要求、发生断裂且三相负荷不平衡，负荷小的一相电压值升高到线电压（380V），使该相所带灯具及设备被烧毁；而另外两相上的灯具或设备则串联在 380V 上，负荷小的一相其灯具或设备承受的电压会高于 220V，也可能被烧毁；②安装时未实施重复接地。

3. 设备有缺陷或故障的事故示例

（1）电线漏电触电

1982 年 7 月 12 日，某市人防一公司机电队沙某（男，34 岁，钳工班长）在工地的更衣室内换衣时，发现挂衣服的铁丝麻手（由于铁丝磨破了行灯电源线），铁丝的另一端落在墙壁的竹扫把上。他在挂衣服时，下肢又误碰到竹扫把那端的铁丝，"哎呀"一声便倒在积水的地面上，当即触电身亡。

主要原因：①违反《工厂安全卫生规程》第 44 条"行灯电压不能超过 36V，在金属容器内或潮湿场所不得超过 12V"的规定而采用了 220V 电源；②设备有缺陷，发现漏电又未及时采取相应的防范措施；③安全措施检查不细、不严。

（2）刀开关爆炸

1982 年 12 月 18 日上午，某厂 309 宿舍打井时，使用一台 3kW 水泵抽水（用 380V/15A 刀开关直接起动），并已运转多时。当水泵停机后再开时，不料刀开关发生炸裂，烧伤操作人员并使其右手致残。

主要原因：①设备有缺陷，刀开关动触头螺钉松动，合闸时三相不能同时接触而引起电弧放电；②由电弧进而造成相间短路，产生高温后引起刀开关爆炸。

（3）配电柜起火

1984 年 4 月 10 日下午 1 时，淮南矿务局某厂铸造车间清砂房内的 1 号配电柜弧光一闪，一声巨响，配电柜起火。接着室外低压架空线路有一根线断落，碰到其余 3 根架空线上，瞬时弧光大起，响声如鞭炮，4 根架空线全部熔断掉落，造成全厂局部停电 8h，以及部分车间停产事故。

主要原因：①灭弧罩上有豆粒大的缺损，当交流接触器切断电路时，主触头产生的电弧通过灭弧罩缺损处引起相间短路；②配电柜应采用 RM1 型熔断器作为短路保护，而现场实际熔丝是用裸铝丝代替，使熔断时间延长，不能立即切断故障电流。

（4）导线短路

1988 年 1 月 21 日凌晨，某无线电厂彩色电视机插件房发生重大火灾。出动 17 部消防车，经 2h 后方才扑灭，直接经济损失达 18 余万元！

主要原因：①室内照明线路短路；②安装时未穿管敷设，导线受潮、受热老化，切断开关时仍带电；③该插件房吊顶和隔墙均为可燃材料，吊顶内潮湿、闷热，不符合防火安全要求。

（5）变压器爆炸

某厂有一台 320kV·A 车间变压器，因故障导致变压器油剧烈分解、气化，油箱内部压力剧增发生爆炸，箱盖螺栓拉断，喷油燃烧，竟使 8m 外的工作人员面部也被烧伤。燃油又点燃下层电缆及其他可燃物，并沿电缆燃烧，致使上层的配电室和控制室也被烧毁。

主要原因：①交压器内部出现短路故障，产生电弧，引起爆炸；②无储油措施，致使燃油外流，引起重大火灾。

（6）变电所起火

1994 年 2 月 1 日下午 4 时，某矿变电所内变压器引线的电缆头发热冒烟，片刻电弧燃着了喷油，火由室内烧到屋顶，使整个变电所大火四起。

主要原因：①变压器引线的电缆过热。使导线烧断，造成三相弧光短路，且油断路器受热后绝缘油向外喷出，遇电弧后燃烧；②变电所继电保护装置在系统出现故障（电压下降）时，保护动作失灵（保护电源未能采取由独立的蓄电池供电）。

（7）互感器爆炸

1987 年 7 月 25 日，上海某变电站内的电流互热器发生爆炸，引起两台大容量 220kV 变压器跳闸，中断了上海某化工厂电源，并使该厂电解槽内的氯气压力增加，使氯气外逸，致使附近居民百余人中毒！

主要原因：①互感器电容芯子绝缘内部有气泡，在运行电压下发生了局部放电；②产品有缺陷，对局部放电量大的电容式交流互感器，制造时未能进行长时间高真空处理以及消除气泡。

4. 违反操作规程或规定的事故示例

（1）误碰高压触电

1986 年 6 月 27 日，某厂电工（男，30 岁）在变电所拆下计算柜上的电能表时，被相邻的 10kV 高压母线排放电击中，并被电弧烧伤，经抢救无效而死亡。

主要原因：①邻近高压开关柜（10kV）带电操作时，安全距离不足 0.7m，严重违反了安全工作规程；②没有严格执行工作票制度和工作监护制度。

（2）擅自合闸触电

1989 年 1 月 23 日，某市电机厂停电整修厂房，并悬挂了"禁止合闸！"的标示牌。但组长周某为移动行车擅自合闸，此时房梁上的木工梁某（男，27 岁）正扶着行车的硬母排导线，引起触电。当周某发现并立即切断电源时，梁某双手也随即脱离母排并从 3.4m 高处摔下，经送医院抢救无效，于当夜死亡。

主要原因：①严重违反操作规程，擅自合闸通电；②有关高处作业的安全措施不落实、检查不严；③违反了高处触电急救的安全注意事项。

（3）交接不清

1991 年 2 月 7 日，某县水泥厂检修工周某（男，34 岁，钳工）正在维修熟料提升机，操作工潘某午饭后回来打扫清洁，不问检修情况便按动电钮清料，致使正在检修的周某被提升机挤死。

主要原因：①交接不清，管理混乱，劳动纪律松懈，违反安全规定；②开关处未悬挂"禁止合闸！"标示牌。

（4）误近高压线

1987 年 10 月 15 日，某市大酒家一电工（男，26 岁）运送铜管进店。管子过长，欲从三楼窗口送入。由于窗外有梧桐树且枝叶并茂，当他将铜管竖直时，因离马路上的高压线过近便发生放电，致双手触电连冒火花。他人急用木棒猛击铜管，方使触电者脱开电源。随即送医院后，只得锯掉双手双脚，造成终身残疾。

主要原因：①违反安全规程，忽视必要的安全距离；②对周围环境未进行仔细观察。

（5）无联锁装置

1993 年 8 月下旬的一个晚上，某化工厂机修车间有一女工去更换 60A 胶盖开关的熔丝。换装后未盖胶盖即闭合开关，只听"轰"的一声，瞬间短路将熔丝熔断，强烈电弧喷射她的双眼，从此双目失明。

主要原因：①违反安全规程，熔丝熔断既未查明原因，也未排除故障；②拉合开关时未能侧过身子，且双眼也不该正视；③大容量负荷开关未设联锁装置（能使未盖上开关盖就不能接通电源），操作人员违反规定未将胶盖盖上便闭合开关。

（6）二次电压触电

1996 年 8 月的一天，天气炎热，某厂机修车间电焊房内，上午下班时发现某电焊工躺在 2m 多长的焊件上，紧握焊钳的右手，掌心一片灼黑，后腰有 3cm 长的电击点，由电击灼伤而导致死亡（当时在现场，从焊钳与焊件之间测出交流电焊机的二次电压为 57V）。

主要原因：①违反安全规程，天气炎热身上又有汗水，操作人员未戴绝缘手套，未穿绝缘鞋，未戴头盔，导致带有汗水的右手与焊钳上的导体经右臂、上躯、后腰到焊件形成回路，使电焊机二次线圈的电流流经人体；②未在电焊机上装设空载自动断电装置，故电焊机一次线圈的电源未能自动切断。

（7）配电板着火

1994 年 8 月 15 日，某厂焊工车间有一木制动力配电板，其内三相熔丝完好，但运行中却突然冒烟着火。

主要原因：①管理混乱，违反规定，任意接线加大电力负荷，使三相负荷的平衡遭到破坏；②其中一相严重过电流，将胶皮线烧焦并引起木制配电板着火；③对木制配电板未采取防火安全措施。

（8）零线带电

某矿由6台柴油发电机组并列运行供电，在检修其中一台134kW柴油发电机组时，用汽油淋洗定子和转子线圈。突然"轰"的一声，发电机基础滑轨上燃起熊熊大火，火焰高达2m，发生了严重的火灾事故。

主要原因：①违反规程的规定，发电机组负荷很不均衡，使零线对地电压竟高达180V；②检修中零线线端误碰发电机滑轨引起闪烁火花，点燃了在淋洗过程中溅泼到发电机基础和滑轨上的汽油，引发了电气火灾。

## 8.4.2　触电紧急救护方法

触电人员的现场急救，是抢救过程中的关键。如果处理得及时和急救方法正确，就可能使因触电而呈假死的人获救；反之，则可能带来不可弥补的后果。因此，触电急救技术不仅医务人员必须熟悉和掌握，从事电气工作的人员也必须熟悉和掌握。

1. 脱离电源

使触电人员很快脱离电源，是救治触电人员的第一步，也是最重要的一步。具体做法如下：

1）如果开关距离救护人员较近，应立即迅速地拉开开关，切断电源。

2）如果开关距离救护人员很远，可用绝缘手钳或装有干燥木柄的刀、斧、铁锹等将电线切断，但要防止被切断的电源线触及人体。

3）当导线搭在触电人员身上或压在鼻下时，可用干燥木棒、竹竿或其他带有绝缘手柄的工具，迅速将电线挑开，但不能直接用手或用导电的物件去挑电线，以防触电。

4）如果触电人员的衣服是干燥的，而且电线并不是紧紧缠在其身上时，救护人员可站在干燥的木板上，用一只手拉住触电人员的衣服把他拉离带电体，但这只适用于低压触电的情况。在拉离过程中要注意，不可触及触电人员的皮肤，也不可触及触电人员的鞋，因为鞋可能是湿的，或者有鞋钉，难免导电。

5）如果是高空触电，还须采取安全措施，以防电源切断后，触电人员从高空摔下致残或致死。

2. 急救处理

当触电人员脱离电源后，应立即依据具体情况，迅速进行急救。

1）如果触电人员的伤害并不严重，神志尚清醒，只是有些心慌，四肢发麻，全身无力，或者虽一度昏迷，但未失去知觉，都应使之安静休息，不要走路，并密切观察其病变。

2）如果触电人员的伤害较严重，失去知觉，停止呼吸，但心脏微有跳动时，应采取口对口人工呼吸法抢救。如果虽有呼吸，但心脏停搏时，则应采取人工胸外按压心脏法抢救。

3）如果触电人伤害得相当严重，心跳和呼吸都已停止，人完全失去知觉时，则需采用口对口人工呼吸和人工胸外按压心脏两种方法同时进行抢救，如果现场仅有一人抢救时，可交替使用这两种方法，先胸外按压心脏4~8次，然后暂停，代以口对口吹气2~3次，再按压心脏，又口对口吹气，如此循环反复地进行操作。

人工呼吸和胸外按压心脏应尽可能就地进行。只有在现场危及安全时，才可将触电人员抬到安全地方进行急救。在运送医院途中，也要连续进行人工呼吸或心脏按压，进行抢救。

3. 人工呼吸和心脏按压

人的生命的维持，主要是靠心脏跳动而造成的血液循环和由于呼吸而形成的氧气和废气交换过程。假死就是由于中断了这种过程所致，因此，可以采用人工的方法来暂时替代已经中断的这种作用，以求过渡到人体的正常功能的恢复。所以当人体触电后一旦出现假死现象，应立即施行人工呼吸或心脏按压。通常采用的人工呼吸和心脏按压法有仰卧压胸法、俯卧压背法、口对口吹气法、胸外按压心脏法等。

实践证明，从触电后 1min 开始救治者，90% 有良好效果；从触电后 6min 开始救治者，10% 有良好效果；而从触电后 12min 开始救治者，救活的可能性很小。由此可知，发现有人触电，现场人员必须当机立断，且不可惊慌失措，要用最快的速度以正确的方法使触电者脱离电源，然后根据触电者的具体情况，立即进行现场救护。

### 8.4.3　常见外伤的急救处理

电伤是触电引起的人体外部损伤（包括电击引起的摔伤）、电灼伤、电烙印、皮肤金属化这类组织损伤，需要去医院治疗。但现场也必须做预处理，以防止细菌感染损伤扩大，可以减轻触电者的痛苦和便于转送医院。

1）对于一般性的外伤创伤面，可用无菌生理盐水或清洁的温开水冲洗后，再用消毒纱布防腐绷带或干净的布包扎，然后将触电者护送去医院。

2）如伤口大出血，要立即设法止血。压迫止血法是最迅速的临时止血法，即用手指手掌或止血橡皮带在出血处供血端将血管压瘪在骨骼上而止血，同时火速送医院处置。如果伤口出血不太严重，可用消毒纱布或干净的布料叠几层盖在伤口处压紧止血。

3）高压触电造成的电弧灼伤，往往深达骨骼，处理十分复杂。现场救护时可用无菌生理盐水或清洁的温开水冲洗，再用酒精全面涂擦，然后用消毒被单或干净的布类包裹好送往医院处理。

4）对于因触电摔跌而骨折的触电者，应先止血、包扎，然后用木板、竹竿、木棍等物品将骨折肢体临时固定并速送医院处理。

## 小结

1）人体触电时会造成电击和电伤两种伤害。
2）交流供电满足远期需求，直流供电满足近期需求。
3）人体触电有单相触电、双相触电、跨步电压触电三种形式。
4）电气设备的防火防爆措施。
5）线路的安全检查与日常保养。
6）触电的急救措施和外伤的紧急处理措施。

 思 考 题

1. 什么是安全电压？其重要意义表现在哪些方面？你经历或听闻过哪些电气事故？

2. 预防电气事故应采取哪些对策？

3. 什么是触电？电击和电伤有何不同？

4. 一般情况下可取安全电流为多少安？安全电压上限值是多少伏？在安全工程设计中，人体电阻的计算值通常取多少欧？

5. 人体触电主要有哪些形式？试简述其间的区别。

6. 电气安全用具为什么要进行定期试验？其标准如何？

7. 电气安全用具有什么重要作用？可分为哪几类？

8. 发现有人触电时该怎么办？

9. 使触电者脱离电源的方法有哪些？应注意什么问题？

10. 灭火的基本原则和方法是什么？分述常用灭火器的性能、使用方法。

11. 发生电气火灾应如何处理？使用 1211 灭火器和二氧化碳灭火器时要注意什么问题？

# 第9章
# 岸基低压通信电源系统
# 简易设计

通信电源系统设计的前提是需要理解通信电源系统和通信系统之间的关系，通信系统是通信电源系统的用户，科学经济地满足其近期和远期的用电需求是通信电源系统设计的目的。本章简要介绍通信工程机房电源及配套专业的前期准备、实际勘查步骤，以及设计阶段的主要内容和设计原则，部分设计内容根据电源工作人员的长期经验给出，具有较强的实操性，适合通信电源系统设计的快速入门。

## 9.1　勘察阶段

### 9.1.1　勘察的一般原则

通信电源是整个通信网中必不可少的重要组成部分，其供电质量的好坏，设备配置是否合理，将关系到整个通信网的畅通。电源勘察细致与否，直接影响电源设备配置的合理性及供电质量。

1. 勘察前期准备工作

基站（小型局站）通信电源勘察以基站交流配电装置输入端为起始点、通信电源系统输出端为止的通信电源系统，以及以基站机房接地引出线为起始点、机房接地分排为止的接地系统。

勘察前做好细致的准备工作能起到事半功倍的作用，具体如下：

1）了解总体的工程建设情况及规模，并收集勘察点的相关资料和建设内容，包括主设备、传输设备等建设规模及所需功耗和供电类别。

2）根据掌握的情况，制定勘察计划，安排勘察路线。

3）与建设单位联络人、相关专业设计人等取得联系，说明工作内容，取得配合，并记录所需的电话、地址、传真号、E-mail 等联系方式。

4）对于新建或新租用的机房，应要求建设单位提供建筑平面图和总平面示意图，一般来说建设单位应能提供综合机房方面的图样。对于已有机房，应准备好前期工程设计图样。

5）准备好足够的空白综合机房或基站电源勘察记录表格和草图。准备好勘察所需的仪器及工具，包括 5m 以上钢卷尺、数字交直流钳形表。另根据需要可选配数码相机、指南针等。

2. 新建或新租用基站（小型局站）通信电源勘察的主要内容

1）根据基站建设的需要，确定基站电源系统的配置情况。

2）根据机房所处的位置、平面，确定基站电源设备的布放方案，室内走线架布置方案。

3）根据机房的实际情况，确定接地系统的建设。

4）提出通信电力系统建设所必要的机房条件，包括机房长、宽、高（梁下净高），门、窗、立柱和主梁等的位置和尺寸；楼板承重（蓄电池承重要求≥1000kg/m²，一般的民房承重在200～400kg/m²，需采取措施增加承重）及机房净高等，并向建设单位陪同人员和业主索取有关信息。

3. 已有基站（小型局站）通信电源勘察的主要内容

1）核对前期工程的设备平面图及电力系统图，及时修改有变化的地方。

2）勘察基站内低压及基站电源的使用功耗情况并进行记录，结合本期工程的需求，并与原配置进行比较，确定是否需要进行扩容建设。

3）记录下已运行的电源设备的配置情况、配电设备分路的使用情况，结合本期工程的需求，确定是否需要进行扩容建设。

4）勘察基站接地系统，对存在的问题予以解决。

4. 勘察注意事项

1）在勘察时，要注意观察、记录，对待建和已建工程中存在的问题和安全隐患要及时地予以指出，并提出整改方案。

2）在勘察已在网运行的设备时，要尽量在建设单位专业负责人的陪同下进行。

3）勘察时切勿私自动手操作。在确实有需要时，可要求建设单位人员代为操作。

5. 输出报告要求

勘察完成后需要及时对勘察内容进行整理和总结，提交相关的记录。新建和新租用基站应记录的有关信息如下：

1）机房长、宽、高尺寸，门、窗、梁（上、下）、柱等的位置、尺寸（含高度）。

2）指北方向。

3）如为多孔板楼面，应标明孔板走向，便于加固设计及设备摆放布置。

4）室内如有其他障碍物（管子等），应注明障碍物的位置、尺寸（含高度）。

5）设计走线架、室内外接地排、交流配电箱、避雷器等的布置位置、尺寸（含高度）。

6）设计新增设备（含组合开关电源、空调、蓄电池等）的平面布置。

7）如无法确认机房承重问题，应提醒建设单位对承重进行核算和加固。

8）确定油机切换箱和电表箱的位置。

已有基站应记录的有关信息如下：

1）机房长、宽、高尺寸，门、窗、梁（上、下）、柱等的位置、尺寸（含高度）。

2）指北方向。

3）如为多孔板楼面，应标明孔板走向，便于加固设计及设备摆放布置。

4）室内如有其他障碍物（管子等），应注明障碍物的位置、尺寸（含高度）。

5）机房如需改造，应详细注明与改造相关的信息，需新增部分走线架时，应有设计方案与原有走线架相区别。

6）室内外接地铜排的位置和安装高度。

7）已有设备（含组合开关电源、空调、蓄电池等）的平面布置。

8）新增设备（含组合开关电源、空调、蓄电池等）的平面布置。

9）如蓄电池需升级，则提出升级方案。

10）如无法确认机房承重问题，应提醒建设单位对承重进行核算和加固。

6. 与建设单位的沟通

资料整理完毕，且形成勘察初稿后，应尽快与建设单位进行沟通，交流设计方案，积极听取建设单位的正确意见和建议，及时了解建设单位的建设思路，综合机房电源的远期建设方案和设备布置、基站电源设备的配置原则、目前电源设备在使用中存在的问题等，沟通后形成最终稿。

## 9.1.2　机房负荷勘察举例

1）现有电源供电能力调查，包括：交流配电容量（A）、可用路数；直流配电容量（A）、可用路数；整流模块电流（A）（配置原则与电池的充电电流和负荷电流有关、最大配置块数）；现有电池容量（A·h）；可以以表格形式形成直流供电容量统计表和 UPS 或逆变器供电容量统计，见表 9-1、表 9-2（设计时应结合实际计算），代表现有供电能力。

表 9-1　直流供电容量统计表（直流：-48V，单位：A）

| 序号 | 直流供电设备名称 | 厂家和型号 | 最大供电容量 | 实际供电容量 |
|---|---|---|---|---|
| 1 | ××直流配电柜 | | | |
| | 对应电池组容量 | | | |
| 2 | ××直流配电柜 | | | |
| | 对应电池组容量 | | | |
| | … | … | | |
| | 共计 | | | |

表 9-2　UPS 或逆变器供电容量统计表（交流：220V，单位：kW）

| 序号 | 交流用电设备 | 厂家和型号 | 最大供电容量 | 实际供电容量 |
|---|---|---|---|---|
| 1 | UPS | | | |
| | 对应电池组容量 | | | |
| 2 | UPS | | | |
| | 对应电池组容量 | | | |
| 3 | UPS | | | |
| | 对应电池组容量 | | | |
| | … | … | | |
| | 共计 | | | |

另一方面还要调查通信设备功耗。通信设备用电需求调查，主要包括直流负荷需求和交流负荷需求，两种负荷又分别按近期负荷需求和远期负荷需求统计。通常交流负荷需求按远

期需求设计，直流负荷需求按近期需求设计，见表9-3、表9-4（设计时应结合实际计算）。

表9-3 直流负荷统计表（直流：-48V，单位：A）

| 序号 | 用电设备 | 用电量 | | 备注 |
|------|---------|------|------|------|
| | | 近期 | 远期 | |
| 1 | 程控交换机（近期××门，远期××门） | 50 | 10 | |
| 2 | 一级传输设备 | 5 | 10 | |
| 3 | 二级传输设备 | 5 | 10 | |
| 4 | 市内传输设备 | 5 | 10 | |
| 5 | 数据通信设备 | 40 | 80 | |
| 6 | 接入网设备 | 30 | 60 | |
| 7 | 宽带设备 | 20 | 50 | |
| 8 | 逆变器 | 60 | 120 | |
| 9 | 合计 | | | |

表9-4 UPS 或逆变器用电负荷统计表（交流：220V，单位：kW）

| 序号 | 用电设备 | 单位 | 数量 | | 用电 | | 备注 |
|------|---------|------|------|------|------|------|------|
| | | | 近期 | 远期 | 近期 | 远期 | |
| 1 | 营业室微机 | 台 | 3 | 6 | 1.2 | 2.4 | |
| 2 | 交换监控室 | 台 | 2 | 4 | 0.8 | 1.6 | |
| 3 | 传输监控室 | 台 | 2 | 4 | 0.8 | 1.6 | |
| 4 | 电源监控室 | 台 | 2 | 3 | 0.8 | 1.2 | |
| 5 | 数据设备 | 台 | 5 | 8 | 2.0 | 3.2 | |

2）画出机房平面布置图，确定机房方位（指北）。

3）画出局/站内原有电源设备外形尺寸图（高×宽×深），标明厂家名称及型号、规格，接线端子位置，空闲熔丝和断路器有多少个，分别为多少安，端子图要非常详细！

4）找到机房工作地排和保护地排的具体位置和各上、下线孔/槽位置。

5）如果机房为租用机房，则要向局方了解机房的现承重数据，以便考虑设计中是否做承重处理。

6）通信机房勘察阶段一定要和机房内各专业负责人了解各专业的详细情况（哪些设备是双路输入，哪些设备是单路输入），并整理、做好记录。

7）中标电源设备厂家工程主要负责人的详细联系方式，以便将来向其了解电源设备的具体情况，如合同价格、技术参数和相应的设备数据等。

8）勘察完毕后向局方相关领导细致地汇报勘察情况并记录局方领导对工程的一些具体要求。

# 9.2 设计阶段

勘察阶段结束后，按照标准形成的勘察报告各图标图号符合标准，在摆放新增的电源设备时，机房应整体考虑，不要随意摆放设备，并考虑消防通道的预留、空调送风等问题，合理安排设备布局。尽量不要把电源设备和基站设备摆放在一起，尤其是电源电缆不要和天线馈线混在一起，电源电缆线的高压线（强）和低压线（弱）在走线架上敷设时，应分别放在两侧。

## 9.2.1   交流配电柜设计（380V/××A）

交流配电柜的容量选择要根据局方提供的将来设备交流总功耗计算。

举例：某通信机房 380V 供电通信空调 2 台，共计耗电 18kW，照明用电 100A，数据设备、PC 终端等耗电 150A，近期其他 220V 供电预留 50A。

计算配电柜容量：

$P_{总功耗}(W) = (P_{空调} + P_{照明} + P_{数据、PC} + P_{预留})/功率因数 = (18000 + 220 \times 100 + 220 \times 150 + 220 \times 50)W/0.8 = 105000W$

$I_{总} = P_{总功耗}/U = 105000W/400V = 263A$

其中功率因数会因设备厂家的不同而有差异，在此取 0.8，故近期配置 380V/263A 的交流配电柜即可，考虑到将来增加设备，同时依据国家交流电流系列标准，综合取定本机房新增交流配电柜容量为 380V/400A，能满足中长期交流负荷需求。常用设备的效率、功率因数见表 9-5。

表 9-5   常用设备的效率、功率因数

| 参数 | 电动发电机 | 硒整流器 | 硅整流器 | 晶闸管整流器 | 交流通信设备 | 照明 | 逆变器 |
|------|-----------|---------|---------|-------------|-------------|------|--------|
| 效率（%） | 65 | 70 | 75 | 80 | 80 | 0.8 | 80 |
| 功率因数 | 0.7 | 0.7 | 0.7 | 0.7 | 0.8 | 1 | |

交流电流系列标准如下：

交流配电屏/箱电流标准系列：50A，100A，200A，400A，630A，800A，1000A，1600A。如 380V/400A 表示交流配电屏三相输入 380V、400A 的容量，输出功耗小于输入功耗。

交流配电屏输出：分三相输出（380V）和单相输出（220V），为保证三相平衡，三相输出分路最好配为 3 的倍数。如某交流配电屏输出配置为：三相 3×16A，三相 3×32A，三相 3×63A。

交流熔断器的额定电流值选定原则：照明回路按实际负荷配置，其他回路不大于最大负荷电流的 2 倍（1.5～1.7 倍），注意空调启动电流可达最大电流的 4～7 倍，故在选配熔断器时应特别注意。

## 9.2.2   UPS 设计

UPS 的容量选择要根据局方提供的通信机房内重要交流负荷的总功耗计算，对于并机运行的 UPS 系统，应根据需要选择冗余运行方式还是备份运行方式。

UPS 容量的计算方法同交流配电柜容量计算方法。如某网管监控中心要单独配置一套 UPS，有 50 台计算机终端，每台功耗按 300W 估算，则 $P_{总功耗}(W) = 300W \times 50 = 15000W$，$P_{总功耗}(V \cdot A) = 15000W/0.7 = 21428V \cdot A$，故 $P_{总功耗}(kV \cdot A) = P_{总功耗}(V \cdot A)/1000 = 21428V \cdot A/1000 = 21.43kV \cdot A$，由于计算机终端属于单相 220V 供电，综合选

择单相输入、单相输出 30kV·A UPS 主机柜。这种冗余方案中，一旦这台主机故障，所有 UPS 负载都掉电，因此也可选择 3 台 10kV·A UPS 主机并机来部分提高可靠性，但这种方案中如果坏了一台，还是会有部分负载掉电，因此往往选择四台 10kV·A UPS 主机并机备份，具体并机方案可参照 6.3.2 节中的内容来执行，从而能保证当有 1 台 UPS 主机故障时，剩下三台仍能满足负载供电要求。

三相输入、单相输出和三相输入、三相输出情况同上所述，工程设计中应明确通信机房设备实际需求（是三相输入还是单相输入），然后相应选择 UPS 主机柜是三相输出还是单相输出。

UPS 主机柜容量标准系列如下：

1）单相输入、单相输出设备容量系列：0.5kV·A，1kV·A，2kV·A，3kV·A，5kV·A，8kV·A，10kV·A。

2）三相输入单相输出设备容量系列 5kV·A，8kV·A，10kV·A，15kV·A，20kV·A，25kV·A，30kV·A。

3）三相输入三相输出设备容量系列 10kV·A，20kV·A，30kV·A，50kV·A，60kV·A，80kV·A，100kV·A，120kV·A，150kV·A，200kV·A，250kV·A，300kV·A，400kV·A，500kV·A，600kV·A。

UPS 输出分三相输出（380V）和单相输出（220V）。

UPS 选配需要说明的问题：选配什么品牌的 UPS 电源要根据运营商的具体情况来确定，但有一点必须明白，就是所有欲选配 UPS 电源的功率（单位统一）必须略大于负荷的实际功率，才能使 UPS 电源可靠工作。另外，功率是电能的单位，一般用瓦特（W）来表示，而国际上用电流（A）和电压（V）的乘积来表示（V·A 为视在功率）。视在功率（VA）与有功功率（W）的换算方法为：视在功率（V·A）数乘以 0.7~0.8 即为有功功率（W）。

## 9.2.3  直流配电柜设计（48V/××A）

直流配电屏的容量选择要根据局方提供的近期和远期设备直流总功耗计算，由于成本问题，重点关注近期直流用电功耗，但要有远期扩容能力。

举例：某新建传输交换综合机房中远期计划新增传输设备 8 架（满配功耗按 8kW），新增 1 套 20000 门模块局交换机（每门按 1W，满配功耗按 20kW），设备电源均为双路输入，大楼采用分散供电方式，为此机房新建一个直流配电柜专供传输和交换设备，则直流配电柜的容量为

$$P_{直流总输出} = P_{传输} + P_{交换} = (8000 + 20000)W = 28000W$$

直流配电柜输入电流为

$$I = P_{直流总输出}/48 = 28000W/48 = 583A$$

综合取定直流配电柜的容量为 48V/800A，直流配电柜采用双路 48V/800A 输入。

直流配电屏的输入/输出可分单路输入/输出和双路输入/输出，视通信设备实际需求确定。

直流配电屏电流标准系列：50A，100A，200A，400A，800A，1600A，2000A，2500A。

如现在需要单路 400A 输入的直流配电屏，表示为 48V/400A；如果需要 2 路 400A 主备输入的直流配电屏，表示为双路 48V/400A 或 2×（48V/400A）。

直流配电屏输出有单路输出或双路输出。需要说明的是，如果为双路输出，接法一定是从两路中端子分别引接，不可从一路中两个端子引接。

图 9-1 为某通信局站工程根据设备实际需求配置的一个直流配电柜（机架高 2200mm×

800mm×600mm）输入输出配置图。

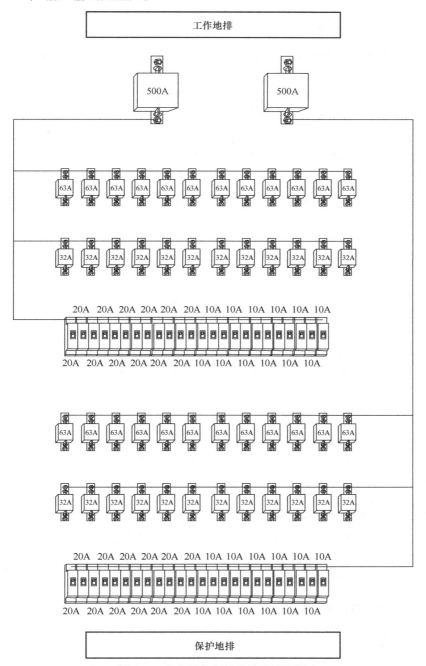

图 9-1　直流配电柜输入输出配置图

　　直流熔断器的额定电流值选定原则：额定电流值应不大于最大负荷电流的 2 倍。各专业机房（设备）熔断器额定电流值应不大于最大负荷电流的 1.5 倍。二级直流输出（列头柜）的选配原则同直流配电柜。

　　注意：按照《通信电源设备安装设计规范》规定，−48V 直流回路全程（蓄电池输出端至通信设备输入端）电压降不超过 3.2V，其中直流屏输入端到输出端电压降不超过 0.5V。

## 9.2.4　高频开关电源设计

高频开关电源是交直流输出混合柜（即既有交流输出单元，又有直流输出单元），开关电源的容量选择要根据站内设备总交直流功耗计算。

开关电源一般单个为 30A 或 50A 的整流模块，局用一般单个为 100A 的整流模块。有很多厂家的基站用高频开关电源有二次下电的功能，一般一次下电接无线设备，二次下电接传输设备。

整流模块采用均流技术，所有模块共同分担负荷电流，一旦其中某个模块失效，其他模块再平均分摊负荷电流。

整流模块单体的配置主要由以下三个方面共同决定：①电源系统所带负荷总电流的大小；②蓄电池的充电电流（电池容量×10%）；③$N+1$ 备份（当 $N \leqslant 10$ 时，1 块备用；当 $N>10$ 时，每 10 块备用 1 块）。

电源系统整流模块根据 $N+1$ 冗余配置原则，主用整流模块数量 $N$ 计算公式为

$$N = \frac{I_L + I_C}{I_{单体额定输出}} \tag{9-1}$$

式中，$I_L$ 为负荷总电流；$I_C$ 为蓄电池的 10 小时率充电电流；$I_{单体额定输出}$ 为所选单体的额定输出电流。

举例：某通信局站工程规划某基站内远期配置基站设备 3 架，每机架 27A，中兴 SDH155/622M1 端，每端 10A，配置 1 组 500A·h 蓄电池，照明用电 2A，求高频开关电源容量及整流模块单元单体的配置数量。

此基站内负荷总电流为

$I_总 = I_{基站} + I_{传输} + I_{电池充电} = 27A \times 3 + 10A \times 1 + 50A = 141A$

$P_{开关电源输入} \times 0.85(高频开关电源功率因数取定值) = P_{基站总输出}$

基站总输出功耗为

$P_{开关电源输入} = P_{基站总输出}/0.85 = (48 \times 141 + 220 \times 2)W/0.85 = 8480W$

高频开关电源容量为 8480W/48V = 176.66A，综合取定容量值为 48V/200A。

选定单体模块容量为 50A，则 $N = 176.66A/50A = 3.53$ 块，向上取整 4 块，$N+1$ 备份，按 5 块配置（满配置），故此工程远期按 5 个模块配置，近期可能由于基站设备机架较少，同样可以根据上面的公式计算出结果。

## 9.2.5　蓄电池组/柜设计

（1）设计原则

1）蓄电池组的容量应按近期负荷配置，但满架容量应考虑远期负荷发展，单独建立的移动通信基站组合电源应具备低电压两级切断功能。

2）不同厂家、不同容量、不同型号、不同新旧的蓄电池组严禁并联使用。

3）蓄电池组选择类型为免维护阀控式密封铅酸蓄电池，即 VRLA。

（2）蓄电池组容量的估计

蓄电池组总容量估计公式为

$$Q \geqslant KIt/\eta[1 + \alpha(t - 25)] \tag{9-2}$$

式中，$K$ 为安全系数，取 1.25；$I$ 为负荷电流（A）；$t$ 为放电小时数（h）；$\eta$ 为放电容量系数（防酸式 VRLA 的放电容量系数在 10 小时放电率下约为 100%）；$\alpha$ 为电池温度系数（1/℃），当放电率 >10 时，取 $\alpha = 0.006$，当 10 > 放电率 ≥1 时，取 $\alpha = 0.008$；当放电率 <1 时，取 $\alpha = 0.01$。

移动通信基站蓄电池组放电时间应为 1~3h。对基站传输设备的供电时间，工程设计中通常按不小于 20h 考虑。

阀控式密封铅酸蓄电池容量系列（10 小时率）：30A·h，50A·h，60A·h，80A·h，100A·h，150A·h，200A·h，300A·h，400A·h，500A·h，600A·h，800A·h，1000A·h，1200A·h，1500A·h，2000A·h，2500A·h，3000A·h。

工程设计中，局配置的蓄电池容量通常为 1000~3000A·h/组，即局蓄电池总容量为 2000~6000A·h；基站配置的蓄电池容量通常为 300~500A·h/组，即基站蓄电池总容量为 600~1000A·h。

## 9.2.6　电源线设计

1. 设计原则

按照设计规范交流电源线按远期负荷设计，直流电源线按负荷最大容量计算。

（1）交流电源线横截面积计算

可按经验值计算，一般来讲 1mm² 电源铜导线可带 6~8A 的电流，可以用总负荷除以 6A 计算。交流地线（含 N 和 PE）横截面积计算按经验计算方法，当交流相线横截面积 $S \leqslant 16mm^2$，保护地线与交流相线线径相同；当交流相线横截面积 $16mm^2 \leqslant S \leqslant 35mm^2$ 时，保护地线与交流相线线径选用 16mm；当 $S \geqslant 35mm^2$，选用交流相线线径一半作为保护地线的线径；直流工作地线线径和对应的直流 -48V 电源线线径一致。

（2）直流电源所用缆线横截面积计算

直流电源所用缆线横截面积应按照《通信电源设备安装工程设计规范》规定满足直流电压降的要求，计算公式（电流矩法）为

$$S = \frac{\sum IL}{\gamma \Delta U} mm^2 \tag{9-3}$$

式中，$S$ 为缆线横截面积；$I$ 为本段导线上的设计电流；$L$ 为本段导线上的回路长度；$\Delta U$ 为本段导线上分配的电压降，直流电压降分配要求 -48V 直流全程电压降为小于 3.2V 和小于 2.7V，见表 9-6，$\gamma$ 为电流线导电系数，铜导率为 57、铝导率为 34。

**表 9-6　-48V 直流全程电压降分配情况**（经验值）　　　　（单位：V）

| 电池放电门限电压 | 电池—电源 | 电源 | 电源—分配屏 | 分配屏 | 分配屏—设备 | 备注 |
|---|---|---|---|---|---|---|
|  | 0.5 | 0.3 | 1.1 | 0.3 | 1 | 全程允许电压降为 3.2 电压降 |
| 43.2 | 42.7 | 42.4 | 41.3 | 41 | 40 | 设备要求最低电压 40 电压降 |
|  | 0.5 | 0.3 | 1.1 | 0.3 | 0.5 | 全程允许电压降为 2.7 电压降 |
| 43.2 | 42.7 | 42.4 | 41.3 | 41 | 40.5 | 设备要求最低电压 40.5 电压降 |

按照防火要求及施工要求，电源线一般选用铜芯阻燃软电缆。

所有电源线（油机电源线除外）一般采用上部走线架布线且与信号线分离，不共用走线架。交、直流电源线应分层布放，其中上层为交流电源线，下层为直流电源线。

2. 设计范围

所有电源设备之间的连线均为本设计范围，其中市电引入照明，附属房照明等不属本设计范围。

电源线选线及布线路由应明确的信息包括：油机电源线：用××mm² 线×× 条，路由是××到××；电池母线：用××mm² 线×× 条，路由是××到××；交换机房馈线：用××mm² 线×× 条，路由是××到××；传输机房馈线：用××mm² 线×× 条，路由是××到××；其他电源线（分别写）：用××mm² 线×× 条，路由是××到××。

3. 电源线布线要求

电源线在走线架上布放时不能交叉，并考虑新增电源线的布线路由。交流线与直流线同层走线架布放时要达到相距50mm 以上。实在不能达到相距50mm 以上时交流线要穿金属软管保护。

### 9.2.7　基站应急发电机组设计原则

基站应急汽油发电机组容量主要依据小型通信局站的负荷大小、环境要求以及局站对供电的要求等选用原则；基站应急汽油发电机组的容量应满足中远期站点负荷的需求，额定功率应能满足基站最大保证负荷的供电需求，对于长时间使用的机组，基站保证负荷应不高于机组额定容量的80%。

因环境温度过高，而需要对空调进行保障的特殊基站，基站应急汽油发电机的供电容量应适当考虑空调运行负荷，基站应急汽油发电机组应根据各地基站站点数量及实际供电情况进行配置，单台发电机组一般选用容量为5～15kW。

基站应急汽油发电机组在使用时，应优先满足基站通信设备的供电及蓄电池组的补充电。

在三类市供电区域，山区的移动设备基站宜每5 个站配置1 台应急汽油发电机组；平原宜每10 个基站配置1 台应急汽油发电机组；对于市供电情况较好的直辖市、省会城市及地市基站，应急汽油机组的配置数量可进行适当调减；对于市电供应紧张或交通不便的地区的基站，其应急汽油机组的配置数量可进行适当调增；对于边远地区及灾害易发地区，可根据不同区域维护能力、站点距离、气候条件等具体情况，适当增加油机配置数量。

对于市电供应紧张，机组搬运困难的基站，机组宜储存在基站附近，或储存在独立发电机房内，海岛、湖岛或河岛基站，其机组宜储存在基站内，储存在基站的汽油发电机组必须放空机组油箱内剩余的汽油。

应急汽油发电机组应能根据要求配置轮子，以方便搬运及维修，便携式汽油发电机应具备电启动功能，对于环境噪声要求高而可能出现导致发电受阻的基站，宜选用静音型便携式汽油发电机组。

### 9.2.8　接地系统

（1）接地系统设计原则

1）接地系统分为工作接地、保护接地和防雷接地。

2）接地线宜短、直、横截面积为 35 ~ 95mm²，材料为多股铜线。接地引入线长度不宜超过 30m，其材料为镀锌扁钢，横截面积不宜小于 40mm × 4mm 或不小于 95mm² 的多股铜线。接地引入线由地网中心部位就近引出，与机房内接地汇集线连通，对于新建站不应少于两根。

3）接地汇集线一般设计成环形或排状，材料为铜材，横截面积不应小于 120mm²，也可采用相同电阻值的镀锌扁钢。

4）根据经验，保护接地线横截面积选定为：走线架、传输、交换设备机壳接地采用 1 × 16mm²，交、直流配电柜保护接地采用 35 ~ 50mm²，MDF 接地采用 50mm²。

5）埋地引入通信局站的电力电缆应选用金属铠装层电力电缆或穿钢管的护套电缆。埋地电力电缆的金属护套两端应就近接地。在架空电力线路与埋地电缆连接处应装设避雷器。避雷器、电力电缆金属护层、绝缘子、铁脚、金具等应连在一起就近接地。避雷器的接地线应尽可能短，接地电阻应尽可能小。

6）移动通信基站宜设置专用电力变压器，电力线宜采用具有金属护套或绝缘护套电缆穿钢管埋地引入移动通信基站，电力电缆金属护套或钢管两端应就近可靠接地。

7）交流屏、整流器（或高频开关电源）应设有分级防护装置。

8）接地体宜采用热镀锌钢材，其规格要求为：钢管 φ50mm，壁厚不应小于 3.5mm；角钢不应小于 50mm × 50mm × 5mm；扁钢不应小于 40mm × 4mm。

9）基站机房工作地、保护地和铁塔防雷地三者相互在地下焊接连成一体，作为机房地网。

10）接地汇集线一般设计成环形或排状，材料为铜材，横截面积不应小于 120mm²，也可采用相同电阻值的镀锌扁钢。

11）接地引入线由地网中心部位就近引出与机房内接地汇集线连通，对于新建局/站不应少于两根。

（2）接地电阻要求

1）大的枢纽局、程控交换局（万门以上）、汇接局、国际电话局、电信局、综合楼及长话局（大于 2000 门以上）接地电阻 <1Ω。

2）程控交换局（2000 ~ 10000 门）2000 门以下的长话局接地电阻 <3Ω。

3）2000 门以下的程控交换局光中继站、微波站、通信基站接地电阻 <5Ω。

（3）防雷要求

1）我国的雷种主要有直击雷和感应雷、球雷及雷电侵入波，防雷主要防感应雷或雷电侵入波。

2）IEC 标准、国家标准及原邮电部通信电源入网检测中规定，模仿雷电波形有 10/350μs 电流波、8/20μs 电流波、1.2/50μs 电压波或 10/700μs 电压波等，其中 8/20μs 电流波是指波头时间为 8μs、波长时间为 20μs 的冲击电流波，余下类同。

3）变压器高、低压侧均应各装一组氧化锌避雷器，氧化锌避雷器应尽量靠近变压器装设；变压器低压侧第一级避雷器与第二级避雷器的距离应大于或等于 10m，严禁采用架空交、直流电缆进出通信局站。

通过实施上述各步骤，就可以提供运营商需要订购的电源设备清单、电源缆线型号、长度等具体数据，以便运营商订货。另外需要说明的是，这些数据表格一定要体现在设计文本或图样中。

## 小结

1）电源系统设计包括勘察和设计两个阶段。

2）勘察阶段重点关注交直流用电需求、现有设备情况、机房平面图等。

3）交流配电柜的容量选择要根据局方提供的将来设备交流总功耗计算。

4）交流线与直流线同层走线架布放时要达到柜距 50mm 以上。实在不能达到柜距 50mm 以上时，交流线要穿金属软管保护。

5）对于长时间使用的机组，基站保证负荷应不高于机组额定容量的 80%。

6）蓄电池承重要求 $\geqslant 1000 kg/m^2$，一般的民房承重为 $200 \sim 400 kg/m^2$，需采取措施增加承重。

7）交流供电系统重点考虑远期需求方便日后扩容，直流供电系统重点考虑近期需求。

8）接地系统分为工作接地、保护接地和防雷接地。

思考题

某通信局站工程规划某基站内远期配置基站设备 3 架，每机架 27A，中兴 SDH155/622M1 端，每端 10A，配置 2 组 500A·h 蓄电池，照明用电 2A，求高频开关电源容量及整流模块单元单体的配置数量。

# 第10章

## 海底光电缆

10

## 10.1 有中继海底光缆

### 10.1.1 概述

海底光缆通信系统以稳定可靠、隐蔽性好、保密性好、抗毁抗干扰能力强等优势，已成为跨洋通信的必备通信手段，截至目前，全球已建成400多条海底光缆线路，总长超过了120万km。我国是一个海洋大国，拥有300多万平方公里的海洋领土和18000多公里长的海岸线，沿海分布有6000多个岛屿，海底光缆通信系统已成为沿海岛屿与陆地之间通信的重要传输手段。对于距离陆地较远的岛屿乃至跨洋通信而言，需要通过有中继海底光缆通信系统来解决通信问题。20世纪80年代以来，我国企业投资参与建设了数十个国际海底光缆系统建设项目，这些有中继海底光缆通信系统均为国际跨洋海底光缆通信系统的一部分。由于有中继海底光缆通信系统技术复杂、工程难度大，国内企业在这方面投入的基础研发少，导致有中继海底光缆通信系统建设严重依赖国外公司，不仅价格昂贵，而且系统相关设备、施工等被国外厂商垄断，大量使用国外设备和技术，威胁到国家信息安全。

随着近年来国内相关企业的快速发展，尤其是在海底光缆制造及配套技术、工程施工装备及技术、系统设计以及配套设备研制等方面相继取得突破，我国也逐渐掌握了有中继海底光缆通信系统建设的关键技术，不仅具备了自主建设有中继海底光缆通信系统的能力，还拓展到了海外市场，目前国内企业已交付的海外项目总长已超过6万km。

### 10.1.2 基本结构和参数

1. 基本结构

有中继海底光缆与无中继海底光缆最大的区别在于其结构中有一层可用于导电的铜管。与无中继海底光缆类似，有中继海底光缆也是根据所使用水深及海洋环境的不同，主要分为双层铠装、单层铠装、轻量保护型铠装以及轻量型铠装结构等类型，其结构由内之外大致都是中心不锈钢松套管（松套管内存放光纤）→内铠钢丝→焊接铜管导体→绝缘护套→外铠装→防腐沥青→聚丙烯绳外被层→缆芯内填充防水纵向密封材料等，不同类型有中继海底光缆结构上的主要区别在于外部铠装的层数和厚度，如图 10-1 所示。

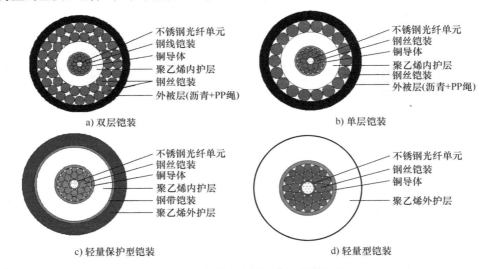

图 10-1　常见有中继海底光缆的结构

2. 性能参数

下面以某国产有中继海底光缆为例介绍不同类型的有中继海底光缆的典型性能参数。

（1）机械性能

海底光缆进行短暂拉伸负荷试验时，光纤的附加衰减不应大于 0.1dB，光纤的伸长量不应大于 0.4%。

海底光缆进行工作拉伸负荷试验时，光纤的附加衰减不应大于 0.05dB，光纤的伸长量不应大于 0.2%。

海底光缆的生产厂家会提供海底光缆的拉伸破断测试报告、海底光缆各层之间的摩擦力和刚度数据，以及光的扭转力数据。

1）轻量型海底光缆的机械性能要求：

① 标称工作抗拉强度（NOTS）≥32kN。

② 标称瞬间抗拉强度（NTTS）≥55kN。

③ 极限破断抗拉强度（UTS）≥80kN。

④ 抗侧压力≥10kN/100mm。

⑤ 抗冲击力≥100N·m。

⑥ 最小弯曲半径≤0.8m。

⑦ 反复弯曲不小于 50 次。

2）轻量保护型海底光缆的机械性能要求：

① 标称工作抗拉强度（NOTS）≥32kN。

② 标称瞬间抗拉强度（NTTS）≥60kN。

③ 极限破断抗拉强度（UTS）≥80kN。

④ 抗侧压力≥12kN/100mm。

⑤ 抗冲击力≥100N·m。

⑥ 最小弯曲半径≤0.75m。

⑦ 反复弯曲 50 次。

3）单层铠装海底光缆的机械性能要求：

① 标称工作抗拉强度（NOTS）≥96kN。

② 标称瞬间抗拉强度（NTTS）≥145kN。

③ 极限破断抗拉强度（UTS）≥240kN。

④ 抗侧压力≥20kN/100mm。

⑤ 抗冲击力≥200N·m。

⑥ 最小弯曲半径≤0.9m。

⑦ 反复弯曲 50 次。

4）双层铠装海底光缆的机械性能要求：

① 标称工作抗拉强度（NOTS）≥200kN。

② 标称瞬间抗拉强度（NTTS）≥300kN。

③ 极限破断抗拉强度（UTS）≥500kN。

④ 抗侧压力≥40kN/100mm。

⑤ 抗冲击力≥400N·m。

⑥ 最小弯曲半径≤1.0m。

⑦ 反复弯曲 30 次。

（2）电气性能

1）满足工作电压直流 6kV 使用要求。

2）海底光缆浸水 7 天后，内护套的绝缘电阻不小于 10000MΩ·km，测试电压为 DC 1500V。

3）供电用金属导体的直流电阻为 0.9Ω/km（20℃）。

4）金属导体和不锈钢管对地试验电压为 DC 45000V，5min 不击穿。

（3）物理性能

1）缆芯纵向水密：填充饱和度满足海缆水密要求，20MPa 水压，14 天，单向渗水长度不大于 500m；50MPa 水压，14 天，单向渗水长度不应大于 1000m。

2）适用水深。轻量保护型海底光缆不大于 5000m，单铠型海底光缆不大于 2000m。

3）外径。轻量型≤18mm；轻量保护型≤23.5mm；单层铠装≤31mm；双层铠装≤38mm。

4）空气中重量。轻量型≤0.7kg/m；轻量保护型≤0.89kg/m；单层铠装≤2.2kg/m；双层铠装≤4.0kg/m。

5）海水中重量。轻量型≤0.5kg/m；轻量保护型≤0.42kg/m；单层铠装≤1.4kg/m；双层铠装≤2.9kg/m。

（4）环境适应性

1）工作温度：-10～+50℃。

2）贮存温度：-30～+60℃。

（5）抗磨损

海底光缆应具有抗磨损特性，在正常操作及在粗糙地面上拉动的情况下，海底光缆应无明显损伤。

（6）抗腐蚀

海底光缆敷设到海底后，海水对海底光缆产生的化学、电解或电流腐蚀，以及海洋生物对海底光缆的侵害均不应对海缆寿命造成影响。

（7）使用寿命

海底光缆的使用寿命不少于 25 年。

（8）加工质量

海底光缆应采用能保证质量一致的方法进行加工。光缆的结构和尺寸应均匀一致，至少应符合以下要求：

1）聚乙烯护套应无切口、烧灼区、气泡、擦痕、孔隙、粗糙表面、凹凸、斑痕、皱纹和不连续性。

2）加强件应均匀布设，无不连续性。

3）填充物应在整根光缆上均匀分布。

4）厂家提供缆型过渡段技术参数，并考虑同型光缆的相互替代。

（9）其他要求

1）外形一致。

2）有足够的柔韧性，适应海底地形的变化，并有足够的重量防止光缆在海底移动。

3）铠装光缆应有足够的保护层，防止侵入、腐蚀、摩擦。

4）有足够的耐磨特性，以便光缆回收及再利用。

5）不沾黏、无毒。

6）导电层无砂眼。

7）具有故障定位和有中继扩展能力。

## 10.1.3　关键技术

为了满足使用环境和应用系统的要求，大长度有中继海底光缆具有结构紧凑、强度高、水密性好等特点，是光缆领域中技术含量最高的产品之一。有中继海底光缆的生产制造主要涉及以下关键技术：

### 1. 高压直流绝缘

受到深海敷设条件限制，有中继海底光缆绝缘层需同时承担防护层和防水层的作用，绝缘层经过存储施工过程的弯曲、摩擦、拉力后需在高水压、高电压使用要求下长期运行。因此这类海底光缆一般采用激光焊接不锈钢管光纤单元，通过不等直径高强度钢丝绞合（同步填充阻水材料及铜管焊接），作为光电一体的铜管内导体、外绝缘层通过黏结胶层挤出在铜管内导体上，其绝缘技术的难点在于绝缘层同时承担阻水层和外护层的作用，由于绝缘层会直接接触海水，海水将会逐渐渗入绝缘层，导致绝缘层击穿强度降低，因此适用于深海有中继海底光缆的绝缘材料不但要具备较高的直流击穿强度，还应具有较强的耐水渗入能力。另外，系统采用高压直流输电方式，由于直流电场下场强按材料电导率的反比分布，一旦海水浸入绝缘中，绝缘的电导率增加，场强分布将会改变。由于海水渗入量及渗入深度随时间变化，导致绝缘层的场强分布也在伴随着海水的渗入过程而不断改变。而随着海水的渗入，绝缘层场强还会发生畸变，进而对绝缘的寿命产生影响。目前国内生产厂家一般通过优选绝缘材料，同时考虑电气性能及水压渗透下的介电性能变化，并通过优化绝缘挤制工艺，然后采用高电压冲击的方式进行验证。

**2. 海底光缆结构水密**

大长度有中继海底光缆的应用条件一般需满足 5000m 以上水深要求。在该水深下，必须要求在故障情况下 14 天内的渗水长度不超过规定值。目前国内厂家生产有中继海底光缆时主要采用综合阻水技术，除在光纤单元保护上优选阻水能力更强的光纤阻水油膏外，还会使用最新缆芯结构填充工艺，克服填充材料难以全面填充的困难，对间隙进行全面填充，充分保证填充度，实现阻水能力的提升，满足有中继海底光缆耐高水压的性能要求。

**3. 中间连接技术**

在有中继海底光缆通信系统中，受制造长度或线路光纤衰减限制，通常采用接头盒对海底光缆线路进行连接。有中继海底光缆的连接主要涉及以下几个关键技术：

**（1）缆型在线过渡**

有时也会出现在制造长度允许范围内不同类型海底光缆之间的线路连接，如单层铠装型海底光缆与双层铠装型海底光缆或者轻量保护型海底光缆的连接。目前国内外普遍采用的是生产在线过渡技术，将不同类型的海底光缆完整过渡，可以减少海底光缆线路中接头盒的应用，节省施工周期，提高线路可靠性。通常同一个线路上不同缆型的海底光缆内部结构（缆芯）相同，工厂在线过渡接头是在不破坏缆芯的前提下进行的不同缆型的过渡，以保证海底光缆内部结构的完整性。如由双层铠装型海底光缆到单层铠装型海底光缆过渡时，会先进行双层铠装型海底光缆的生产，开始在线过渡时，将外层钢丝切断（通常 3、4 根钢丝为一组，每组之间间隔 10m），将每根钢丝端面平滑过渡进行防腐处理，将过渡点进行外力紧固，绕包聚丙烯绳，聚丙烯绳数量逐级减少，以保证外观圆整。

**（2）接头高压密封**

海底光缆接头的高压密封技术也是有中继海底光缆生产所需解决的关键问题之一。目前国内厂家主要是在深海无中继海底光缆的技术要求和技术成果基础上，通过改进结构设计，在加强金属结构本体的抗水压能力的同时，采用创新的多层次径向变形技术进行结构件的间隙密封，同时再通过热塑性原理，形成外保护结构，从而实现 5000m 以上高水压下的接头密封。

**（3）接头光电分离**

由于有中继海底光缆通信系统需要采用高压直流供电，以解决海底中继器的电能需求，这样就加大了水下接头中光电分离难度，因此水下接头中直流高压下的光电分离是深海有中继海底光缆系统的另一关键技术。目前国内厂家一般是通过将高压下的光电缆芯进行金属导体隔离，从而将光纤引出隔离体，确保高电压下的绝缘间距，在有效分离出光和电的同时，再采取绝缘后保护方式，保证光、电不同的引向和端接下的长期安全可靠性。

# 10.2　海底光电复合电缆

## 10.2.1　概述

我国海岸线总长度达 3.2 万 km，大小岛屿有 6500 多个。海上油气、风力发电等工作平台众多，海底电缆在远程高压供电、通信传输、保证海岛居民生产生活和海上平台正常运行方面起着关键作用。为同时解决设备用电及信号传输的问题，光电复合电缆应运而生，其结构特点是在输电线芯间设有光缆线芯，可同时传输电、光信号。此外，光电复合电缆还可以利用光纤对温度敏感的衰减，监控电力线芯的温度。科技的进步使得光电复合缆的应用范围逐渐扩大，这类缆线非常适合大跨度的海底敷设，也十分适合作为传输媒质来组建接入网，实现电话、数据、电视、电力的网络融合。随着国家信息高速公路和国家电网公司智能电网战略的规划和建设发展，海底光电复合缆技术也在不断的发展。

由于海底高压电力电缆接头技术难度大、制造长度受限制、水密性能要求高、质量风险大，因此，海底光电复合电缆技术被世界公认为是一项复杂的大型系统工程。海底环境复杂多变，对海缆的抗压、密封、强度都提出了更高要求；光电复合系统部署周期长、投资巨大，只有大型企业才能胜任；海底光电复合电缆工程设计、开发、生产、施工以及维护等众多环节都需要有专门的技术和设备，产品的可靠性要求非常高，此前只有法国耐克森公司、意大利比瑞利电缆及系统有限公司、日本藤仓株式会社等能研制并生产此类产品。有限的市场份额长期被几家国际大公司所瓜分。

随着国内相关行业的快速发展，尤其是随着海岛电力联网、海上风电场和油气资源勘察开采建设步伐的加快，电力系统对110kV及以上海底电缆在输送电能的同时输送电网信息的要求日益强烈。尽管海底光电复合缆性能要求高、研制技术难度大，但由于光纤复合依附在机械强度较高、抗压防水性能相对好的海底电力电缆本体中，其可靠性、安全性都比单独敷设海底光缆高；同时，敷设海底电力和海底光纤两根电缆对海缆路径海洋资源取得、运行防护，从技术、资金、资源等方面都需要巨额投入，综合成本高。原来35kV以下低电压三芯结构海缆采用的各自分割敷设的电力海缆和光纤通信海缆方式，已无法适应海洋经济的快速发展和电力行业大容量、高电压输送电能的需求。110kV及以上高电压、大截面积单芯结构光电复合海缆成为当今海底电缆发展的必然选择，市场前景日益广阔，推广应用时机成熟。国家重大科技支撑重点项目"220kV及以下光电复合海底电缆、海底交联电缆及生产装备开发"使光电复合海底交联电缆在技术应用上得到质的飞跃。如今相关的标准技术规范也逐步制定完善，这将开启高电压等级光电复合海底电缆国产化的先河，有力推动海洋经济和海洋国防建设的快速发展。

## 10.2.2　主要类型

与常规的海底电缆相比，光电复合电缆的拉伸强度和抗侧压能力弱，国内外都发生过光电复合电缆生产合格后，经过运输、敷设机械外力的综合作用光纤芯中断的案例；同时，海底水压的作用会使光电复合电缆产生侧压变形，也会对光纤造成致命的影响，因此光单元在深海压力环境下的全截面阻水是关键技术问题。这些因素对光电复合电缆的整体结构提出了严格要求。

目前国内尚无光电复合电缆相关的行业标准和国家标准，光电复合电缆在保持海底电力电缆的典型结构原则下，一般分成三芯结构和单芯结构。三芯结构应用于35kV及以下电压等级，单芯结构应用于66kV及以上电压等级。

（1）三芯海底光电复合电缆

三芯结构海缆中存在三芯成缆的工序，只要将一两根光元件作为填充材料填入三芯电缆的间隙即可完成光电复合，如图 10-2 所示。

结构上三芯海缆内部具有光电复合的空间和能力，制造工艺相对简单，国内生产制造技术较成熟，已批量生产，并普遍应用在油气勘探工作平台项目和小海岛等对于输电电压、负荷要求不高的应用中，一般海缆电压等级为 10kV、35kV，复合的光纤芯数为 48 芯以下，同时满足输送电能和传送电网调度自动化信号的通信需求。

（2）单芯海底光电复合电缆

对于 66kV 及以上的单芯结构高压海底电缆，由于结构紧凑度高，通信光纤的复合通道显得缺乏。海底光电复合电缆运

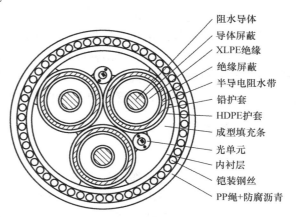

图 10-2 三芯结构海底光电复合电缆的结构

行期间要长期面对恶劣的海底环境，在可靠性方面光单元特性明显劣于电单元，设计研制既要确保光纤复合的高可靠性和可行性，又要继续保持海底电缆本体的经典结构，目前单芯结构海底光电复合电缆有以下两种典型方式。

1）光单元复合在海缆结构外层的铠装钢丝衬垫层中。这种复合结构方式在维持光电复合电缆内部电气、机械结构不变的前提下，铠装衬垫层中加入光单元，既保持了电缆结构的整体机械稳定性，又不破坏电缆结构中的电场分布，是 110kV 电压等级海底光电复合电缆目前应用比较广泛的一种结构，如图 10-3 所示。

2）光单元复合在海缆结构外层的回流导体层中。这类复合方式的海缆是专门针对大截面积单芯电缆，为进一步提高载流量，增加回流导体层而设计。设计制造中，将光

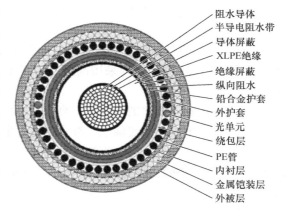

图 10-3 单芯结构海底光电复合电缆的结构

单元结构复合在网流导体层上，基本上维持了电缆的整体结构不变。由于不增加额外的结构，电缆的外径更加紧凑。这种复合结构方式将成为高电压、大截面积光电复合电缆的首选结构。2009 年建设的海南电网与南方电网联网工程，引进的法国耐克森的海底电缆就是这种结构。

为了保护光纤在生产、运输、敷设过程中缆体不可避免的变形，不受外力损坏，海底光电复合电缆中的光纤都会采取提高光纤的筛选强度和增加光纤余长的技术措施。常规的光缆为光纤设计出一定量的多于电缆长的余长，通常光纤的长度稍长于容纳光纤的松套管长度，一般余长为 0.2% ~0.3%。松套管层绞型结构中的光缆，由于存在层绞结构，缆体发生伸长或弯曲时，光纤会在松套管中发生轴向位移，也会在松套管中产生对复合缆中心轴线的径向位移，松套管内径越大存在的径向位移量也越大，将这个位移量换算为与光纤余长相同的物理指标后，该值称为结构余长。这两个余长相加，就是该结构下光纤的应变窗口。普通

G.652 光纤采用的筛选应变约 0.5%，海底光纤采用的筛选应变为 1.8%~2.0%。海底光电复合电缆敷设、运行正常情况下，通信光纤使用寿命可达 30 年以上。

海缆光单元部件采用激光焊接不锈钢松套管，内部填充防止氢损的触变性油膏，外层使用热熔性熔胶黏合剂，解决了高密度外护套与不锈钢管间黏合通路的阻水问题。这种结构工艺具有极高的机械强度和抗侧压性能，还可确保缆芯护套成缆后不锈钢管与护套间的黏合，解决了光单元与钢管间、钢管与护套间的渗水难题。

## 10.2.3 基本结构

（1）通信单元

由于海底光电复合电缆承担了海量数据从海底观测设备到海岸基站的长距离、实时传输，因此海底光电复合电缆的通信单元必须选择合适的数据传输方式。目前，数据传输方式主要有 RS232 通信、RS485 通信、TCP/IP 通信以及光纤通信等，除光纤通信以外，以上几种通信标准的极限传输距离一般不超过 1.5km，且传输容量有限。而光纤通信以其高速率、大容量、高可靠性、优异的传输质量等优势，被广泛用于海底光电复合电缆的长距离数据传输中，因此复合电缆中的通信单元主要以光单元为主，在陆上基站和接头盒内配置光电转换器实现光电信号的转换。虽然采用光纤通信方式在建设前期成本稍大，但可极大地丰富系统的冗余和拓扑设计，为后续的系统扩充提供基础。

（2）电单元

目前，高压直流输电方式已被广泛地应用在跨海长距离输电工程中，国际上已经建成并投入运行的海底观测网也均采用高压直流输电方式。与交流输电相比，直流输电具有以下优点：

1）在输送相同功率的情况下，直流输电所用线材仅为交流输电的 2/3~1/2。

2）直流输电没有交流输电时存在的电容电流，从而降低了电能损耗。

3）当线路发生故障时，直流输电的损失比交流输电小。在直流输电线路中，正、负极是独立调节和工作的，彼此没有影响，当一极发生故障时，只需停运故障极，另一极仍可输送至少一半功率的电能；而在交流输电线路中，任意一相发生永久性故障，必须全线停电。

在导体层结构设计和选材时，通常按照陆上同等电压等级电缆中对导体铜材料的要求进行铜导体选择，但由于海底光电复合电缆用于海底或水底，故导体还需要满足纵向阻水要求，以确保缆线在水底被外力损伤（常见的是被轮船的锚钩断）后，在一定时间内水进入导体层一定距离后被阻断不再向内延伸。对于紧压绞合导体，需要在绞合的缝隙中填入阻水材料，目前采用的主要材料有阻水带、阻水绳、阻水粉及阻水化合物等。

在内外屏蔽及绝缘层结构设计和选材时的要求也大致与陆上同等级电缆相同，内屏蔽一般由绕包半导电带和挤包半导电材料组成，绝缘采用 XLPE，外屏蔽主要是挤包半导电材料。相对于陆上电缆，海底光电复合电缆的制造长度相对较长，这对于三层共挤设备长时间的连续工作提出了较高要求。

阻水缓冲层介于金属屏蔽和绝缘外屏蔽之间，因此在结构设计和选材时要求其有纵向阻水性能，且具有缓冲作用，以解决因绝缘热胀而形成的压力，此外为了保持金属套和外屏蔽之间电气的连续性，还要求此层材料有一定的导电性。综合上述要求，目前此层主要采用的是半导电阻水带（即膨胀带）。有光通信要求时，应在 XLPE 绝缘海底电缆（单芯缆）中增加光缆层（即光纤单元）。光缆层一般由聚乙烯（PE）圆填充条、光纤及加强单元组成。

在结构设计和选材时要求金属屏蔽（护套）层既起到径向阻水的作用，又要承担线路的短路电流，因此此层必须具有良好的阻水性能，较好的防腐蚀性能和较好的导电性能，且应采用非磁性材料。目前此层普遍采用铅合金材料。

由于海底光电复合电缆的长度相对陆上电缆较长，且无法如陆上电缆那样进行交叉互连接地等，以消除金属屏蔽层的感应电动势，因此目前内护套层在结构设计和选材时较普遍采用半导电 PE 材料，以达到消除金属屏蔽层感应电动势的目的，同时此层也必须对金属屏蔽层起到保护作用。

（3）铠装保护形式

当电压等级较高时，海底光电复合电缆以单芯为主，因此在铠装层的结构设计和选材时必须对铠装的方式和材料进行综合考虑。而应用水深和海域等海洋环境决定了深海光电复合电缆所需采取的铠装保护形式，一般情况下，水深 0～500m 时采用双层钢丝铠装结构，水深 500～2000m 时采用单层钢丝铠装结构，水深大于 2000m 时采用轻量型铠装结构或轻量保护型铠装结构，如图 10-4 所示。

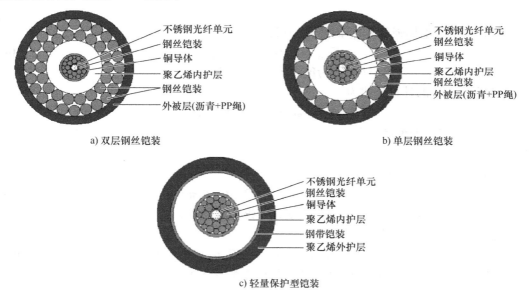

图 10-4　海缆铠装保护形式

铠装材料有镀锌圆钢丝、镀锌扁钢丝、扁青铜丝、圆青铜丝、无磁不锈钢丝、无磁合金丝等。其中镀锌圆钢丝、镀锌扁钢丝均为磁性材料，在此类等级海缆的运行中会产生很大的涡流损耗，对电缆的载流量影响较为严重，同时也严重影响线路的损耗，建议尽量谨慎使用。

对于某些较为复杂的海底环境，有些项目需要有防微生物层的特别设计，目前此层主要采用黄铜带。内垫层主要起缓冲及垫层的作用，目前此层主要采用聚丙烯（PP）绳 + 沥青。外被层一方面对铠装层起保护作用，另一方面也可以对铠装起包裹作用，目前此层主要采用 PP 绳 + 沥青。

### 10.2.4　性能参数

深海光电复合电缆的性能主要包括传输性能、电气性能、机械性能、环境性能等，其基本设计方法如下。

（1）传输性能

应根据具体系统中的数据传输容量、线路长度、系统监控、系统中继、建设成本，以及未来网络拓展等要求和规划，选择光（通信）单元中合适的光纤类型，确定适合的光纤芯数。同时还应考虑光纤衰减对线路发射端功率、接收端灵敏度的影响，以及是否需要设计中继器等。由于海底光电复合电缆的长度与用于纯通信系统的海底光缆相比一般较短，所以在光纤的选择上大多选用 G.652 光纤。

（2）电气性能

海底观测网试验系统中电单元的电气性能包括导体直流电阻、绝缘、额定载流量等。导体在其最高工作温度下单位长度直流电阻 $R$ 的计算公式为

$$R = R_0[1 + \alpha_{20}(T_{\max} - 20)] \tag{10-1}$$

式中，$R_0$ 为 20℃时导体的直流电阻；$\alpha_{20}$ 为 20℃时材料的温度系数；$T_{\max}$ 为导体的最高工作温度。

绝缘材料最大电场强度 $E_{\max}$ 的计算公式为

$$E_{\max} = U/[r_c \ln(r_i/r_c)] \tag{10-2}$$

式中，$U$ 为电压；$r_c$ 为导体半径；$r_i$ 为绝缘半径。

冲击场强 $E_{\text{imp}}$ 的计算公式为

$$E_{\text{imp}} = E_{\text{BIL}} K_1 K_2 K_3 / E_{\text{imp,max}} \tag{10-3}$$

式中，$E_{\text{BIL}}$ 为基本冲击绝缘水平；$K_1$ 为温度系数；$K_2$ 为老化系数；$K_3$ 为裕度系数；$E_{\text{imp,max}}$ 为绝缘材料最大冲击场强。

绝缘热阻 $\theta_i$ 的计算公式为

$$\theta_i = \lambda_T \ln(1 + 2t/d_c)/2\pi \tag{10-4}$$

式中，$\lambda_T$ 为绝缘的热阻系数；$t$ 为绝缘厚度；$d_c$ 为导体直径。

额定载流量的计算公式为

$$I = \{\Delta T/[R\theta_1 + nR\theta_2 + nR(\theta_3 + \theta_4)]\}^{0.5} \tag{10-5}$$

式中，$I$ 为导体中的额定电流；$\Delta T$ 为高于环境温度的导体温升；$\theta_1$ 为一根导体和金属套之间的单位长度热阻；$\theta_2$ 为金属套和铠装之间内衬层的单位长度热阻；$\theta_3$ 为电缆外护层的单位长度热阻；$\theta_4$ 为电缆表面和周围介质之间的单位长度热阻；$n$ 为电缆中载有负荷的导体数。

电容的计算公式为

$$C = \varepsilon \times 10^{-9}/[18\ln(d_i/d_c)] \tag{10-6}$$

式中，$\varepsilon$ 为绝缘材料的介电常数；$d_i$ 为绝缘层直径；$d_c$ 为导体直径。

额定功率下的电压降 $\Delta U$ 的计算公式为

$$\Delta U = IR \tag{10-7}$$

式中，$I$ 为额定电流；$R$ 为稳定工作下的直流电阻。

（3）机械性能

深海光电复合电缆的机械性能必须使其能够承受制造、运输、敷设安装和运行过程中所

有的机械应力。深海光电复合电缆中的钢丝铠装应能提供足够的抗拉强度，以承受所有路由线路的预期危险（包括敷设安装过程中可能出现的危险）。

深海光电复合电缆（仅计算铠装钢丝）的拉伸强度 $\sigma_t$ 的计算公式为

$$\sigma_t = \sum \sigma_W S_n \tag{10-8}$$

式中，$\sigma_t$ 为断裂拉伸强度；$\sigma_W$ 为钢丝拉伸强度；$S$ 为钢丝横截面积；$n$ 为钢丝根数。

（4）环境性能

深海光电复合电缆在受到外力破坏断裂时，应具有一定的抗海水渗入缆芯的能力。海水渗入缆芯长度的计算公式为

$$L_W = k \, (10pt)^{0.5} \tag{10-9}$$

式中，$L_W$ 为海水渗入缆芯的最大长度；$k$ 为修正系数；$p$ 为海水压力；$t$ 为海水渗入时长。

# 10.3　双极性海底光缆

## 10.3.1　概述

在远距离、多节点海底光缆综合信息传输网络中，如果主干海底光缆采用单极高压直流供电技术，则骨干节点与接入节点之间需要使用两根海底光缆才能实现电能和信息回路传输，且在两端均需安置接地电极。由于电极阳极存在电化腐蚀，需定期更换，增加了系统后期维护成本，也使得系统可靠性降低。同时，电极的引入增加了接头集成时间和施工时间，也极大地增加了接入节点设备的制造难度，以及系统施工、维修难度。

在海底光缆综合信息传输网络体系构想中，双极性海底光缆打破常规海缆结构，通过双导体实现支路电流的一入一出，自行回路，并可实现双极性供电，使用一根海底光缆即可实现电能和信息的回路传输，解决了需要敷设两根海底光缆的问题，同时避免了接地电极的引入，极大地降低了网络分支单元的系统施工和维修难度，大幅度节约成本。

国外对海洋光缆综合信息传输网络配套的主干缆、双极性海底光缆研究较早，工程经验较为丰富，实现了大量的主干缆、双极性海底光缆关键技术的突破和应用。如美国 TE 海底通信部（TE SubCom），不仅具备大长度主干缆、双极性海底光缆及接头的设计和制造能力，还具备海底光缆通信系统设计和总包、海底中继器设计和制造、系统安装和维护能力；挪威耐克森公司是全球最大的电缆生产厂商，在主干缆、双极性海底光缆方面拥有很多独有的先进制造技术和工艺，已有超过 182000 多 km 的耐克森海底光缆安装完毕，相当于地球赤道长度的 4.5 倍以上；日本 NEC 子公司 OCC 公司是日本第一家生产海底通信电缆的制造商，在全球海底以及陆地高规格电缆制造领域处于领导地位，同时也是亚洲海底电缆市场的主要供应商，其在日本的市场份额达 100%，亚洲市场占有率超过 80%。在日本早期建设的 DO-NET 海底观察网中，其主干缆的电压等级为 DC 3kV，电流为 1A，在 BU（分支单元）及海底节点之间使用双极性海底光缆，其直流电阻均小于 $1.0\Omega/\mathrm{km}$。

而国内部分海底光缆厂商也已突破 5000m 水深海底光缆的设计与制造技术，达到了国际先进技术水平，并在部分工程中得到了应用和检验，使得我国已成为国际上为数不多具备全系列海底光缆产品生产能力的国家。"十二五"期间，在国家 863 计划支持下，国内某厂

家提供的有中继型双极性海底光缆长度为 150km，并于 2016 年在海南三亚海域成功地进行了国内首次高压远距离供电的海底观测网试验，供电电压为 −10kV，距离为 150km，水深为 1800m，系统成功运行。

随着海底光缆相关技术的快速发展，双极性海底光缆的应用场景已由传统的几十米、几百米应用向着大长度应用发展，目前已实现最大段长 10km 的生产及应用，而传统的应用水深也由 3000m、5000m 向着 8000m、10000m 水深发展。

## 10.3.2　基本结构

双极性海底光缆由缆芯、钢丝铠装层和外被层组成。缆芯由光单元、电单元、填芯、内护套组成。光单元采用光纤完成光信号传输功能，电单元采用导线传输电能。材料可采用双层结构，内层为较薄的半导电层，起均化电场的作用；外层为较厚的绝缘层，起绝缘保护作用，同时应采用机械性能增强技术，以适应水下环境。光纤不锈钢束管外铠装钢丝后挤制聚乙烯外护层形成光单元，钢管内含有 12 根单模 G.652D 光纤（可根据实际需求决定光纤型号及芯数）；电单元选用 2 根导体单元（可根据实际需求进行定制设计）用于传输电力。内护套采用 HDPE 实现外层阻水。钢丝铠装层采用重锌钢丝，以保证海缆的机械性能要求，同时也保证了海缆的防腐要求。

典型双极性海底光缆结构如图 10-5 所示。

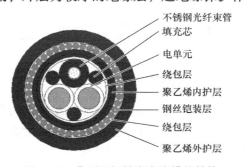

不锈钢光纤束管
填充芯
电单元
绕包层
聚乙烯内护层
钢丝铠装层
绕包层
聚乙烯外护层

图 10-5　典型双极性海底光缆的结构

## 10.3.3　主要参数及特性要求

1. 参数要求

（1）电性能

根据实际工作电压、电流的要求，进行导体横截面积设计，选择高密度聚乙烯材料作为绝缘材料，根据绝缘寿命设计确定电单元绝缘壁厚。

直流电阻设计计算公式为

$$R' = \frac{\rho_{20}}{A}\left[1 + \alpha(\theta - 20°)\right] K_1 K_2 K_3 K_4 K_5 \tag{10-10}$$

式中，$\rho_{20}$ 为导体材料在 20℃时的电阻率；$A$ 为导体横截面积；$\alpha$ 为电阻温度系数；$\theta$ 为计算温度；$K_1$、$K_2$、$K_3$、$K_4$、$K_5$ 为导线加工过程中的修正系数。

绝缘电阻设计计算公式为

$$R_V = \frac{\rho_V}{2\pi}\ln\frac{D}{d} \tag{10-11}$$

式中，$\rho_V$ 为材料体积绝缘电阻系数；$D$ 为绝缘层外径；$d$ 为导体外径。

击穿电压设计计算公式为

$$\frac{E}{m} = \frac{U}{r\ln\frac{R}{r}} \tag{10-12}$$

式中，$E$ 为长期工频击穿场强或冲击击穿场强；$r$ 为导电线芯半径（mm）；$R$ 为绝缘层外半径（mm），$U$ 为击穿电压。

（2）抗拉强度

断裂拉伸负荷计算公式为

$$F = \sigma A \qquad (10\text{-}13)$$

式中，$\sigma$ 为增强单元强度；$A$ 为增强单元横截面积。

根据实际双极性海底光缆的抗拉强度要求，进行承力单元的选型设计，保证可满足产品 UTS 要求。

另双极性海底光缆的工作拉伸负荷计算公式为

$$F = \varepsilon ES \qquad (10\text{-}14)$$

式中，$F$ 为拉伸负荷；$\varepsilon$ 为应变；$E$ 为弹性模量；$S$ 为横截面积。

根据工作拉伸负荷计算设计，确保双极性海底光缆的工作在拉伸负荷下光纤不受力，保证双极性海底光缆的长期使用寿命。

2. 可靠性要求

海缆的可靠性指标为平均故障间隔时间（MTBF）87600h、平均修复时间（MTTR）为 120h，并且在使用寿命期限内保证其光学和电气性能满足使用要求。

影响产品可靠性设计的因素包括：

1）使用要求。

2）关键部件数量。

3）使用环境状况。

4）运输条件。

5）产品加工配套企业状况。

3. 维修性要求

海缆在使用寿命期限内发生意外损害，应可以通过更换整体进行维修。

（1）维修性工作目标

确保产品达到规定的维修性要求，提高产品完好性和任务成功性，降低对维修人员和其他资源的要求，降低寿命周期费用。

（2）维修性定性要求

维修性定性要求为可达性、互换性与标准化、防差错及识别标志、维修安全、检测诊断、人素工程、零部件可修复性及减少维修内容、降低维修技能要求等。

（3）维修性工作项目

维修性工作项目主要内容包括修理级别分析、维修性设计评审、维修性验证、建立数据收集、分析和纠正措施系统、维修性综合评定。

（4）维修性工作计划

根据进度要求，维修工作划分为三个阶段，即论证阶段、设计阶段、维修实施阶段。

论证阶段要确定分支各项指标，即确定维修性指标要求达到最低使用阶段。

设计阶段的目的是缩短故障维修时间，提高维修速度。

维修实施阶段是维修的主要阶段，维修中应尽量限制维修工具、附件和支援设备的品种和数量，减少专用工具。应考虑当维修人员工具短缺的情况下能用普通工具拆装更换故障件。

4. 测试性要求

海缆在使用寿命期限内应具备可测试性，并应满足系统测试性要求。

（1）测试性划分

把海缆合理划分为外部易于检测和更换单元、内部可更换单元两个部分，以提高故障隔离能力。

（2）测试点要求

设置充分的内部和外部测试点，便于各级维修测试时使用，测试点应有明显的标记。

（3）故障指示要求

应设置较为直观的故障指示模式。

（4）测试能力要求

依据维修方案和维修人员水平，对各级维修提供尽可能高的测试能力。

5. 保障性要求

（1）保障性目标和任务

目标：以合理的寿命周期费用实现系统的战备完好性要求。

任务：①确定系统保障性要求；②将保障性设计融入系统设计中；③规划并及时研制所需的保障资源；④建立经济、有效的保障系统，使装备获得所需的保障。

（2）保障性定性和定量要求

1）保障性定性要求。保障性设计主要是指可靠性、维修性和运输性等的设计，还包括其他有关保障考虑纳入装备的设计。可靠性、维修性和运输性等的设计应按相关专业工程领域的标准、指南和手册提供的方法、程序进行。其他有关保障考虑纳入装备的设计主要是指将有关保障的要求和保障资源的约束条件反映在设计方案中。

2）保障性定量要求。海底光缆的可靠性指标为平均故障间隔时间（MTBF）87600h、平均修复时间（MTTR）为120h。

3）保障工作计划。保障工作计划规定了保障性工作项目的实施办法、进度、组织措施等，以保证其顺利进行，达到规定要求。

6. 安全性设计

（1）安全性工作目标

确保产品达到规定的安全性要求，以满足系统的战备完好性和任务成功性要求，确保人身和产品的安全，降低对安全保障资源的要求，降低寿命周期费用。

（2）安全性工作基本原则和要求

1）遵循预防为主、早期投入的方针，及时把预防、发现和纠正设计、制造、元器件和原材料等方面的危险或不安全的缺陷降低到合同和协议中可接受的水平，全面控制产品的论证阶段、方案阶段、工程研制阶段、设计定型阶段和批量生产过程中的安全性工作，并将安全性设计作为重点工作来抓。

2）安全性工作与产品整机和系统的研制工作统一规划、协调进行。

3）采用成熟的安全性设计准则，控制新技术、新工艺、新器材在产品中的占比，并分析类似产品在安全性方面的缺陷，采取有效的改进措施，提高产品的安全性。

4）加强对研制、生产过程中安全性工作的监督与控制，严格进行安全性评审。

5）编制安全说明，作为使用说明的重要组成部分，必要时对可能造成危险的操作应加醒目的安全提示。

6）产品必须通过安全性检验才能交付使用，检查项目和方法应符合产品规范、标准的规定。

7）使用维修人员必须通过安全技术培训才能上岗工作，在操作中必须严格遵守安全规定。

8）产品设计、制造中器材和原材料应满足安全要求。

7. 环境适应性要求

使用水深：5000m，使用温度 $-30 \sim +70℃$。

（1）环境适应性目标

海缆在其寿命周期内的各种状态在可能的各种极端应力的作用下，实现其预定的全套功能的能力，即不产生不可逆损坏和能正常工作的能力。

（2）环境适应性任务

在可靠地实现产品规定的任务前提下，提高产品对环境的适应能力，包括产品能承受的若干环境参数的变化范围。环境适应性是产品的重要质量特性，应根据装备环境工程的要求，把环境试验贯穿于接头盒整个产品的设计、研制、生产和采购各个阶段，通过环境测试，充分暴露接头盒产品在设计、研制及材料选用等方面存在的环境适应性问题，及时改进研制质量，提高接头盒的环境适应能力。

## 10.3.4　关键技术

（1）光纤选择与保护技术

需将常规海底光缆使用的光纤筛选强度提高一倍，即光纤的张力筛选水平由 1% 提高到 2% 及以上；为了更好地抵抗高静水压，光纤保护需采用更高强度和耐海水性能的不锈钢金属材料，保证光纤免受外部水压等条件破坏和影响。

（2）光单元阻氢技术

光纤的通信能力及抗干扰能力相当突出，但其抗氢损能力却极为欠缺。在光纤制造过程中，主要从以下两方面来实现阻氢：

1）不锈钢管的无缝焊接，从而阻止外部氢气进入。

2）高黏度吸氢纤膏的引入。

（3）衰减常数设计技术

双极性海底光缆为光电复合结构，采用光纤传输数据。由于应用环境复杂，双极性海底光缆需要承受多种机械外力，需选用性能优异的 G. 652D 光纤。

双极性海底光缆产品功能繁多，结构复杂，工序较多，需要严格控制各工序的成缆附加损耗，光单元采用不锈钢束管提升光单元的机械性能。

（4）深海远距离远供电结构设计技术

为达到水下目标电能容量要求，需进行海底光缆特定的横截面积设计、更高导电率的导体选择，降低特性阻抗；同时，为了保证成熟的施工条件和技术应用，必须与海底光缆经典结构相融合，既实现电能的可靠传输，又增强光纤单元的额外保护，提高系统可靠性，提升使用寿命。

（5）高压直流绝缘技术

为了实现深海电能的长期稳定可靠供应，必须充分分析在特定的直流供电条件下的电气特性和要求。对于应用于海洋光网络系统的海底光缆，其电气性能则定性为关键技术要求。为此，应选择更优性能的绝缘材料，通过最佳的工艺控制，使其能够经受高于使用电压数倍的高电压冲击试验，保证高品质的绝缘水平。

（6）电性能设计控制技术

双极性海底光缆的重要特点是为海洋节点与主、次接头盒之间传输电力，两根电单元实现电流回路。因此，电单元的绝缘设计十分关键。在双极性海底光缆设计中，使用电压为10kV，绝缘材料一般选择交联聚乙烯，导体则一般选择软铜绞线。

（7）光纤余长控制技术

光纤余长控制不合理，会导致光纤受力增加，引起光性能损耗增加。在光纤制造过程中，主要从以下方面实现余长控制：

1）生产前进行校验，制程中配备传感器自动调整。

2）合理设计光纤导入针管尺寸，选用低线膨胀系数材料制造针管。

3）引入等离子风去除光纤静电，减少光纤彼此间的纠缠。

4）采用滚动导纤方式，避免滑动摩擦造成的粉尘堆积。

（8）成缆绞合技术

成缆绞合工序决定了缆的主要功能及关键重要特性，属于缆的关键工序技术。在成缆过程中，控制各成缆单元的放线张力、绞合成缆节距等关键工艺参数设定，保证成缆可靠性。

（9）机械性能设计控制

双极性海底光缆的机械性能由外部抗张元件提供，为了保证缆承受大强度机械外力的要求，机械性能可行性设计及实现技术较为关键。

双极性海底光缆采用钢丝作为增强元件，设计中使用高强度钢丝为双极性海底光缆提供额定强度及机械保护。为保证缆的机械强度，设计中使用不小于1200MPa的钢丝铠装作为铠装层。

（10）阻水性能控制技术

由于双极性海底光缆最大工作深度为3000m，因此对整根缆的阻水性能有严格要求，深海横纵向阻水技术为该产品的关键技术。

在结构设计中，光单元采用油膏填充，电单元采用水密电线，成缆时填充阻水胶，实现双极性海底光缆的阻水性能。

双极性海底光缆三芯之间通过填充高性能阻水材料以及填充绳，满足缆的纵向阻水性能要求。

双极性海底光缆三芯绞合后再挤塑一层外护套，保证整根缆芯的径向阻水。

## 小结

本章分别介绍了有中继海底光缆、海底光电复合电缆以及双极性海底光缆的基本结构、主要性能参数以及相关关键技术，目前有中继海底光缆已经广泛应用于长距离，尤其是跨洋海底通信系统；海底光电复合电缆则在海岛电力联网、海上风电场和油气平台等领域发挥着重要作用；而双极性海底光缆的研发和生产则还在进一步探索中。随着海底观测、海底预警以及海底综合信息网等领域的快速发展，可以预见在不远的将来，这种新型海底光缆也会有广泛应用。

## 思 考 题

1. 列举不同缆型海底光缆的适用水深，并说明原因。
2. 说明有中继海底光缆与无中继海底光缆在结构上的主要区别。
3. 列举海底光电复合电缆的主要应用场景。
4. 简述使用双极性海底光缆的主要优势和缺点。
5. 简述在现有生产工艺下，制约双极性海底光缆制造长度的主要问题。

# 第11章

## 岸基远程供电技术

11

## 11.1 PFE 概述

长距离的洲际、岛屿与陆地间的光通信往往会使用有中继海底光缆通信系统，而其中的水下用电设备，如海底光中继器，就需要从岸基对其进行远程供电。这类远程供电设备就是 PFE（Power Feeding Equipment），其主要就是为有中继海底光缆通信系统中的水下有源设备供电，并提供放音信号功能，支持海缆的故障定位。

PFE 是保证有中继海底光缆通信系统正常工作的基础，是为各类海底网络系统提供稳定可靠电能的设备。由于有中继海底光缆通信系统往往跨距较长，一般为几百千米到数千千米，在传输线路上会产生较大电压降，且受海底供电环境的限制，再加上交流电的容抗会使电能损耗变得很大，因此陆上传统的交流输电方式在这类场景中很难得到应用，所以在海底远距离传输电能一般都会采用高压直流输电方式。

高压直流输电的基本原理是通过基于微处理器的控制系统，将标准的 48V 电力转换为电流恒定、电压可达数千伏甚至上万伏的电力对海底光缆系统的海底设备进行供电。供电线路有两种类型，一种是采用独立的电缆，另一种是利用海底光缆内部的铜管导体传输电能。独立电缆供电不仅成本十分昂贵，而且工程建设复杂、维护困难，因此在实际工程应用中大都采用第二种类型。本书图 10-1 为有中继海底光缆结构示意图，其中的铜管可以作为供电导体，它能与海水形成供电回路对用电单元进行供电。

PFE 一般位于海缆系统中的登陆站，其所在位置如图 11-1 所示。

海底光缆供电系统一般包括端站 PFE、海底光缆中的供电导体、RPT 和 BU 中的用电设备以及 OGB。图 11-2 为最常见的双端远程供电系统结构示意图。

图 11-2 双端远程供电系统由两个端站同时从两端对系统中所有串联在一起的中继器等用电单元进行远程供电。该结构采用导体—大地的恒流供电方式，海底光缆系统两端站的 PFE 通过大地及海底光缆内的供电导体组成供电回路，同时向海底中继器等用电设备进行供电。正常情况下，两端站 PFE 设备的供电电压保持相同，均匀承担负载的供电任务。当其中一端的 PFE 设备发生故障不能供电时，另一端的 PFE 能自动提高输出电压，单独承担起整个海底光缆系统的供电任务。

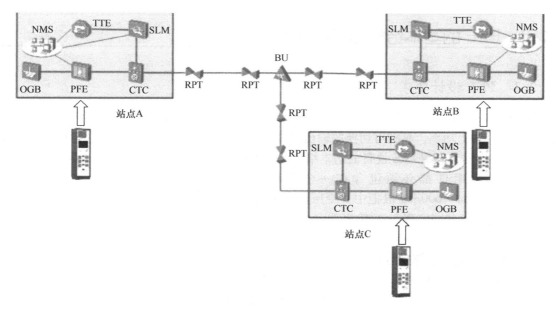

图 11-1　PFE 在海缆系统中的位置

CTC—线缆终端盒　PFE—远程供电设备　NMS—网络管理系统　RPT—海底线路中继器

TTE—终端传输设备　SLM—海底线路管理设备　BU—海底线路分支器　OGB—海洋接地电极

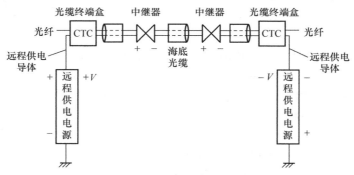

图 11-2　双端远程供电系统结构示意图

在有分支的系统中也可采用单端远程供电方式，如图 11-3 所示。单端远程供电系统由一个端站的 PFE 对一段海底光缆的用电设备进行供电，通过端站的 PFE 与远端的 OGB 形成供电回路。

海底光缆网络供电系统的工作原理与上述海底光缆通信系统远程供电系统的原理基本相同，都是由岸上的端站 PFE 通过海底光缆对海底的有源设备进行远程供电，但是海底光缆网络通常在海底中有较多分支甚至形成栅格，因此其供电技术也较普通海底光缆通信系统更为复杂。

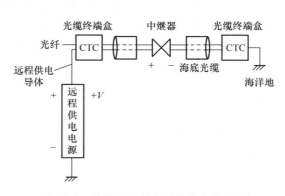

图 11-3　单端远程供电系统结构示意图

## 11.2 PFE 的基本结构和工作原理

### 11.2.1 PFE 设计要求

PFE 一般应能够提供不低于 6kV 的系统电压，能持续输出 1.0A 的恒定电流，并提供不超过 5kW 的输出功率，具有可切换的输出极性。下面以华海通信公司生产的 PFE1670 型远程供电设备为例，介绍 PFE 设备的基本结构，其外观如图 11-4 所示。

所有 PFE 组件都必须包含在一个符合 ETSI 标准的 2200mm × 600mm × 600mm 机柜中。变压器应能够支持一系列 1 + 1 冗余配置以共同实现 5kW 输出功率。单个变压器故障时，电力输送间隔应小于 50ms。PFE 设备机柜应当包含：

1）测试负载，能够持续消耗 5kW。

2）本地控制单元（LCU），包括 PC 服务器；LKM；LCD 显示器；键盘；鼠标；以太网交换机；高压 ON/OFF 开关；告警、跳闸和缓升/缓降功能；基于 10/100 Base – T 以太网的系统监控；热插拔能力；人机界面。

3）5kW 变压器，具有热插拔能力，1 + 1 冗余的两个变压器，运行在恒流或恒压模式，运行模式无关的渐变输出，自主运行。

4）PFE 输出，包括输出夹子和保护二极管；监控接入点；电缆接入口；正常、隔离和开路模式。

5）电源终端模块（PTM），包括高压和电馈接地的终结；模拟电流表，用于测量海缆电流；安全措施，以防止不安全接入。

PFE 输出端的开路或短路不得造成 PFE 损害。PFE 应能够渐变电流形成短路，并能够渐变电压形成开路。

系统极性应当可反转，并且极性反转机制和步骤应当保证操作人员的安全。该系统应能够防止不兼容的极性设置。极性指示应当展示在 LCU 输出电压和电流显示屏上。所有 PFE 高压区域的访问应当受键互锁序列的控制。

图 11-4　PFE1670 型海光缆远程供电设备

### 11.2.2 基本组成

PFE 设备一般包括直流配电单元、电源转换器、测试负载、本地控制单元、接入和切换单元、高压保护单元。1670 型 PFE 的功能框图如图 11-5 所示，下面将分别介绍各模块的主要功能。

（1）本地控制单元

本地控制单元（LCU）是 PFE 的中央控制单元，主要包含一台 19in（1in = 0.0254m）触屏一体计算机，能够实现 PFE 各状态及功能参数的显示和人机交互。LCU 能够监控由

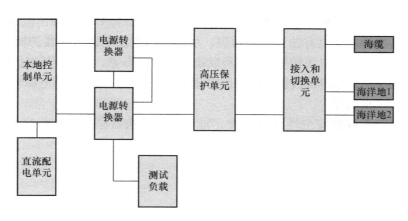

图 11-5　1670 型 PFE 的功能框图

PFE 生成的所有告警和性能信息，并控制 PFE 的所有电子配置功能。同时，LCU 支持网络管理系统（NMS），实现远程查询。

LCU 的主要功能如下：

1）输出电压显示与控制。

2）输出电流显示与控制。

3）PFE 上下电控制。

4）放音信号显示与控制。

5）故障及历史数据查询。

6）电源转换器状态显示与控制。

7）输出极性显示与控制。

8）紧急断电。

9）告警切断（ACO）。

紧急断电按钮位于显示面板的左上角，用于在紧急情况下切断高压电源。ACO 按钮位于显示面板的右下角，用于切断告警声音。显示器采用电容屏，响应速度快，操作体验好，使用寿命长。LCU 采用 Linux 操作系统，ARM 处理器。同时面板上预留 USB 口，用于外扩鼠标和键盘使用。

（2）直流配电单元

直流配电单元（DCU）支持 -40.5 ~ -60V 直流电压供电，典型值为 -48V。DCU 位于机柜的上部。DCU 主要提供以下功能：

1）双路电源接入，支持上下走线。

2）单元配电管理并提供权限控制。

3）电源滤波及监控。

（3）电源转换器

每个电源转换器（CV）可提供高达 3kV 的工作电压，最大工作电流为 2A，单个电源转换器最大输出光功率为 4.5kW。PFE 支持 $N+1$（单机柜：$N \leq 2$；双机柜：$N \leq 6$）电源转换器冗余配置以保证系统可靠性。

$N+1$ 冗余配置保证单个电源转换器故障不会影响整个 PFE 系统输出。如果一个电源转换器出现故障，其他电源转换器将会自动调整输出电压以保持 PFE 总输出电压稳定。

每个电源转换器面板上有独立的显示屏，可以显示当前电源转换器的输出电流和电压等。四个指示灯用于指示电源转换器的运行状态和告警状态等。电源转换器面板上预留两组模拟测试孔，用于测试本电源转换器的输出电流和电压。带灯按钮支持电源转换器的开关机控制及高压强制下电功能。

为了保证整个系统的安全性和可靠性，每个电源转换器模块都支持完整的保护功能，包括：

1）输出过电压保护。

2）输出过电流保护。

3）输出过功率保护。

4）输出短路保护。

5）过温保护。

6）输入欠电压保护。

7）输入过电压保护。

8）输入过电流保护。

9）紧急断电保护。

（4）测试负载

测试负载（TL）提供 PFE 离线测试环境，方便 PFE 在系统供电前的检查和故障定位。测试负载包括有源测试负载（ATL）和无源测试负载（PTL）。ATL 包含若干表贴在铝基 PCB 上的 MOS 管，可以实现电阻连续可调，最大功率为 6kW。PTL 包含若干大功率电阻元件，通过继电器的分断控制实现电阻的分段调节，最大功率为 8kW，ATL 和 PTL 串联使用可以增大负载功率。

单机柜 PFE 默认配置 1 个 ATL，安装在机柜最上方。双机柜 PFE 根据输出功率进行选配，18kV 输出电压下，默认配置 1 个 ATL 和 2 个 PTL。

TL 支持在线更换，检修维护不会影响 PFE 系统的正常供电。

（5）高压保护单元

高压保护单元（HPU）包括高压滤波、浪涌保护、过电压保护、高压泄放保护等功能，同时还支持系统电流电压显示功能和海洋地/站点地手动切换功能。

HPU 面板上提供显示屏，用于显示 PFE 的总输出电压和总输出电流。提供 4 组模拟测试孔，用于连接外部检测或记录设备，模拟信号包括系统电压、系统电流、海洋地电压、站点地电流。

HPU 面板上提供一个旋转把手，可以实现海洋地和站点地之间的手动切换，同时配合 PFE 实现系统检测和告警功能，避免误切换。

过电压及浪涌保护主要是应对系统在断缆、雷击等情况下的过电流、过电压保护，避免损坏海底光缆通信系统及 PFE 设备。高压泄放保护的核心装置是高压继电器和大功率电阻，提供设备下电或紧急断电时快速高压泄放功能，并将系统电压降低至安全电压以下。

（6）接入和切换单元

接入和切换单元（TSU）安装在 PFE 供电设备触屏计算机的正后方，充分利用机柜空间，主要包括海缆接入、系统监控、状态切换和急停控制等功能。

TSU 系统监控功能主要包括：

1）系统输出电流。

2）系统输出电压。

3）海洋地电压。

4）站点地电流。

PFE 提供以下四种工作状态：

1）正常状态。PFE 高压输出连接到海缆，PFE 高压回路连接到海洋地。

2）短路状态。PFE 高压输出和回路短接，海缆和海洋地短接。本地 PFE 被隔离，对岸可以正常供电。

3）测试状态。PFE 回路与海缆回路全部断开，均为开路状态，提供标准 4mm 香蕉接口，便于海缆测试和定位。

4）联调状态。海缆回路为单向导通状态，方便系统扩容、检修等场景的 CR、IR 测试。

## 11.2.3　系统接口

1670 型 PFE 提供以下接口：

1）高压输出和返回。

2）接地。

3）电池输入。

4）告警、远程关机和遥测。

5）测试点和电极化功能。

PFE 机柜应当支持顶部和底部进线，以允许传统的头顶上架和架空地板的应用。星号标识可通过底部进线的所有接口。除了 PFE 输出模块前面板上的 Cable Access 接口，所有接口均支持顶部进线。

PFE 机柜应当适用#1 AWG 电缆的双 −48V 直流供电。

高压输出和海洋接地的接口应当适用#6 AWG MV−105 型电缆。导管配件和预钻孔尺寸应能够容纳#6 AWG MV−105 型电缆。

专用站点接地接口应当适用两根独立的#6 AWG 电缆。

机架安全接地接口应当适用#6 AWG 电缆。

以太网接口应为具有 RJ−45 连接器的 10/100 Base−T 接口。

局点告警接口应为一个 25 针 D−Sub 连接器。

远程紧急关机接口应当借用局点告警连接器。

公务接口应为 RJ−45 接口。

需要提供测试点（插孔）来监控 PFE 输出的以下信息：

1）电压。

2）电流。

3）专用站点接地电流。

4）供电接地电压。

需要提供测试点（插孔）来监控各变压器输出的以下信息：

1）电压。

2）电流。

Cable Access 接口应为标准的插孔。

外部提供的 Electroding 接口应当借用 Cable Access 接口。

远程告警切断（ACO）接口应当借用局点告警连接器。

### 11.2.4 性能指标

（1）电气性能

表 11-1 列出了 1670 型 PFE 的电气性能。

表 11-1　1670 型 PFE 的电气性能

| 电气性能 | 取值 |
|---|---|
| 输出电流（标称）/A | 最大 1.0 |
| 输出限流/A | 最大 1.2 |
| 输出限压/kV | 最大 6.0 |
| 持续输出功率/kW | 最大 5 |
| 整个电压范围内的输出电压长期稳定性（%） | 0.10 |
| 调节/负载特点 | 优于 5% 电流调节（基于斜率补偿算法），优于 0.1% 电压调节 |
| 输出电流稳定度（恒载荷）（%） | 0.10 |
| 单个变压器故障时的电力传输间隔/ms | <50 |
| 正常电压和零电压之间的 PFE 重配置时间 | 动态调节优于 250ms |
| 电极化性能 | $4 \sim 50Hz$，$0 \sim 150mA$（rms），精度优于 0.1% |
| 输出电流纹波 | 任何输出电流的 10mA（峰－峰） |
| 输出电压纹波 | 0.20%（峰－峰） |
| PFE 开启的输入浪涌电流 | 符合 ETS 300 132 － 2 标准 |
| 回路接地系统和站点接地之间的最大电压 | 200V，通过 100mA 闭锁电流门限的冗余方案进行监控和保护 |

（2）机械性能

表 11-2 列出了 1670 型 PFE 的机械性能。

表 11-2　1670 型 PFE 的机械性能

| 机械性能 | 取值 | 标准 |
|---|---|---|
| ETSI 机柜尺寸 | $2200mm \times 600mm \times 600mm$ | |
| 整机 PFE（最大）质量 | 432kg | GR － 63 － CORE |
| 单个 PFE 组件（最大）质量 | 兼容每 GR － 63 － CORE 处理 | GR － 63 － CORE |
| （最大）输入功率（正常电缆运行）/kW | 6.5 | |
| （最大）输入功率（电缆及测试负载运行）/kW | 12.8 | |
| （最大）功率耗散（正常电缆运行）/kW | 1.35 | |
| （最大）功率耗散（电缆及测试负载运行）/kW | 7.65 | |

（3）环境适应性

表 11-3 列出了 1670 型 PFE 的环境适应性。

表 11-3　1670 型 PFE 的环境适应性

| 环境适应性 | 取值 | 标准 |
|---|---|---|
| 正常运行环境温度/℃ | 5～40 | GR－63－CORE |
| 短期运行环境温度/℃ | －5～50 | GR－63－CORE |
| 正常运行湿度 | 5%～85%RH，不超过 0.024kg$H_2$O/kg 干燥空气 | GR－63－CORE |
| 短期运行湿度 | 5%～90%RH，不超过 0.024kg $H_2$O/kg 干燥空气 | GR－63－CORE |
| 噪声（正常 PFE 运行）/dBA | 60 | GR－63－CORE |
| 噪声（测试负载运行）/dBA | 83 | GR－63－CORE |

（4）告警和关断设置

表 11-4 列出了 1670 型 PFE 的告警和关断设置。

表 11-4　1670 型 PFE 的告警和关断设置

| 告警类别 | 类型 | 限制 | 严重级别（严重/一般/关断） |
|---|---|---|---|
| 高电压/V | 可编程 | 0～6000 | 一般 |
| 低电压/V | 可编程 | 0～6000 | 一般 |
| 超高电压/V | 可编程 | 10～6000 | 严重/关断 |
| 超高电压（硬件）/V | 固定 | 6000 | 关断 |
| 高电流/mA | 可编程 | 0～1200 | 一般 |
| 低电流/mA | 可编程 | 0～1200 | 一般 |
| 超高电流/mA | 可编程 | 10～1200 | 严重/关断 |
| 超高电流/mA | 固定 | 1200 | 严重/关断 |
| 超低电流/mA | 可编程 | 0～1200 | 严重/关断 |
| 电池（A/B）低电压/V | 固定 | 40.5V | 一般 |
| 电池（A/B）超低电压/V | 固定 | 36V | 严重/关断 |
| 海洋接地失效 | 固定 | 200V | 严重 |
| 专用站点接地失效 | 固定 | | 严重/关断 |
| 关断 | 固定 | | 严重 |
| 变压器风扇故障 | 固定 | | 严重/变压器关断 |
| 测试负载风扇故障 | 固定 | | 一般/变压器关断 |
| 变压器过温 | 固定 | | 严重/变压器关断 |
| 测试负载过温 | 固定 | | 一般/变压器关断 |
| 变压器高温 | 固定 | | 一般 |
| 测试负载高温 | 固定 | | 一般 |
| LCU 高温 | 固定 | | 一般 |
| 变压器故障 | 固定 | | 严重/变压器关断 |
| 测试负载故障 | 固定 | | 一般/变压器关断 |
| 紧急停止 | 固定 | | 严重/关断 |
| 开门状态 | 固定 | | 严重/关断 |
| 站点告警被禁用 | 固定 | | 一般 |

## 11.3 PFE 的使用和维护

### 11.3.1 应用场景

PFE 设备与其他电力设备一起工作在海缆站点中。图 11-6 为典型线缆接口。线缆接口的具体实现取决于各站点的情况。

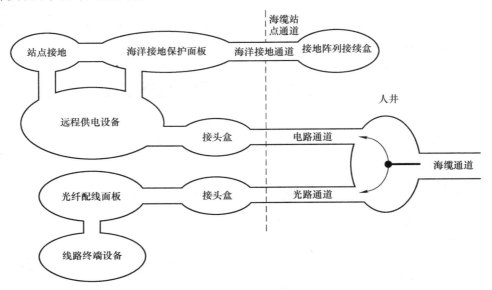

图 11-6 典型线缆接口

PFE 应能够为系统双端馈（DEF）和单端馈（SEF）供电。如果要求沿线任意点发生电缆短路故障时，线路电流保持在规定的设计限值内，则该设计必须保证系统的 DEF 供电。

在 DEF 系统中，近端 PFE 应能够与远端 PFE 平衡。PFE 必须提供一条公务访问连接，以促进远端通信。

### 11.3.2 功能说明

（1）钥匙互锁

由于 PFE 产生的电压极危险，因此利用钥匙互锁系统可确保在进入 PFE 危险区时高电压变压器输出端不会通电。

由于该系统涉及 PFE 后面板门，在此对该系统作概述如下：

1）需要利用钥匙 1 解锁主变压器断路器，且在两个主断路器被关闭、将检修门滑到手柄以固定至"关闭"位置并将断路器检修门锁定之前，无法将钥匙 1 从直流配电单元（DCD）面板的主断路器门锁上取出。

2）钥匙 2 通常储存于 PFE 输出模块前面板中多功能抽屉里的锁内。

3）未使用钥匙 1 解锁临近且与钥匙 2 储存位置互锁的锁之前，无法将钥匙 2 从储存锁中取出。

4）如果将钥匙 2 从储存位置移除，则钥匙 1 在相邻锁中处于锁定状态。

5）除非被钥匙 2 打开，否则 PFE 的后门锁定。

6）门被打开时，PFE 后面板门上的锁无法锁定且在后面板门被关闭和锁定之前，钥匙 2 保持锁定状态。

PFE 前面板上锁内的钥匙 1 或钥匙 2 必须保持紧锁；因此，当钥匙 2 处于后面板门锁内时，钥匙 1 不可能位于主断路器锁内。无法从打开的后面板门移除钥匙 2，亦不能将钥匙 2 用于释放钥匙 1 并打开主断路器。因此，不可能在向变压器输入功率的同时从后面进入 PFE。作为一项冗余措施，后面板门设有一个互锁开关，在门被打开且为变压器供电的主断路器处于接通状态时触发紧急关机。

同样，需要利用钥匙 2 打开 PFE 输出模块面板（其中装有极性开关），因此也不可能在向变压器输入功率的同时使用极性开关。与后面板门一样，该面板也设有一个冗余互锁开关。

海缆接入（测试模式）受到钥匙 1 和钥匙 3 的联合保护，需要将它们同时置于 PFE 输出模块多功能抽屉内的相邻锁中，以便用户使用海缆测试插孔。这需要将钥匙 1 从固定主变压器断路器的锁中解除，因此需要在测试插孔锁中使用钥匙 1 后将断路器处于断开状态。因此，不可能在向变压器输入功率的同时通过测试插孔接入海缆。注意：钥匙 3 通常被站点管理员当作进一步的预防措施，以确保海缆并非由远程站点供电。

给定站点的每个 PFE 都具备自身独特的钥匙组，以防操作人员混用多个 PFE 的钥匙并回避该系统的安全保护。

（2）直流电源输入

PFE 后面板门内的防护面板内装有供应输入电源的电池（底装式）。对于顶装式，输入电源则连接至 PFE 机柜终端顶部的接线端子，因为两个 48V 电源都通过两对汇流条上的螺柱。直流电源连接至 DCD 面板，以便向其余的 PFE 配电。

（3）开式机柜保护

要使 PFE 能够连续运行，必须要求系统能够在主机柜中的一个电源变压器和/或测试负载不工作的情形下也能运行。但在正常条件下，如果被操作人员接触到，这些可替换单元（FRU）的盲插终端会构成危险。因此，变压器和测试负载占用的机柜设有防止接触的保护措施（即用户在通电时可进入）。

将测试负载或电源变压器从机柜上移除时，铰链活板门落下并锁定。安装到门上的互锁开关会感应门的状态（打开/关闭），因此，如果活板门未落下并锁定，互锁链会断开，同时通过主断路器跳闸的方式关闭高压。FRU 重新安装到空机柜时，这些门会自动解锁并重回储存位置。

其他高压 FRU（如 PFE 输出端）在高压未关闭时无法移除；因此，它们的机柜不需要这种访问保护。同样，本地控制单元没有高压连接且 PFE 持续操作期间不需要将访问保护安全移除或替换。

（4）DCD I/O 组件

DCD I/O 组件在 PFE 和外部系统之间提供一个接口。该组件完成以下功能：

1）激活互锁链的继电器。

2）通过干继电器触点发出所有站点告警。

3）传递 Telnet、EMS 和公务信号。

（5）测试负载模块

测试负载采用有源固体设计，这种设计使之可被 PFE 用作可变电阻性负载。测试负载的额定工作电压高达 DC6000V，电流最大值为 1.2A。通过关闭连接的电源变压器，输入功率被限于 5kW。

功率被分散到测试负载背板内的网元卡。这些网元卡由安装到铝印制电路板的 MOSFET 组成。FET 布置于容错串并联结构中，其中某个网元卡出现故障不会导致该负载完全失效。

测试负载配备强制风冷；如果某个风扇出现故障，该负载会关闭，以免过热造成损坏。测试负载通过统一控制板和 V/I 显示器与其余 PFE 系统联系。

（6）电源变压器

PFE 高压输出由两个串联的 5kW 电源变压器生成，以提供所需的输出电压。每个电源变压器都是一个独立的 5kW DC - DC 电源，配备专用的谐振逆变器、逆变器控制装置和高压电子设备。电源变压器统一控制板（UCB）用于控制谐振逆变器，检测故障和告警，与 V/I 显示器组件进行通信，与本地控制单元（LCU）通信，对 PFE 内其他模块的状态进行监视并驱动真空荧光显示屏（VFD）。

在电源变压器模块中，直流总线电压直接源于 DC 48V 电源。生成高压时，变压器采用 PWM 可控串联谐振拓扑结构，该结构由两个全桥逆变器组成，每个逆变器具有串联 $LC$ 储能电路。这两个逆变器在一个高压变压器上驱动分离绕组。

在每个电源变压器模块中，高压二次侧变压器为密封高压组件中的一系列全桥整流器供电。整流器通过一系列高压滤波电容器和用于限制高峰弧电流（出现输出闪燃/电弧时）的平行阻尼电感器连接至高压输出连接器。除弧电流限制电感器和电流控制回路提供的静电流限制之外，串联谐振拓扑结构在持续电弧或短路情况下还可限制高压输出电流。

每个高压组件（变压器内）包含两个 V/I 显示器组件。由于变压器的输出是浮动的，因此电压和电流监视也是 V/I 显示器和 UCB 之间的光纤链路提供的隔离。V/I 显示器通过光纤链路向本地 UCB 提供数字化的电压和电流读数。V/I 监测板的电流和电压反馈函数如下：

1）变压器电流反馈。变压器 V/I 组件内的一个精密分流电阻器被用于检测电源变压器的输出电流。信号经过转换和数字化，然后通过光纤链路发送至控制 UCB。

2）变压器电压反馈。变压器 V/I 组件内的一个补偿高压电阻分压器也被用于检测输出电压。信号通过差分放大器进行发送，其输出通过控制总线发送至控制模块。

3）变压器回路控制。电流和电压反馈信号被路由至 UCB 上的电流控制放大器和电压控制放大器。两个放大器在电流调节和电压调节功能之间自动转换，产生的回路控制电压被路由至控制总线。该回路电压决定电源变压器的输出。

4）显示屏。VFD 安装在每个电源变压器上的前面板上，用于向操作人员提供每个变压器的操作数据。

显示屏显示以下参数：

1）变压器输出电压。

2）变压器输出电流。

3）调节模式（电压或电流）。

4）操作模式，可为准备、正常、关闭、初始化、电极正弦波输出、缓慢升高、缓慢降低、快速升高、快速降低中的任意一种。

5）变压器输入功率选路。

6）主电源。所有负载输出均由 DC 48V 电源供应。直流配电盘内设有输入过电流防护。各电源变压器模块由直流配电盘内的 200A 断路器提供保护。

7）辅助电源。内部控制电源由 DC 48V 输入电路供应，并由 DCD 面板上的副断路器提供保护。

（7）本地控制单元

LCU 由以下主要组件组成：

1）PC 服务器：2U，工业计算机，配备 3GHz 双处理器、可插拔硬盘驱动器和 1GB 内存。

2）LKM：集成 1U，17″液晶显示屏、键盘和鼠标。

3）以太网交换机：1U，多端口。

LCU 的主要功能如下：

1）运行 PFE 应用软件，包括图形用户界面（GUI）。

2）将所有模块和整个系统的状态/反馈传送给 GUI。

3）控制 PFE 的所有操作参数，包括但不限于电压/电流设置、告警/关机设置升高电极正弦波输出、变压器切换至测试负载时测试负载电阻设置。

4）将 PEF 状态/健康传送至外部网元管理系统（EMS）。

5）显示 PFE 图，以便快速查看每个模块的状态（预定义颜色）。

（8）PFE 输出模块高压旁路二极管

PFE 输出模块从两个变压器模块接收高压，两个高压二极管用于在某个变压器关闭、连接至测试负载或者从 PFE 上完全移除的情况下旁通每个变压器输入。

（9）切断继电器

PFE 输出模块具备一个转储继电器，使 PFE 的输出在掉电或故障状态下能够极迅速地过渡到安全电压等级。该电路由三个与高压继电器串联的 10Ω 电阻器组成。继电器驱动由每个变压器的统一控制板（UCB）提供。

（10）海洋接地保护

OGP 板在海洋接地和建筑接地之间提供隔离，以降低整个系统由于电力线干扰或闪电产生的磁化率。在建筑接地和海洋接地电缆之间设置了额定电压为 200（1±20%）V 的保护装置。PFE 输出前面板上的开关可将两个接地连接，因此消除了维修或维护时产生的电压差。

（11）接地选择开关

接地选择开关的海洋接地位置为正常操作位置，将 PFE 回路连接至海洋接地。更换气体放电管组件时，采用站点接地位置。在这种状态下，PFE 回路连接至建筑接地。

（12）PFE 输出模块海缆短路开关

海缆短路开关模块的功能如图 11-7 所示。

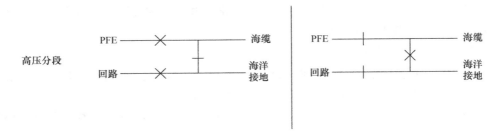

图 11-7　海缆短路开关模块功能图

海缆短路开关处于正常位置时，PFE 高压输出连接至海缆，而 PFE 高压回路则连接至海洋接地。海缆短路开关处于短路位置时，PFE 高压输出与海缆分离，PFE 高压回路与海洋接地分离且海缆发生短路。

PFE 输出模块通过两个 V/I 显示器 PCB 测量并报告设备电压和电流，利用精密高压电阻分压器测量设备电压，通过精密分流器两端的电压监视设备电流，通过光纤链路将这些电压和电流测量值传送到 UCB。通过 DCD I/O 组件将 UCB 的数据提供给 LCU 组件和 EMS，同时还将电压和电流测量值作为模拟电平发送至 PFE 输出组件前面板上的测试点。

（13）极性开关

PFE 输出模块也包含极性开关组件。极性开关将 PFE 输出导为正或负（针对海洋或机架接地）。

极性开关组件有两条高压跳线组件，跳线安装在铝安装板上的聚碳酸酯托架内，铝安装板配有拔出手柄。跳线的针脚呈正方形排列并与 PFE 输出前面板内的四个插座配对。变压器的正负高压输出占用对角线插座，而高压海缆连接和高压回路占用另外两个角的插座。因此，将极性开关取出、旋转 90° 和重新插入时，PFE 输出的极性会颠倒。由于开关的对称性，因此不存在无效插入。

在 PFE 输出模块内的极性开关配合面上有两个互锁开关。安装开关组件时，其中一个互锁开关被压低，以向系统证实开关的存在并防止高压升高。以负极性配置安装开关时，开关安装板内两个切口中的任何一个使另一个开关不被压低，将输出极性的状态传送给系统。

（14）气体放电管组件（GDT）

PFE 输出模块还包含一条消弧电路（以高压气体管的形式）。气体放电管组件包含一根气体管、印制电路板（带缘卡指针）和一个支架（带拇指固定螺钉）。如果设备电压增加至 200（1 ± 20%）V 以上，气体管切换至低阻抗状态，反过来又会使继电器线圈通电，从而使气体管发生短路。该动作使海洋接地有效切换至底板接地且只要存在变压器电流，继电器将继续保持通电。该组件置于 PFE 输出前面板的安装槽内，便于维修。安装至接地选择开关的盖板可防止 GDT 被移除或更换，除非开关处于站点接地位置。GDT 槽为空时，该开关也无法切换至海洋接地位置。

（15）滤波

PFE 输出模块内的高压输出路径包含四个 5Ω 串联电阻器和一个 0.01μF 电容器，以便在发生闪电时提供高频滤波并吸收能量。

（16）状态指示灯

PFE 输出模块提供六个前面板安装式状态指示灯，用于向海缆提供 PFE 连接状态和 48V 功率输入。状态指示灯由 PFE 输出模块 UCB 驱动。各状态指示灯功能见表 11-5。

表 11-5　状态指示灯功能

| 状态指示灯 | 功能描述 |
| --- | --- |
| POWER | −48V 功率本地连接时，指示灯亮（绿） |
| POLARITY（正） | 极性反转开关配置成与海缆直接时，指示灯亮（绿） |
| POLARITY（负） | 极性反转开关配置成与海缆反接时，指示灯亮（绿） |
| PFE OUTPUT STATUS（正常） | PFE 的配置使 PFE 的高压路径连接至海缆时，指示灯亮（绿） |
| PFE OUTPUT STATUS（测试） | PFE 的配置使 PFE 与海缆断开并且测试插孔与海缆连接时，指示灯亮（绿） |
| PFE OUTPUT STATUS（旁路） | PFE 的配置使 PFE 与海缆断开并且电缆终端短路（旁路），使海缆电流可从海缆远侧馈送时，指示灯亮（绿） |

测量点（用于在 GUI 上进行显示）和 PFE 输出端子之间的电阻约为 22Ω。为了获得更精确的输出电压读数，由输出电流乘电阻值计算得出该电阻两端的电压降，然后从 GUI 显示的数值中减去该电压降，可得到更精确的电压读数。

例如，如果输出电流为 1.1A 且 GUI 电压读数为 2000V，则可计算出电压降为 1.1A × 22Ω = 24.2V，并将其从 GUI 数值中减去。在该示例中，实际 PFE 输出电压为 2000V − 24.2V = 1975.8V。

（17）直流配电盘

直流配电盘对 48V 电池设备输入进行过滤并向 PFE 的必要位置馈电。必要时，个别过滤器和断路器为电源提供路由。−48V 电源从内部路由至测试负载，辅助电源通过每个电池组的 10A 断路器提供给电源变压器、本地控制单元、PFE 和 PFE 输出模块。

主电源通过两个 200A 断路器馈送给电源变压器。每个断路器从一个电池电源为一个变压器供电，因此提供了固有冗余。主断路器配备有跳闸线圈，在发生严重安全故障时，断路器断开且负载输出迅速禁用。

DCD 面板上设有测试插孔，以便对两个电池输入进行独立监视。

（18）海缆终端单元

海缆终端单元（CTU）是 PFE 系统和待供电的海缆之间的一个接口。CTU 壳体内汇流条上的螺柱作为海缆高压、海洋接地和海缆层的接头。多个安全装置确保维修人员安全检修高压终端。由于 CTU 被包在 PFE 机柜内，因此必须操作一系列锁才能检修，从而确保本地 PFE 高压变压器的电源中断。此外，盖板设有绝缘活塞，该活塞被移除后一个弹簧加压的触点使高压、海洋接地和防护罩汇流条发生短路。设置的互锁开关作为一项冗余措施，在面板被移除时向系统发出关闭高压变压器的信号。

安全维修要求海缆上的所有 PFE（本地和远程）在接入海缆前就已关闭。为确保远程站点在打开盖板前未向海缆供电，在 CTU 盖板旁边的界面安装了一个模拟式电流表（PFE 输出的高压支线内）。采用一个 10V 双极瞬态吸收器防止该电流表受到电涌损坏，同时使用两个 500Ω 串联电阻器将主电流从电流表分流至与整个电流表网并联的两个串联的 5Ω 电阻上，以确保电流表的电流不超过 20mA 满量程。在 PFE 输出的海洋接地支线设置了第二对 5Ω 串联电阻器，以平衡共模特性。

CTU 设有一个活塞操作的互锁，在系统无底部模块或者 CTU 面板被移除时，将高压、海洋接地和屏蔽层接头与底部模块接口接头短接。

### 11.3.3 安全和保护

PFE 设计和制造应当确保操作人员免受任何安全危害。在设备安装、操作和维护过程中，特别要注意防止触电事故，确保操作符合所有相关的国际标准。

1. 安全认证

PFE 的设计和制造应符合 EN60950 标准，并且具有 CE 标识。

2. 人员保护

PFE 设计应当保证在 PFE 断电时高电压电路自动放电。PFE 应包含至少两个层级的保护，以确保在正常运行或维护过程中人员不受系统近端或远端故障危险的威胁。所有入口门和面板必须提供跳闸或接地装置。警告标志不作为一个保护层级。生产厂家应将整个序列、锁紧的互锁开关系统作为一个安全保护层级。

（1）互锁

PFE 应当互锁，以防止人员触及潜在的危险。只有在设备断电时，互锁才允许人员进入潜在的危险区域。

以下情况发生时，PFE 支持多重互锁装置，确保人员设备安全：

1）机柜后盖打开。

2）极性设置错误。

3）模式切换错误。

4）紧急按钮按下。

5）远端互锁信号使能。

（2）安全跳闸

一旦有人进入潜在的危险区域，PFE 应当自动断电。

（3）放电电路

PFE 应包含在设备关闭或访问危险区域时自动放电到安全水平的电路和提供所有高压电路和电容接地的钳位。操作人员不需要做任何处理。

（4）紧急关断

PFE 应包括关断装置。存在安全危险时，任何未经训练的人员可以关断 PFE。各变压器应包含安装在面板上的红色紧急停止按钮，以确保紧急关断不会被无意间执行。紧急关断装置应有明显的标识。并且，应该为外部紧急停止电路提供接触点。

也可以在海缆站点的远端分机执行 PFE 紧急关断。紧急关断操作不得对 PFE 或水下设备造成任何损坏。

（5）接地装置

PFE 应包括合适的绝缘装置，使得在处理前将潜在高压点（尤其是向海缆和充电容器供电的导体）放电到机架安全接地。

PFE 包含三种接地连接，即海洋地、站点地和外壳地。

PFE 支持自动切换和手动切换海洋地和站点地。当海洋地与站点地之间的最大电压超过一定的阈值（20～200V 可设置）时，将自动从海洋地切换到站点地。

PFE 应被永久地连接到机框的机架安全接地，以避免在使用期间被意外地断开。PFE 应允许在使用前目视检验接地连接的完整性。在每次使用前，必须能够使用外部测试设备来检验接地装置的完整性。PFE 上的所有点都能够使用接地装置。

此接地装置只用于 PFE 内部残留的电荷，而不是海缆电容的放电。

（6）警告通知

所有潜在危险电压或电流的位置，必须安装使用国际公认符号的警告通知。

（7）操作和维护

出于维护目的停止服务的子系统插件单元时，应能够安全地被站点员工处理和测试。

禁止从任何远程设施或在 PFE 不可见的位置对 PFE 执行任何操作，即使操作人员拥有 PFE 访问权限。

3. 海缆系统保护

（1）系统保护

PFE 设计应确保对于任何 PFE 配置和地电位差，在以下场景 PFE 应得到充分保护：

1）系统任何位置的电缆故障。

2）发生在或者接近任何海缆站点的雷击或其他自然现象（如磁暴）。

3）海洋接地和专用站点接地之间的电压超过门限。

即使任何 PFE 参数达到最大输出，包括终端站点间的地电位差高达 1500V，PFE 也应得到充分保护。

（2）电涌

不管是在正常运行中，还是在 PFE 内部或外部因素引起的故障场景中，PFE 设计应确保没有任何会造成电缆损坏的电流或电压施加到电缆系统。

当 PFE 提供最大额定输出时，该设计应确保 PFE 安全，以免受发生在海缆站点或附近的雷击，或者系统任意位置的电缆故障造成的电涌损害。需要说明的是，电缆上的电流浪涌可达 200A。

（3）电压限制

PFE 的最大输出电压应当限制在 6kV（此处以 1670 型 PFE 为例，不同厂家、型号的设备其电压限制值有较大区别）。限制措施不应依赖于告警装置。

（4）输出电流控制

电流控制装置应能够将电流从零调节到 1.2A，并达到 0.1% 精度。

（5）通电

PFE 设计应包含严格控制的通电序列，确保向水下设备供电。通电序列只能在本地启动。禁止远程启动通电序列。

（6）断电

PFE 的断电方式不得引起足以损坏海缆的电涌。

4. 电源路径

PFE 设计应确保 PFE 安全，以免受自然现象（如雷击、磁暴等）或者系统任意位置的电缆故障造成的电涌损害。

# 小结

由于大量海底设备均需要电力支持，因此远程供电设备已成为跨洋海底光缆通信系统不可或缺的关键环节，近年来我国相关企业已在该领域打破了欧美日长期以来的垄断，最大供电能力已达20kV。随着海底观测、海底预警以及海底综合信息网等领域的快速发展，对供电系统的供电等级、灵活性以及故障管理能力均提出了更高要求，岸基远程供电技术在未来还有广阔发展空间。

 思考题

1. 画出系统分别工作在恒流和恒压模式时的供电方式示意图。
2. 描述1670型PFE远程供电设备的主要组成及各部分功能。
3. 思考远程供电设备对接地系统的要求。

# 第12章

# 水下供电系统

## 12.1 远程水下供电技术体制

远程水下供电技术体制有交流、直流两种方式，直流系统又分为直流恒流输电和直流恒压输电两种形式，以及单极和双极之分。各技术方案的优缺点及应用场合见表12-1。

表 12-1  远程水下供电技术体制各技术方案的优缺点及应用场合

| 技术方案选择 | | 优点 | 缺点 | 应用场合 |
| --- | --- | --- | --- | --- |
| 交、直流选用 | 交流方式供电 | 1）传输功率较大、技术成熟，在陆地上已大量应用<br>2）同时不同等级电压变换设备简单<br>3）高压交流电的通断控制容易 | 1）设备体积较大，输电导线较多使得成本较高<br>2）海缆对地电容较大，造成无功损耗，安装补偿电感成本较大；受分布式参数影响大，海水中传输损耗大 | 主要在近岸小范围系统应用，如一些早期的海底观测系统，在较远距离海底尤其深海难以大范围应用 |
| | 直流方式供电 | 1）线路造价低、调节速度快<br>2）线路老化慢、系统稳定性高<br>3）受分布式参数影响小，海水中传输损耗小 | 水下电源转换较交流复杂 | 更适合水下远距离输电应用，后期新建海洋信息网均采用直流输电方式 |
| 单、双极选用 | 单极方式供电 | 采用一根导线构成输电回路，节约成本 | 可靠性不如双极性方式高 | 较适合在串联模式系统应用 |
| | 双极方式供电 | 采用两根导线构成输电回路，接地故障时可转为单极方式，电能输送能力和可靠性方面有优势 | 成本高，存在一些技术难点，如节点的电压等级、电动势均衡和单双极变更兼容性等 | 较适合在并联模式系统应用 |

（续）

| 技术方案选择 | | 优点 | 缺点 | 应用场合 |
|---|---|---|---|---|
| 恒流、恒压选用 | 恒流输电方式 | 1）结构简单，无复杂供电调配管理需求<br>2）水下用电单元采用串联模式，与通信用海缆取电方式一致，具有高可靠性、高效率<br>3）应对海缆最常见短路故障的能力强，可通过旁路形成新回路，整个系统还能够部分工作 | 1）负载较低或负载变化较大时传输效率低<br>2）水下分支、节点扩展难度大，在水下分支节点大规模接入组网能力方面不如恒压模式<br>3）电能输送能力较弱，输送功率只能通过增大输电电流来增大 | 适合海底地质环境复杂、容易出现故障、对可靠性要求高的情况，以及需要进行长距离传输的情况 |
| | 恒压输电方式 | 1）传输效率较高<br>2）负载之间并联可扩展性高<br>3）容易实现分支供电，供电负载可灵活配置 | 1）对海缆故障抵抗能力较弱，海缆短路故障一旦发生，没有相关保护措施会使整个系统陷入瘫痪<br>2）主干线路电流范围宽，对成熟海缆通信的水下设备取电带来压力<br>3）水下节点电源从高压到低压变换，对器件耐压水平要求高 | 适合水下分支节点较多、对系统扩展性要求高的情况 |

目前缆系的海洋信息网大部分采用直流供电，这是因为海缆中导电芯线与大地间有较大的分布电容（通常在 $0.2\mu f/km$ 左右），若用 50Hz 的交流电供电，供电距离较远时，其传输效率非常低。

常用的海缆直流远供方式有两种，一种是恒压方式，即海缆干线上对地电压是恒定的（理论上），同时岸基电源也是恒压，水下用电设施以并联方式取电，如图 12-1 所示。对于采用恒压供电体制的供电网络，岸基远程供电设备（PFE）电源调控为输出恒压电能模式，保持海缆传输线路上电压稳定，水下各节点 $S_i$ 输入端以并联方式通过分支单元 $B_i$ 挂接在主

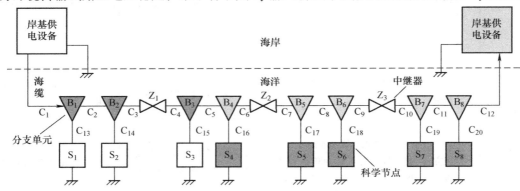

图 12-1 典型恒压远程供电系统结构图

干海缆和海洋地上。水下节点电源则实现从高压到中低压的电能变换，给水下业务设备配给电能。这种供电体制传输功率容量大、可扩展性强，但线路故障定位困难，对海水短路故障抵抗能力不足。当海水短路故障发生时，干线线路电压崩溃，导致系统停机。

另一种是恒流方式，即海缆干线中流过的电流是恒定的，岸基电源也是恒流源，水下用电设施以串联方式取电，如图 12-2 所示。对于采用恒流供电体制的供电网络，岸基远程供电设备（PFE）调整为输出恒流电能模式，保持海缆传输线路上电流稳定，水下各节点 $S_i$ 输入端串联在主干海缆中。水下节点电能分支单元则实现从恒流电能到恒压电能的变换，给水下业务设备配给电能。这种供电体制已经应用于跨洋海底光缆中继通信工程中，可实现 kW 级别传输容量，线路故障定位方便，对海水短路故障抵抗能力强。当海水短路故障发生时，线路电流通过海水回流，岸基远供电源自适应调整输出电压，只要电流回路存在，整个系统仍然稳定供电。

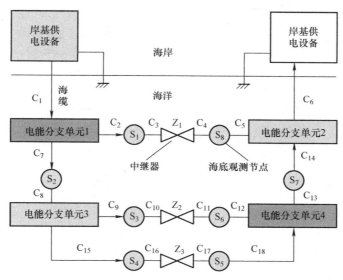

图 12-2　典型恒流远程供电系统结构图

## 12.2　恒压供电系统

### 12.2.1　系统结构

恒压供电是指岸基远程供电电源输出直流高压恒压电至海底光缆进行远程电能传输，水下中压转换电源（以下简称水下电源）将高压转换为中压，并通过接线盒配电为水下设备提供连续稳定的电能供给。海底观测网恒压供电系统拓扑结构如图 12-3 所示。其中，水下电源承担着水下高压转中压变换的任务，主要功能是将数千伏到 10kV 级高电压转换为 375V 中压电。

考虑线路中电阻并忽略其分布电容和电感的影响后，水下恒压供电系统实际的等效供电系统电路模型如图 12-4 所示，

图 12-4 中，$R_L$ 为负载电阻，Re 是线路的等效电阻。由图可见，恒压供电具有以下

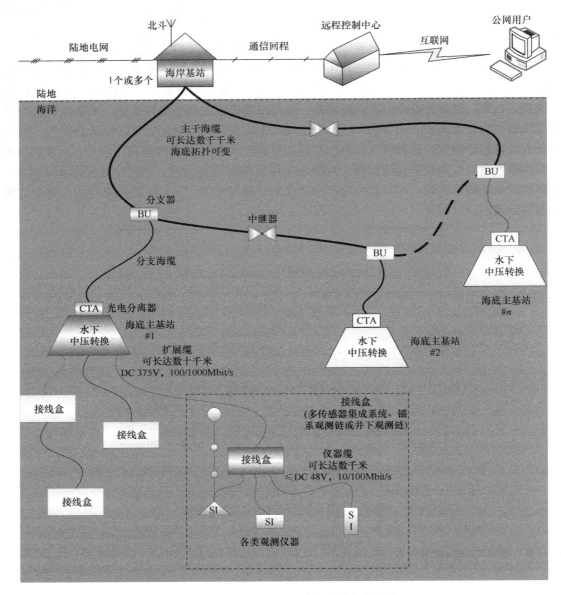

图 12-3　海底观测网恒压供电系统拓扑结构

**特点：**

1）由于导线有电阻，因此供电回路的线损不能忽略。

2）线路上的电压随着距离的增加会逐渐降低，带载能力下降。

3）每一个用电节点必须有接地极。

4）每一个用电节点电源输入均为高压，须进行高压→中压→低压转换。

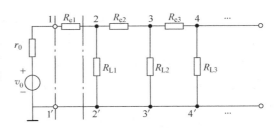

图 12-4　水下恒压供电系统等效电路图

5）分支配电较为方便。

## 12.2.2　高/中压转换设备

恒压供电系统中每一个用电节点（接线盒）均需电压变换设备，输入电压来自海缆主干线的高压。通常用电设施均为低压供电，如 12V、24V、48V。国际上通用的方法是将高压（可达 10kV 左右）转换为中压（如 375V），然后再将中压转换为低压，如图 12-5 所示。其中高压转中压是关键，而中压转低压是普通的 DC/DC 变换设备，因此下面主要介绍高压转中压的技术和相关设备原理。

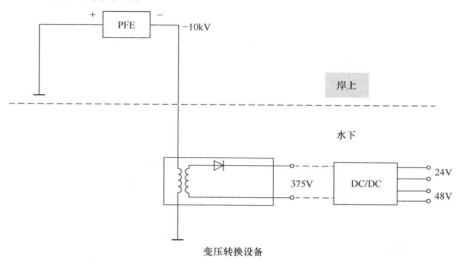

图 12-5　水下恒压供电系统节点电源变换示意图

## 12.2.3　恒压供电系统的分支与保护

恒压供电系统的致命缺点是对海缆故障的抵抗能力较弱，一旦海缆发生断裂接地，如果没有相关保护措施，那么整个系统就会陷入瘫痪。因此，在进行分支连接方式设计时必须采取相关措施，尽最大努力减少海缆故障对供电系统造成的损害。

常见的高压分支连接方式有两种，即被动式和主动式。

被动式分支方式在分支器中没有任何控制设备，也没有任何有源器件，因此也称无源分支方式，原理示意图如图 12-6 所示。分支单元内部没有开关，仅仅作为一个海缆接头盒使用。海缆主干线在分支单元中分出两条海缆去连接节点设备。节点设备主要包括直流转换器、断路器、控制电路和通信线路。其中断路器主要起隔离海缆故障和保护供电系统的作用，在海缆发生故障时可以将故障段海缆与整个系统隔离，降低海缆故障造成的损害。如图 12-7 所示，若海缆在 P 处发生断裂，则 P 两侧距离 P 点最近的节点 A 和 B 的断路器 1 和断路器 2 会自动断开，因此 PA、PB 两端海缆被隔离，两端站可以继续对其他设备供电，故障被解除，系统依然能正常工作。

主动式分支方式在分支器内部设置了断路器和控制器。从分支单元中分支出一条海缆连接节点设备，节点设备包括直流转换器和通信线路，如图 12-8 所示。在这种连接方式中，开关的控制器不再像被动式分支方式连接由直流转换器供电，而是由海缆干线供电。开关也不需要承担阻断直流、清除海缆故障的任务，这个任务将由端站完成。端站的电力管理控制系统与分支单元之间并没有通信线路，分支单元中的开关线路主要根据端站不同的电压输出来执行端站所要求的操作。

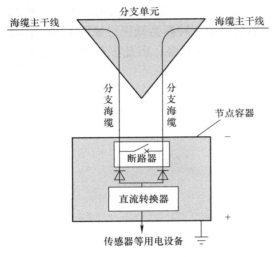

图 12-6　被动式分支方式示意图

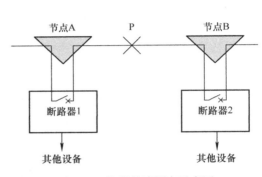

图 12-7　海缆故障隔离示意图

图 12-9 为分支单元内部控制器原理示意图。连接在海缆干线中的两对齐纳二极管 $VZ_1$、$VZ_2$ 分别负责向分支单元内的控制器 1 和控制器 2 供电，控制器 1 通过断开螺线管（$O_1$ 和 $O_3$）和关闭螺线管（$C_1$ 和 $C_3$）控制断路器 $QF_1$、$QF_3$ 的通断，控制器 2 则通过 $O_2$、$O_4$、$C_2$、$C_4$ 控制 $QF_2$、$QF_4$ 的通断。$QF_1$ 和 $QF_2$ 是海缆干线的开关，它们是并联关系，只要它们中的任何一个关闭，分支单元就会关闭，这样的设计是为了在供电系统首次供电时，分支单元可以从其两侧的任何一侧得到供电。

主动式分支负载连接有四种操作模式，即正常运行模式、海缆故障操作模式、故障定位操作模式和故障隔离操作模式。下面分别对这四种操作模式进行介绍。

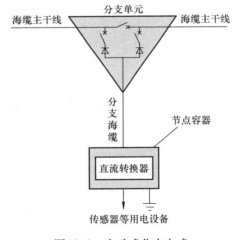

图 12-8　主动式分支方式

1. 正常运行模式

在进入正常运行模式之前，系统有一个启动过程。在启动过程中，端站输出 500V 的正电压而不是正常运行时的 1 万伏左右的负电压，这样较低的电压可以减少合闸时产生的涌流。系统启动的具体过程为：如图 12-16 所示，当左边的站输出 500V 的正电压时，左边的二极管 $VZ_1$ 导通，电容器 $C_L$ 开始充电，当电容器两端的电压达到 SIDAC1（双向开关触发器）的导通电压时，电容器开始向螺线管 $C_1$ 和 $C_3$ 放电，从而控制 $QF_1$ 和 $QF_3$ 闭合。$QF_1$

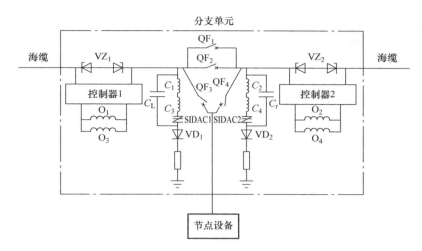

图 12-9　分支单元内部控制器原理示意图

闭合后，右边电容器 $C_r$ 开始充电，当 $C_r$ 两端的电压达到 SIDAC2 的导通电压时，电容 $C_r$ 开始向螺线管 $C_2$ 和 $C_4$ 放电，从而控制 $QF_2$ 和 $QF_4$ 闭合。当 $QF_1$ 闭合后，电能随之被输送到下一个分支单元，重复上述同样的过程，直到全系统的开关都被闭合，整个供电系统得以连通，端站改为输出负的 1 万伏的工作电压，系统转入正常工作模式。

在正常工作模式下，各个分支单元内的断路器处于闭合锁定状态，节点设备将状态信息传送到端站，端站电力管理控制系统利用状态估计的方法建立供电系统的状态模型，并根据状态信息由端站的电力管理控制系统来管理控制整个系统，保证系统中的每个负载都会得到正常的供电。

2. 故障模式

故障模式是当海缆干线发生故障接地时供电系统的操作模式。当海缆断裂接地时，海缆干线中将会流过非常大的电流，而且由于海缆分布电容的存在，系统中还会产生非常大的暂态电压，这些都会对系统中的设备产生很大危害，因此当海缆故障发生时，端站首先必须立即关闭整个系统，停止供电。端站判定出现海缆故障的方法有以下几种：

1）当海缆故障出现在端站附近时，端站通过电流的突然大幅度增大来判定海缆故障出现。

2）发生海缆故障时，故障点周围的节点设备的电压势必会迅速降低，节点设备会将此信息通过通信线路传给端站，端站据此判定出现海缆故障。

3）如果节点的电压降得非常低已不能与端站通信，则端站的电力管理控制系统会经过分析判定出现海缆故障。

当端站判定出现海缆故障后，将关闭供电系统，整个水下信息网络也将停止运行，此时海缆干线上的开关依然保持关闭状态。

3. 故障定位模式

当端站启动故障定位模式后，端站重新对整个系统供电，但供电电压低于节点设备中直流转换器的启动电压，直流转换器此时是不工作的，因而直流转换器连接的其他负载也不工作，因此从端站可以测量出海缆上的阻抗，然后 PMACS 根据海缆的分布参数通过计算就能确定发生故障的大致位置。

在 PMACS 完成海缆故障定位之后，供电系统将转入故障隔离模式。

4. 故障隔离模式

在故障隔离模式下，故障海缆将被隔离，系统在重新加电后仍能正常工作。与被动式分支负载连接方式一样，如果故障发生在海缆干线上，当故障海缆被隔离之后，所有并联在海缆上的负载仍能恢复正常工作。如果故障发生在连接节点设备的分支海缆上，则该分支海缆及其连接的节点设备将被隔离。

当供电系统进入故障隔离模式后，端站将会向系统提供一定数值的负电压，这个负电压同样低于直流转换器的启动电压，但这个电压可以驱动所有分支单元内的控制器。这些控制器根据所在地点海缆导体上电压和电流的比值来确定与故障点的距离进而决定是否打开分支单元内的开关来执行隔离操作。当故障海缆段两端分支单元内的开关打开后，故障海缆得以隔离。

当故障海缆段被隔离后，端站可以将电压调整至系统正常工作的电压，整个海底光缆传输系统恢复正常运行。

### 12.2.4　海洋接地极

在恒压供电系统中，有两种基本的海洋接地极。一种是用于岸基电源的接地，通常为阳极，为提高接地的稳定性，一般将其布设在近岸海水中（往往需要埋设在海床下）；另一种是供电节点处取电用的接地，通常为阴极，自然处于海水中。

由于海水是天然的电解溶液，因此电源金属阳极在海水中会因电离而产生腐蚀。普通的金属，如铁、铜、钢等电极消耗量较大，通常可达 10kg/a。因此对海洋接地阳极须选择耐腐蚀材料并设计合理的结构，以减小维护工作量和成本，常见的接地极材料有石墨、高硅铸铁、钛基贵金属等。

考虑到腐蚀的端部效应和气阻效应等，海洋接地极结构应做成圆盘形或圆形栏栅形式。

## 12.3　恒压供电基本原理

水下中压转换电源通常由输入保护单元、功率变换单元、输出滤波单元、绝缘油、油压平衡单元及耐压舱体等组成，如图 12-10 所示。

注：舱体内部充绝缘油。

图 12-10　水下中压转换电源内部组成

水下中压转换电源主要通过功率变换单元完成高压电能到中压电能的转换；输入保护单

元主要负责完成浪涌保护、输入滤波等；输出滤波单元主要完成中压电能的输出滤波，为负载提供高质量的电能供给；绝缘油用来快速散热，油压平衡装置用来保持密闭舱体内的压力平衡。

功率变换单元是水下电源的核心。当前国际上主要采用高压隔离降压型 DC - DC 电路来完成高压转中压的电能变换，变换器需要满足高可靠性、紧凑小型化、高绝缘性等需求。由于输入电压较高，传统的单层 DC - DC 电路拓扑结构很难满足上述需求，原因主要是传统单层电路拓扑结构的半导体器件需要承受高电压应力，相应元器件难以满足要求，而且耐高压器件体积庞大，集中损耗较大，可靠性大大降低，因此，不能采用传统单层 DC - DC 电路拓扑结构。为了满足较长的寿命，对功率变换单元电路拓扑提出了较苛刻的要求，需要电路结构上设计冗余备份，以提高其可靠性。目前为了满足可靠性与高压输入的要求常采用的变换方式有两种，即多功率器件串联组合电路结构和多功率模块堆叠组合电路结构。

（1）多功率器件串联组合电路结构

多功率器件串联组合电路结构是在传统的单层电路拓扑结构基础上，将所有单元由多个低压器件串联组合替代，以满足耐高压要求，以传统的全桥逆变器拓扑结构为例，多功率器件串联组合电路结构如图 12-11 所示。

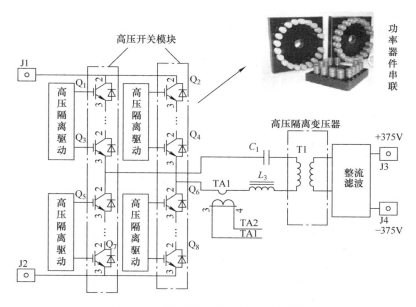

图 12-11　多功率器件串联组合电路结构

通过合理的设计，多功率器件串联组合电路结构可满足较高电压等级功率变换的要求。

（2）多功率模块堆叠组合电路结构

多功率模块堆叠组合电路结构利用单器件功率模块在输入端串联组合的方法解决输入端耐压的问题，即将传统的隔离型低压小功率单器件电路模块化，多个模块在输入端串联堆叠组合以满足输入高耐压要求，在输出端通过串并联堆叠组合以满足输出高功率要求。以四个小功率单器件全桥电路模块为例，输入串联、输出并联的拓扑结构如图 12-12 所示。

每个隔离型低压小功率电路内部的隔离式变换器主要有全桥、半桥、正激、反激、推挽

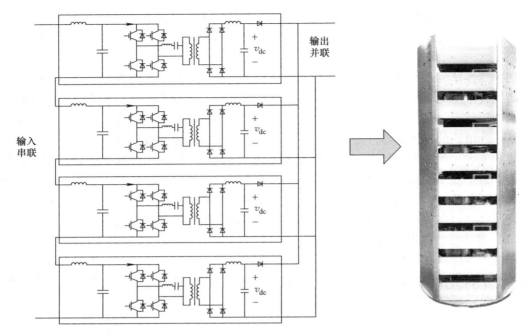

图 12-12　输入串联、输出并联的多功率模块堆叠组合电路拓扑结构

和谐振等基本拓扑，每种基本拓扑又有多种衍生结构，各自具有一定的特性，适用于不同的场合。因此，选择合适的低压小功率变换器拓扑主要依据输入、输出电压等级范围和功率大小等。

　　通过合理的设计，多功率模块堆叠组合电路结构也可满足任何电压等级功率变换的要求。两种电路拓扑结构的优势和难点见表 12-2，两种方式均可实现网络所需的水下高压直流功率变换，可根据不同的应用情况选择合适的电路结构。

表 12-2　两种电路拓扑结构的优势和难点

| | 多功率器件串联组合电路拓扑 | 多功率模块堆叠组合电路拓扑 |
|---|---|---|
| 优势 | 1）选用耐压低的通用元器件串联，可获得更高的耐压能力<br>2）多个低压器件串联后导通电阻仍然低于单个高压器件的导通电阻<br>3）选用尺寸较小的低压器件更利于结构紧凑小型化 | 1）通过功率模块冗余备份，可提高可靠性<br>2）通过模块化节约成本，缩短研发周期<br>3）变压器模块化，体积和重量都大幅度变小，可获得最优的耦合系数和传输效率 |
| 难点 | 1）为避免功率器件过电压损坏，必须保证串联元器件之间的电压均衡<br>2）采用隔离型拓扑结构时，为实现较高变换率，需提高变压器匝比，在一定程度上降低了变压器的耦合系数和传输效率<br>3）因系统为单一拓扑结构，只能依靠元器件降额使用来实现冗余，可靠性改善不明显 | 1）当均压/均流效果较差时，可能导致系统失效，需采用合理的控制方式<br>2）基于模块堆叠电能变换的电能变换系统研究热源较为分散，需要用合理的散热方案 |

　　另外，在海缆系统出现断缆故障或雷击现象时，由于海缆的电容特性，在海缆故障点处会产生数百安（10/250μs）的浪涌电流。输入保护单元具备浪涌保护模块，通过抗浪涌电感、TVS、电阻等组合应用，能够有效保证发生浪涌时内部的其他器件不会被损坏，如图 12-13 所示，其中 TVS 必须具备双向保护能力。浪涌保护模块的输出连接整流桥模块，具备双向电流输入能力，岸基供电可灵活配置供电方向，提高供电系统的鲁棒性。

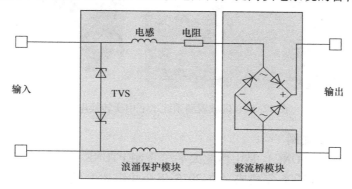

图 12-13　输入保护单元原理图

## 12.4　典型性能指标

典型性能指标如下：
1）输入电压范围 DC 6 ~ 10kV。
2）输出电压 DC（375 ± 10）V。
3）输出功率 8 ~ 15kW。
4）转换效率≥85%。
5）设计寿命≥25 年。

## 12.5　应用实例

　　目前世界上已初步建成的较大规模深海恒压海底观测网主要有两个：美国海底观测网（OOI）区域网部分和加拿大海底观测网（ONC）。国内已建成的深海恒压海底观测网主要是中国南海海底观测网试验系统。

　　（1）美国海底观测网

　　美国国家科学基金会在 2016 年宣布，历时 10 年、耗资 3.86 亿美元的海底观测网（OOI）计划正式启动运行。OOI 是一个长期的科学观测系统，由区域网（RSN）、近岸网（CSN）和全球网（GSN）三大部分构成，如图 12-14 所示。850 个观测仪器分布式布放在大西洋和太平洋的观测系统中，包括 1 个由 880km 海缆连接 7 个海底主节点的区域观测系统、2 个近岸观测阵列以及 4 个全球观测阵列（由锚系、深海实验平台和移动观测平台构成），其中，区域观测系统是 OOI 中技术难度最大的部分，采用最高 DC - 10kV 电压源供电，通信总带宽为 10 ~ 40Gbit/s，在 3000m 水深范围内共布设 7 个海底主基站，每个海底主基站的水下中压转换电源可提供的最大功率为 8kW，输出电压 375V，最大工作水深 3500m。

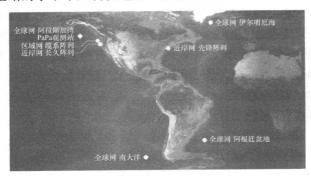 

图 12-14　区域观测系统水下中压转换电源

（2）加拿大海底观测网

加拿大海底观测网（ONC）是由西北太平洋的 NEPTUNE Canada 观测网（2009 年建成）和 VENUS 海底实验站（2006 年建成）在 2013 年合并组建而成。目前，ONC 由维多利亚大学负责运营和管理。其中，NEPTUNE Canada 观测网规模较大，由 5 个海底主节点构成的 800km 环形主干网络，覆盖了离岸 300km 范围内从 20～2660m 不同水深的典型海洋环境，NEPTUNE Canada 采用最高 DC －10kV 电压源供电，每个海底主基站的水下中压转换电源可提供的最大功率约为 10kW，其内部结构如图 12-15 所示。

图 12-15　NEPTUNE 观测网水下中压转换电源

（3）中国南海海底观测网试验系统

"十二五"期间，在科技部"863"计划的支持下，2012 年我国正式启动海底观测网试验系统重大项目。该项目由中国科学院声学研究所牵头，联合国内 12 家优势涉海研究机构共同承担，分别在我国南海和东海建设海底观测网试验系统。南海深海海底观测网试验系统以海南为岸基站，通过 150km 海底光电复合电缆连接的多套海洋化学、地球物理和海底动力观测平台布放在水深 1800m 的海床上。南海深海海底观测网试验系统的建成，实现了观测网关键核心技术的自主可控，突破了水下高电压（10kV 级）远程供电技术，水下中压转换电源采用恒压工作模式，最大输出功率为 10kW，水下中压转换电源模块如图 12-16 所示。

图 12-16　南海海底观测网试验系统水下中压转换电源

# 12.6　水下恒流供电系统

## 12.6.1　恒流供电的主要方式和特点

恒流供电的主要供电方式有两种，即单端供电方式和双端环形供电方式。

（1）单端供电方式

单端供电方式的等效电路如图 12-17 所示。

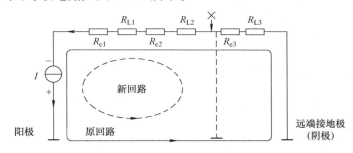

图 12-17　单端供电方式的等效电路

图 12-17 中，岸基恒流源阳极接地，阴极接海缆芯线，海缆远端终点处接地，$R_{Li}$ 为用电设施的负载电阻，$R_e$ 为线路电阻。由图可知，这种供电方式具有以下特点：

1）电缆在远端终点须接海洋地。

2）流过海缆任意横截面的电流相等，恒流特性不受负载大小和线路阻抗影响。

3）用电节点处不必接地。

4）用电节点电能变换输入端不必承受与岸基电源输出，同样的高压其承受的电压只与用电功率相关：即 $U = IR_L$。其中 $I$ 为线路中的电流，$R_L$ 为等效负载电阻。

5）海缆任意点中断进水、导体接地后，只影响中断点后端供电，前端供电系统仍可正常工作（电流会自动形成新的回路，见图 12-17 中新回路）。

（2）双端环形供电

双端环形供电方式的等效电路如图 12-18 所示。

图 12-18 中，海缆干线构成环形回路，若海缆始端和终端在同一地点则构成圆形环路，

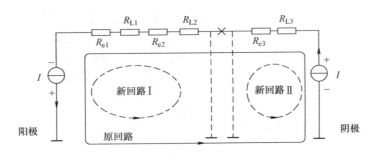

图 12-18  双端环形供电方式的等效电路

若处在异地则构成开口环形回路。由图可知，这种供电方式具有以下特点：

1）海缆两端分别由两个电源接电源正极和负极，两个电源中其中一个电源的正极接地，另一个电源的负极接地，若两个电源在同一地点，则两个接地可合二为一。

2）海缆在水中不必接地，用电节点也不用接地。

3）海缆任意点中断进水后，中断点接地，该点与两个电源会自动形成新的回路，供电系统仍能正常为全部水下用点设施供电。该电路具有自愈功能。但为防止中断点导体的阳极腐蚀，应将原阴极接地的电源倒换极性，前提是各水下供电节点电能变换电路具有输入电源极性自适应特性，最简单的方法就是在输入端加一整流桥。

其他特点与单端供电方式相同。

由于双端环形恒流供电方式具有较好的自愈能力，供电可靠性较高。因此，试验系统建设中应在条件允许的情况下尽量采用这种供电方式。

## 12.6.2  恒流 – 恒流变换电路

恒流 – 恒流变换电路主要用于恒流供电系统的水下分支。该电路的功能是将主干线上的恒流电流再分出 1 路或多路，以适应灵活的供电要求，其电路原理示意图如图 12-19 所示。

图 12-19 中，主回路电流为 $I_1$，流经变换器一次电路，图中所示为变压器一次侧，流经变压器一次侧的平均电流为 $I_1$。如果变压器的匝数比为 $1 : n$，则流经变压器二次电流为 $I_2 = I_1/n$。特别地，当 $n = 1$ 时，二次电流与一次电流相等，也就是说，该电路把 1 路电流变成了 2 路相等的电流。

## 12.6.3  恒流 – 恒压变换电路

恒流 – 恒压变换电路的功能是将输入的恒流变换为恒压，这是因为绝大多数用电设施要求的都是电压源。常用的恒流 – 恒压变换电路有两种基本形式，即

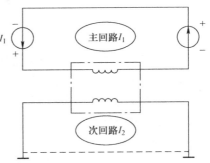

图 12-19  恒流 – 恒流变换
电路原理示意图

稳压管式变换电路和开关型变换电路。前者通常仅适用于小功率且负载较为稳定的场景，如海缆通信中的中继器供电，包括早期海底电缆中的海底增音机供电均采用这种方式。而较大功率和负载变化较大的用电设施供电通常采用后者。

（1）稳压管式变换电路

稳压管式恒流－恒压变换电路原理示意图如图 12-20 所示，图中 VZ 是一个功率稳压管，其稳压值（击穿电压）根据负载所需最大功率（负载电阻最小）选定。

1）若负载所需最大功率为 $P_{Lmax}$（必须考虑 DC－DC 变换器的效率），则稳压管的稳压值最小应为

$$u_w = \frac{P_{Lmax}}{I} \qquad (12\text{-}1)$$

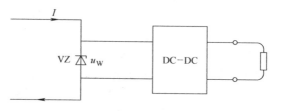

图 12-20　稳压管式恒流－恒压变换电路原理示意图

当负载电阻等于最小值时，流过稳压管的电流近似为 0，此时负载两端的电压为 $u_w$；若负载电阻大于最小值时，稳压管中有电流流过，不难推测，负载两端的电压会有微小升高，但约等于 $u_w$。

2）稳压管的功率必须考虑负载端开路时的极端情况，此时回路中的电流全部流过稳压管，稳压管承受的功率为 $P_w = I u_w$，实际中必须考虑留有裕量（不少于 20%）。

稳压管式恒流－恒压变换电路的特点是电路非常简单，只需 1 个稳压管，缺点是效率较低，尤其是在用电功率较大或负载变化较大的情况下，不仅效率低，而且稳压管可能承受较大功率而发热，从而缩短了稳压管的使用寿命、降低了供电可靠性。

（2）开关型变换电路

开关型变换电路中的控制器件工作在开关状态，因此功率损耗小、效率高，其工作原理与常见的开关电源非常相似，只不过常见的开关电源输入的是恒压，而这里输入的是恒流。开关型恒流－恒压变换电路原理示意图如图 12-21 所示。

图 12-21 中，VD 为普通的整流二极管，C 为滤波电容，Q 为工作在开关状态的晶体管（通常是 MOS 场效应晶体管）。很显然，通过调节开关管的占空比就可以调节流过负载的电流大小，从而间接调节负载上的电压。如果从负载两端电压取样，根据取样电压控制开关占空比，进而达到稳压的目的。

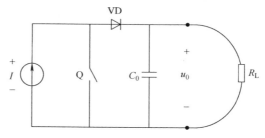

图 12-21　开关型恒流－恒压变换电路原理示意图

开关型恒流－恒压变换电路的特点是变换效率高，电路实现简单，其难点是必须为开关管及控制电路合理设计一个自取电电路。另外该电路输入、输出不隔离，输出端不能直接串联或并联使用。

对恒流变换，一般不允许输出端（变换器输入）开路，否则电压会迅速上升至电源最高电压，从而损坏变换器甚至用电设备。图 12-21 电路具有天然的开短路保护特性。即使负载开路，由于开关管几乎始终处于导通状态，因此其输入端电压仍保持初始设定的 $u_0$。当负载短路时，开关管几乎完全截止，电流全部流过负载（0），此时输入、输出电压均为 0。

在各类海洋信息网络供电系统中，海底光缆通信网目前最成熟、应用范围最广泛，其他网络从技术到设备都是在海底光缆通信网的基础上扩展应用，因此本章重点介绍海底光缆通信网的供电系统。

## 12.7 有中继海缆通信远程供电系统设计举例

海缆通信远程供电系统是连接海底设备和岸基电源的重要途径，海缆是由光电复合电缆和铠装组合而成，除了与陆地上的光纤具有相同功能外，还有一个重要的功能就是远程供电电源导体，可以实现电能的远距离传输，海底光缆通信供电网络总体也分为恒压供电系统和恒流供电系统两种。根据海缆恒流供电系统的链路特点，海底恒流供电网络组网的结构分为点对点组网结构、典型分支结构、多分支结构和复合分支结构。有中继海缆通信远程供电系统主要包括水下中继器供电的远程供电系统和为机房内端站设备供电的直流供电系统。

### 12.7.1 远程供电电源技术体制选择

有中继海底光缆通信系统主要采用高压恒流供电，其优点为：①输电电缆只用一根导体，大大降低了成本；②恒流供电系统具有较强的自恢复能力；③中继器取电模块体积小，安装容易，安全可靠；④点对点海底光缆恒流供电系统应采用双端供电，即使海底光缆发生接地故障，供电系统仍可以正常工作；⑤恒流供电故障点定位容易。

结合多年对水下供电的研究和工程特点，本系统采用"一线一地"的远程供电电源（PFE）恒流供电模式。由远程供电电源设备提供，采用双端供电方式，在一端远程供电电源设备出现故障的情况下，另一端远程供电电源设备应能自动对整个系统供电。远程供电电源设备可以将 $-48V$ 低电压转换为恒流输出，输出电流可达 1A，恒流输出时输出电压可以变化。以大地为参考电位，PFE 可以设定成正极和负极电压输出，如图 12-22 所示。

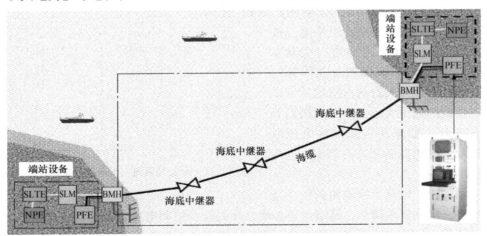

图 12-22 远程供电电源在海底光缆系统中的位置

SLTE—海底光缆线路终端设备　SLM—海底线路监视器　NPE—网络保护设备　BMH—沙滩人井

在端站内，远程供电电源设备通过高压电缆连接到 CTC（CTU），CTC 通过与海底光缆连接，海底光缆将远程供电电源设备输出的电流输送给海底中继器，远程供电系统供电模型如图 12-23 所示。

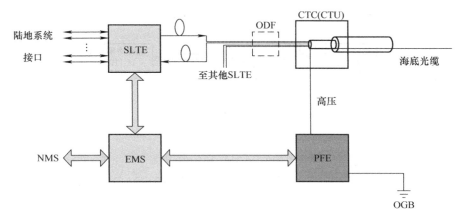

图 12-23　远程供电系统供电模型

PFE—远程供电电源设备　CTC（CTU）—海底光缆终端接头盒　SLTE—海底光缆线路终端设备

ODF—光纤配线架　NMS—网络管理系统　OGB—海洋接地盘

## 12.7.2　供电方式设计

本项目××站至××站有中继系统远程供电采用点对点方式。岸基端站的远程供电电源设备通过海底光缆中包围光纤的铜管向海底中继器供电。远程供电电源设备通过海底光缆中的铜管提供恒定的直流电流功率给海底中继器，用海水作为返回通道。通常，该电流可以调节，因 PFE 是阻性负载，该电流稍微有所降低。因环境温度改变，PFE 电流在规定的范围内随时间变化。即使在备份切换后，这种供电电流、供电电压的变化也保持在一定的范围内。规定的 PFE 电流稳定性应满足海底光缆系统对稳定性的总体要求。

在自然感应电压出现时，PFE 的输出电压可自动调节，保持 PFE 电流恒定。通常，该感应电压沿线路累积，可能达到 0.3V/km，并随时间缓慢变化（小于 10V/s）。

远程供电电源设备不仅要向海底中继器提供电源，而且要终结陆缆和海底光缆，提供地连接以及电源分配网络状态的电子监控。供电系统可分为两种：一种是单端供电，另一种是双端供电，分别如图 12-24 和图 12-25 所示。双端供电的好处是如果一个终端站发生故障和/或光缆断裂，另一个终端站可以提供单端供电。

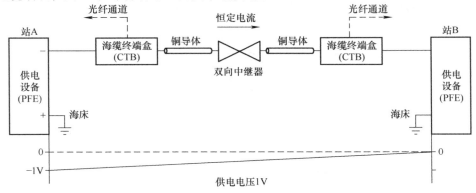

图 12-24　单端供电系统

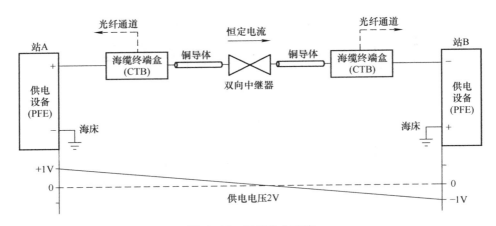

图 12-25　双端供电系统

本项目××站至××站线路上，供电设备通过海底光缆中的导体提供 0.65A 的高压恒流，对海底中继器进行串联供电。对于一个最长中继系统，在××站以 +1300V 的电压供电，在××站以 −1300V 的电压供电，在每端使用全备份的远程供电电源设备。虽然传输距离较短的系统可以只从一端供电，无须超过 PFE 的最大供给电压能力，但是通常从双端供电，不过此时在终端内不需要 PFE 备份，在这种结构中，海底光缆两端的电源供给设备共同平均分担了系统的负载。在工程设计中，系统采用双端供电设计，且支持单端供电能力。当系统的一台远程供电电源设备出现故障，另一台远程供电电源设备仍然可以为系统供电，因此可为供电系统提供冗余保护功能。在此情况下，供电模式可以自动从双端供电切换到单端供电。

双端供电时，在干线中间存在一个虚地，好处是一旦供电路径上绝缘遭到破坏，故障点相对于海底的电压差仅约 0V，从而能够对故障点精确定位，并允许系统在维修过程中继续传输信息。

为了给海底中继器供电，岸基远程供电电源设备需把 −48V 直流电压上变换为 1300V、0.65A 的恒定电流，如图 12-26 所示。在中继器内再将高压恒流下变换到中继器所需要的恒定电流电压。

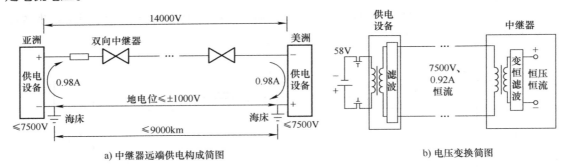

a) 中继器远端供电构成简图　　　　　　　　　b) 电压变换简图

图 12-26　高压恒流串联供电示意图

## 12.7.3　电压预算及接地设计

远程供电电源最大电压配置充分考虑系统长度、RPT 个数、地电位差来设定电压门限，确保设定的电压满足断缆、对端 PFE 失效、地电位差、浪涌等情况造成的电压波动范围，最大限度地不影响业务，如图 12-27 所示。

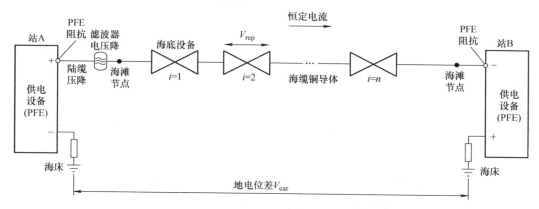

图 12-27　供电电压的高低与供电系统部件的关系

海底光缆系统的远程供电系统采用恒流模式，供电通道电压随传输距离增加而下降，为此要进行供电电压预算。预算方法为假定供电通道是单端供电，供电设备每端所需电压预算为

$$V = V_{cab} + mV_{rep} + V_{mar} + V_{ear} \tag{12-2}$$

式中，$V$ 为供电设备每端所需电压；$V_{cab}$ 为陆地光缆和海底光缆电压降，其值为单位长度电阻×光缆长度×馈电电流，供电导体一般为铜或铝，等效电阻约为 $0.8 \sim 1.0\Omega/km$，该值与温度有关；$V_{rep}$ 为中继器电压降；$m$ 为中继器数量，通常中继器工作在低电流模式，一个中继器产生的电压降约 50V；$V_{mar}$ 为维修增加的海底光缆电压降；$V_{ear}$ 为地电位差，ITU – T G.977—2015 建议 $V_{ear}$ 取 0.3V/km，基于经验，$V_{ear} = 0.1 \sim 0.3V/km$，通常取 0.1V/km。地电位差与纬度有关，也与太阳黑子活动有关，有时太阳黑子可引起几百伏地电位差。如果使用在线滤波器，也要考虑其电压降。

对光缆中继器的供电要求是供电电流要小，通常为 1A 左右；直流电压降也要小，通常为 $20 \sim 30V$；应具有较小的热阻，以利散热，但应有高的绝缘强度。表 12-3 为有中继海底光缆通信系统远程供电电压的一种预算方法。

表 12-3　有中继海底光缆通信系统远程供电电压预算方法

| 序号 | 项目 | 符号 | 计算公式 | | 备注 |
|---|---|---|---|---|---|
| 1 | 光缆每 km 电压降 | $V_{cab}$ | 远程供电电流 $I$（A）×光缆直流电阻（$\Omega/km$） | $I\Omega$ | |
| 2 | 光缆总电压降 | $V_{tol}^{cab}$ | 光缆每 km 电压降×总长 $l_{tol}$（km） | $V_{cab}l_{tol}$ | |
| 3 | 中继器总电压降 | $V_{tol}^{rep}$ | 每个中继器电压降 $V^{rep}$ ×中继器数量 $m$ | $V^{rep}m$ | |
| 4 | 地电位总电压降 | $V_{tol}^{ear}$ | 地电位差 $V_{ear}$ ×电极间距离 $l$ | $V_{ear}l$ | $V_{ear} = 0.1 \sim 0.3km$ |
| 5 | 地电极总电压降 | $V_{tol}^{pol}$ | 接地电阻 $R$ ×远供电流 $I$ ×2 | $2RI$ | 终端站各一个电极 |

（续）

| 序号 | 项目 | 符号 | 计算公式 | | 备注 |
|---|---|---|---|---|---|
| 6 | 维修光缆总电压降 | $V_{tol}^{mai}$ | 光缆每 km 电压降×维修光缆总长 $l_{mai}$（km） | $V_{cab}\,l_{mai}^{①}$ | |
| 7 | 维修接头总电压降 | $V_{tol}^{con}$ | 远供电流 $I$×维修接头直流电阻 $R_{mai}$ | $IR_{mai}^{②}$ | |
| 8 | 远程供电总电压降 | $V_{tol}$ | $V_{tol} = V_{cab} + V_{tol}^{cab} + V_{tol}^{rep} + V_{tol}^{ear} + V_{tol}^{pol} + V_{tol}^{mai} + V_{tol}^{con}$ | | |

① 平均每次维修深水段增加 2 倍水深的光缆，约 1000km，浅水段增加 15～30km，每次维修增加 2 个接头。

② 陆地电缆按 2 个终端站每侧 4 次维修考虑，每次增加 2 个电接头。

馈电电流由光缆中继器内使光放大器保持稳定放大特性所要求的工作电流决定。在恒流工作模式下，每个中继器沿光缆均产生一定的电压降。确定中继器工作电流时，要考虑中继器输出光功率（与 WDM 信号波长数有关）、泵浦激光器电能使用效率（还需考虑老化、冗余）和控制电路消耗的电能。通常，对于规定的输出光功率，LD 消耗电流占馈电电流的 80%（含 10% 的寿命终了冗余），LD 控制电路占 10%，电极冗余占 10%（80mA 冗余的在线电极）。

为了减小中继器输出的光功率，提高系统传输容量，有效使用波长信道光功率，系统应采用先进的调制方式，提高每根光纤的传输容量。

海底光缆终端站至海滩节点的供电连接可直接采用带有供电导体的海底光缆，也可以单独布放电力电缆，在海滩节点海底光缆终端接头盒内与海底光缆内的供电导体连接。

终端站供电设备必须单独设计海床接地，并要求在远程供电系统接地发生故障时，可转换至终端站接地系统，这两种情况均要求接地电极电阻小于 5Ω，典型值为小于 3Ω。同时对海洋地与端站地的电压差做内部检测，超出 200V 后进行地倒换，倒换采用先闭合后断开的方式，不会造成业务中断，地倒换也可以降低地电位的不平衡，维持系统稳定运行。

根据海洋环境与接地电阻要求，在每个端站设计 1 组海洋接地装置，组成海洋接地系统。设计的海洋接地装置由一个金属圆盘组成，如图 12-28 所示，被铺设于近岸端海水中或被埋设在海岸沙滩中，同时海洋接地盘通过导线与远

图 12-28 海洋接地装置示意图

端供电系统的接地点连接在一起。这样，海洋接地盘与远端供电系统中的海底光缆以及海水一起形成一个完整的供电回路，从而向系统中的海底设备提供所需的电能。金属圆盘采用高锰钢，直径 1.2m，厚度 0.27m，重 485kg，最大工作电流 1.5A，设计使用寿命不小于 25 年。

## 小结

1）远程水下交流供电方式一般设备体积较大，输电导线较多，使得成本较高；海缆对地电容较大，造成无功损耗，安装补偿电感成本较大；受分布式参数影响大，海水中传输损耗大。

2）远程水下直流供电方式一般线路造价低、调节速度快、线路老化慢、系统稳定性高，受分布式参数影响小，海水中传输损耗小。

3）单极供电方式较适合在串联模式系统应用，双极供电方式较适合在并联模式系统应用。

4）水下远程恒压供电是指岸基站远程供电电源输出直流高压恒压电至海底光缆进行远程电能传输，水下中压转换电源将高压转换为中压，并通过接头盒配电为水下设备提供连续稳定的电能供给。

5）水下远程恒流方式，即海缆干线中流过的电流是恒定的，岸基电源也是恒流源，水下用电设施以串联方式取电。

## 思考题

1. 恒流供电方式的优点和缺点各是什么？
2. 恒压供电方式的优点和缺点各是什么？
3. 多功率器件串联组合电路和多功率模块堆叠组合电路的各自特点是什么？
4. 恒流供电的主要方式和特点是什么？

# 参 考 文 献

[1] 漆逢吉, 等. 通信电源系统 [M]. 北京: 人民邮电出版社, 2008.

[2] 张雷霆. 通信电源 [M]. 3 版. 北京: 人民邮电出版社, 2014.

[3] 刘宝庆. 现代通信电源技术及应用 [M]. 北京: 人民邮电出版社, 2012.

[4] 李正家, 朱雄世. 通信电源技术手册 [M]. 北京: 人民邮电出版社, 2009.

[5] 强生泽, 杨贵恒, 李龙, 等. 现代通信电源系统原理与设计 [M]. 北京: 中国电力出版社, 2009.

[6] 周志敏, 纪爱华. UPS 供电系统设计与工程应用实例 [M]. 北京: 中国电力出版社, 2012.

[7] 漆逢吉. 通信电源 [M]. 3 版. 北京: 北京邮电大学出版社, 2012.

[8] 刘联会, 李玉魁. 通信电源 [M]. 北京: 北京邮电大学出版社, 2006.

[9] 陈永彬, 闫海煜. 现代通信电源 [M]. 北京: 科学出版社, 2011.

[10] 华为技术有限公司. 通信电源技术基础 [Z]. 2014.

[11] 王鸿麟, 景占荣. 通信基础电源 [M]. 2 版. 西安: 西安电子科技大学出版社, 2001.

[12] 杨一荔. 通信电源站工程设计与相关技术探讨 [D]. 成都: 电子科技大学, 2003.

[13] 王洪国. 通信电源维护管理平台系统的设计与实现 [D]. 北京: 北京邮电大学, 2011.

[14] 甘增俊. 低压大电流直流电源性能改进研究 [D]. 南昌: 南昌大学, 2007.

[15] 朱雄世. 通信电源设计及应用 [M]. 北京: 中国电力出版社, 2010.

[16] 杨恒贵, 张瑞伟, 钱希森, 等. 直流稳定电源 [M]. 北京: 化学工业出版社, 2010.

[17] 徐小涛, 吴延林. 现代通信电源技术及应用 [M]. 北京: 北京航空航天大学出版社, 2009.

[18] 梅文杰, 潘文林, 陈涛, 等. 500kV 直流海底光电复合缆的结构设计 [J]. 光纤与电缆及其应用技术, 2017 (6): 10 – 15.

[19] 朱晓光. 大长度海底光电复合缆运输动态载荷计算分析 [J]. 中国设备工程, 2020, 12 (24): 146 – 148.

[20] 王国忠. 海底光电复合缆的研制 [J]. 光纤与电缆及其应用技术, 2009 (1): 11 – 13, 36.

[21] 忽冉, 周学军, 程岚, 等. 海底光缆网络远程供电技术研究 [J]. 光纤与电缆及其应用技术, 2010 (5): 40 – 43.

[22] 华海通信技术有限公司. PFE 1670 远程供电电源产品概述 [Z]. 2021.

[23] 汪品先. 从海底观察地球——地球系统的第三个观测平台 [J]. 自然杂志, 2007, 29 (3): 125 – 130.

[24] 汪品先. 从海洋内部研究海洋 [J]. 地球科学进展, 2013, 28 (5): 517 – 520.

[25] DEWEY R, ROUND A, MACOUN P, et al. The VENUS cabled observatory: engineering meets science on the seafloor [C]. The 2007 MTS/IEEE Conference and Exhibition on OCEANS. Vancouver: IEEE Press, 2007: 1 – 7.

[26] ARAKI E, KAWAGUCHI K, KANEKO S, et al. Design of deep ocean submarine cable observation network for earthquakes and tsunamis [C]. The 2008 MTS/IEEE Conference and Exhibition on OCEANS. Kobe: IEEE Press, 2008: 1 – 4.

[27] PERSON R, BERANZOLI L, BERNDT C, et al. ESONET: a network to integrate european research on sea [C]. The 2007 MTS/IEEE Conference and Exhibition on OCEANS. Vancouver: IEEE Press, 2007: 1 – 6.

[28] CREED E L, GLENN S, SCHOFIELD O M, et al. LEO – 15 observatory – the next generation [C]. The

2005 MTS/IEEE Conference and Exhibition on OCEANS. Washington：IEEE Press，2005：657 – 661.

［29］ TAYLOR S M. Supporting the operations of the NEPTUNE Canada and VENUS cabled ocean observatories ［C］. The 2008 MTS/IEEE Conference and Exhibition on OCEANS. Kobe：IEEE Press，2008：1 – 8.

［30］ TAYLOR S M. Transformative ocean science through the VENUS and NEPTUNE Canada ocean observing systems ［J］. Nuc. Instr. Meth. Phys. Res. A，2009（602）：63 – 67.

［31］ WOODROFFE A，WRINCH M，PRIDIE S. Power delivery to subsea cabled observatories ［C］. The 2008 MTS/IEEE Conference and Exhibition on OCEANS. Boston：IEEE Press，2008：1 – 6.

［32］ BRUCE M H，TING C，MOHAMED E S. Power system for the MARS ocean cabled observatory ［C］. Applied Power Electronics Conference and Exposition. Washington：IEEE Press，2007：138 – 139.

［33］ MASSION G. Ocean observing systems：vision and details ［C］. The 2006 MTS/IEEE Conference and Exhibition on OCEANS. Boston：IEEE Press，2006：1 – 6.

［34］ BARNES C R，BEST M M R，ZIELINSKI A. The NEPTUNE Canada regional cabled ocean observatory ［J］. Sea Technology，2008（7）：10 – 14.

［35］ BARNES C R，BEST M M R，JOHNSON F R，et al. Challenges，benefits，and opportunities in installing and operating cabled ocean observatories：perspectives from NEPTUNE Canada ［J］. IEEE Journal of Oceanic Engineering，2013，38（1）：144 – 157.

［36］ JENKYNS R. NEPTUNE Canada：data integrity from the seafloor to your（virtual）door ［C］. The 2010 MTS/IEEE Conference and Exhibition on OCEANS. Seattle：IEEE Press，2010：1 – 7.

［37］ BARNES C R，BEST M，et al. The NEPTUNE project – a cabled ocean observatory in NE Pacific：overview，challenges and scientific objectives for the installation and operation of stage I in Canadian waters ［C］. Underwater Technology and Workshop on Scientific Use of Submarine Cables and Related Technologies. Tokyo：IEEE Press，2007：308 – 313.

［38］ KIRKHAM H，LANCASTER P，LIU Chenching，et al. The NEPTUNE power system：design from fundamentals ［C］. 2003 International Conference Physics and Control. Tokyo：IEEE Press，2003：301 – 306.

［39］ ASAKAWA K，KOJIMA J，MURAMATSU J，et al. Current – to – current for scientific underwater cable networks ［J］. IEEE Journal of Ocean Engineering，2007，32（3）：584 – 592.

［40］ KAWAGUCHI K，KANEDA Y，ARAKI E. The DONET：a real – time seafloor research infrastructure for the precise earthquake and tsunami monitoring ［C］. The 2008 MTS/IEEE Conference and Exhibition on OCEANS. Kobe：IEEE Press，2008：1 – 4.

［41］ KAWAGUCHI K，ARAKI E，et al. Development of DONET2 Off Kii Chanel observatory network ［C］. IEEE International UT. Tokyo：IEEE Press，2013：1 – 5.

［42］ PERSON R，BERANZOLI L，BERNDT C，et al. ESONET：an European sea observatory initiative ［C］. The 2008 MTS/IEEE Conference and Exhibition on OCEANS. Kobe：IEEE Press，2008：1215 – 1220.

［43］ BEST M，FAVALI P，BERANZOLI L，et al. European multidisciplinary seafloor and water – column observatory（EMSO）：power and internet to European waters ［C］. The 2014 MTS/IEEE Conference and Exhibition on OCEANS. St. John's：IEEE Press，2014：1 – 7.

［44］ 卢汉良，李德骏，杨灿军，等. 深海海底观测网络水下接驳盒原型系统设计与实现 ［J］. 浙江大学学报（工学版），2010，44（1）：8 – 13.

［45］ 陈燕虎. 基于树型拓扑的缆系海底观测网络供电接驳关键技术研究 ［D］. 杭州：浙江大学，2012.

［46］ 盛景荃. 上海建成中国第一套海底观测网络组网技术系统 ［J］. 华东科技，2009（7）：42.

［47］ LU F，ZHOU H Y，YUE J G，et al. Design of an undersea power system for the East China sea experimental cabled seafloor observatory ［C］. The 2013 MTS/IEEE Conference and Exhibition on OCEANS. San Diego：IEEE Press，2013：1 – 6.

［48］吕枫，岳继光，彭晓彤，等. 用于海底观测网络水下接驳盒的电能监控系统［J］. 计算机测量与控制，2011，19（5）：1076 – 1078.

［49］吕枫，周怀阳，岳继光，等. 缆系海底观测网远程电能监控系统［J］. 同济大学学报（自然科学版），2014，42（11）：1726 – 1732.

［50］冯迎宾，李智刚，王晓辉. 海底观测网电力系统状态估计［J］. 电力自动化设备，2014，34（9）：80 – 89.

［51］冯迎宾，李智刚，王晓辉，等. 海底单级直流输电中海水作为输电回路的原理试验与分析［J］. 电力系统自动化，2013，37（7）：119 – 122.

［52］张扬，周学军，王希晨，等. 海底观测网恒压远供系统［J］. 光通信技术，2014，38（1）：18 – 21.

［53］王希晨. 海光缆远程供电系统的研究与实践［D］. 武汉：海军工程大学，2011.

［54］王希晨，周学军，樊诚. 基于电能分支单元的海底光缆远程供电系统［J］. 光纤与电缆及其应用技术，2011（6）：34 – 38.

［55］吕枫，周怀阳，岳继光，等. 东海缆系海底观测试验网络电力系统设计与分析［J］. 仪器仪表学报，2014，35（4）：730 – 737.

［56］王希晨，周学军，忽冉，等. 海光缆远程供电系统可靠性研究［J］. 上海交通大学学报，2013，47（3）：428 – 433.

［57］马超，史浩山，严国强，等. 无线传感器网络中基于数据融合的覆盖控制算法［J］. 西北工业大学学报，2011，29（3）：374 – 379.

［58］AGUZZI J，CHATZIEVANGELOU D，COMPANY J，B，et al. The potential of video imagery from worldwide cabled observatory networks to provide information supporting fish – stock and biodiversity assessment［J］. ICES J. Mar. Sci.，2020，77（7 – 8）：2396 – 2410.

［59］AHMAD S，IQBAL A，ASHRAF，I，et al. Improved power quality operation of symmetrical and asymmetrical multilevel inverter using invasive weed optimization technique［J］. Energy Rep.，2022（8）：3323 – 3336.

［60］AOI S，ASANO Y，KUNUGI T，et al. MOWLAS：NIED observation network for earthquake，tsunami and volcano［J］. Earth Planets Space，2020，72（1）：31.

［61］ASAKAWA K，KOJIMA J，MURAMATSU J，et al. Current – to – current converter for scientific underwater cable networks［J］. IEEE J. Ocean. Eng.，2007，32（3）：584 – 592.

［62］ASAKAWA K，MURAMATSU J，KOJIMA J，et al. Feasibility study on power feeding system for scientific cable network ARENA［C］. The 3rd International Workshop on Scientific Use Submarine Cables and Related Technologies. Tokyo：IEEE Press，2003：307 – 312.

［63］BARNES C R，BEST M M R，JOHNSON F R，et al. Challenges，benefits，and opportunities in installing and operating cabled ocean observatories：perspectives from NEPTUNE Canada［J］. IEEE J. Ocean. Eng.，2013，38（1）：144 – 157.

［64］BESKIRLI M. A novel invasive weed optimization with levy flight for optimization problems：the case of forecasting energy demand［J］. Energy Rep.，2022（8）：1102 – 1111.

［65］BEST M M R，FAVALI P，BERANZOLI L. European multidisciplinary seafloor and water – column observatory（EMSO）：power and internet to european waters［C］. 2014 Oceans Conference. St Johns：IEEE Press，2014：1 – 7.

［66］BOWERMAN P N，KIRKHAM H，FOX G，et al. Engineering reliability for the NEPTUNE observatory［C］. The 3rd International Workshop on Scientific Use Submarine Cables and Related Technologies. Tokyo：IEEE Press，2003：57 – 62.

［67］CHEN Y H，XIAO S，LI D J. Power system design for constant current subsea observatories［J］. Front. Inform. Technol. Elect. Eng. , 2019, 20 (11): 1505 – 1515.

[68] CHEN Y H, XIAO S, LI D J. Flashover discharge model of transmission lines in subsea observation network [J]. Simul. Model Pract. and Theory, 2020, 103 (13).

[69] CHENG, F, CHI B X, LINDSEY N J, et al. Utilizing distributed acoustic sensing and ocean bottom fiber optic cables for submarine structural characterization [J]. Sci. Rep. , 2021, 11 (1): 14.

[70] CHOI J K, YOKOBIKI T, KAWAGUCHI K. ROV – based automated cable – laying system: application to DONET2 installation [J]. IEEE J. Ocean. Eng. , 2018, 43 (3): 665 – 676.

[71] DEWEY R, ROUND A, MACOUN P, et al. The VENUS cabled observatory: engineering meets science on the seafloor [C]. 2007 OCEANS Conference. Vancouver: IEEE Press, 2007: 398 – 404.

[72] GAO S S, ZHANG L X. Reliability theory and engineering application [M]. Beijing National Defense Industry Press, 2002.

[73] HAO T Y, GUO Y G, ZHANG Y F, et al. Cabled seafloor observation technology : a case study of the submarine seismic station in Wuyu Island [J]. Chinese J. Geophys (Chinese Ed. ), 2019, 62 (11): 4323 – 4338.

[74] MARVIN R, ANNE B, ARNLJOT H. System reliability Theory: models, statistical methods, and applications [M]. 2nd ed. New York: John Wiley & Sons, Inc. , 2020.

[75] MOCHIZUKI M, UEHIRA K, KANAZAWA T, et al. S – net project: performance of a large – scale seafloor observation network for preventing and reducing seismic and tsunami disasters [C]. OCEANS – MTS/IEEE Kobe Techno – Oceans Conference (OTO). Kobe: IEEE Press, 2018: 1 – 4.

[76] MORAN K, BOUTIN B, JUNIPER S K, et al. A multi – use and multi – stakeholder ocean observing platform system [C]. OCEANS 2019 MTS/IEEE SEATTLE, Seattle: IEEE Press, 2019: 1 – 5.

[77] QU F, WANG Z, SONG H, et al. A study on a cabled seafloor observatory [J]. IEEE Intelligent Systems, 2015, 30 (1): 66 – 69.

[78] TAKEHIRA K. Submarine system powering [J]. Undersea Fiber Communication Systems (Second Edition), 2016: 381 – 402.

[79] TAN C Y, DING K, SEYFRIED W E. Deployment of an in – situ pH calibrator on MARS cabled ocean observatory [C]. OCEANS 2019 MTS/IEEE. San Diego: IEEE Press, 2013: 1 – 4.

[80] TROWBRIDGE J, WELLER R, KELLEY D, et al. The Ocean Observatories Initiative [J]. Front. Mar. Sci. , 2019 (6): 23.

[81] WILCOCK W S D, MANALANG D A, FREDRICKSON E K, et al. A thirty – month seafloor test of the A – 0 – A method for calibrating pressure gauges [J]. Front. Earth Sci. , 2021 (8): 15.

[82] XU H P, ZHANG Y W, XU C W, et al. Coastal seafloor observatory at Xiaoqushan in the East China Sea [J]. Chin. Sci. Bull. , 2011, 56 (26): 2839 – 2845.

[83] YANG F, LYU F. A novel fault location approach for scientific cabled seafloor observatories [J]. J. Mar. Sci. Eng. , 2020, 8 (3): 18.

[84] YOKOBIKI T, CHOI J K, NISHIDA S, et al. Construction of DONET2 [C]. The 16th Techno – Ocean Conference (Techno – Ocean). Kobe: IEEE Press, 2016: 435 – 438.

[85] YOKOBIKI T, IWASE R, TAKAHASHI Y, et al. Underwater repair method for shunt fault on submarine cable [C]. IEEE International Underwater Technology Symposium (UT). Tokyo: IEEE Press, 2013: 1 – 2.

[86] ZANG Y J, CHEN Y H, YANG C J, et al. A new approach for analyzing the effect of non – ideal power supply on a constant current underwater cabled system [J]. Front. Inform. Technol. Elect. Eng. , 2020, 21 (4): 604 – 614.

[87] ZANG Y J, CHEN, Y H, YANG C J, et al. A stepless – power – reconfigurable converter for a constant

current underwater observatory [J]. Front. Inform. Technol. Elect. Eng. , 2021, 22 (12): 1625 – 1640.

[88] ZHANG Z, ZHOU X J, WANG X C, et al. A novel diagnosis and location method of short – circuit grounding high – impedance fault for a mesh topology constant current remote power supply system in cabled underwater information networks [J]. IEEE Access, 2019 (7): 121457 – 121471.

[89] ZHANG Z, ZHOU X J, WANG X C, et al. Research on high – impedance fault diagnosis and location method for mesh topology constant current remote power supply system in cabled underwater information networks [J]. IEEE Access, 2019 (7): 88609 – 88621.

[90] ZHANG Z, ZHOU X J, WANG X C, et al. Research on topological structure optimization of underwater constant – current remote supply system based on MMAS optimization algorithm [C]. IEEE 8th Joint International Information Technology and Artificial Intelligence Conference (ITAIC). Chongqing: IEEE Press, 2019: 225 – 229.

[91] ZHANG Z, ZHOU X J, WANG X C, et al. Short – circuit fault diagnosis and interval location method for constant current remote supply system in cabled underwater information networks [J]. Journal of Zhejiang University (Engineering Science), 2019, 53 (6): 1190 – 1197.

[92] ZUO M J, XIANG G, HU S. Fault diagnosis of the constant current remote power supply system in CUINs based on the improved water cycle algorithm [J]. Indian J. Geo – Mar. Sci. , 2021, 50 (11): 914 – 921.